火灾环境下
玻璃破裂行为
及痕迹特征分析

张金专　著

图书在版编目（CIP）数据

火灾环境下玻璃破裂行为及痕迹特征分析 / 张金专著 . -- 北京：中国人事出版社，2021

ISBN 978-7-5129-1573-2

Ⅰ. ①火⋯ Ⅱ. ①张⋯ Ⅲ. ①火灾 – 调查 Ⅳ. ①TU998.12

中国版本图书馆 CIP 数据核字（2021）第 055418 号

中国人事出版社出版发行

（北京市惠新东街 1 号 邮政编码：100029）

*

北京虎彩文化传播有限公司印刷装订 新华书店经销

880 毫米 ×1230 毫米 32 开本 10.375 印张 273 千字

2021 年 4 月第 1 版 2021 年 4 月第 1 次印刷

定价：35.00 元

读者服务部电话：（010）64929211/84209101/64921644

营销中心电话：（010）64962347

出版社网址：http://www.class.com.cn

前　言

本著作是国家科技基础性工作专项“我国火灾调查与相关信息基础数据库研建”子课题“玻璃与混凝土火灾现场痕迹图谱数据库”研究成果的一部分。在综述前人对玻璃破坏痕迹研究成果的基础上，本课题采用实验的方法系统研究了中空玻璃、车用玻璃和幕墙玻璃在不同条件下的破裂行为和痕迹特征。

对于中空玻璃，利用标准热辐射实验装置和油盘火，研究了玻璃尺寸、空气夹层厚度、升温时长对玻璃破裂行为的影响，并对不同条件下破裂玻璃的痕迹特征进行了分析。

对于车用玻璃，研究了火源功率、火源与玻璃表面的距离、升温速率、火源位置、火源形式对玻璃破裂行为的影响，以及机械破坏、热炸裂和高温遇水炸裂条件下破裂玻璃的痕迹特征，并通过燃烧实体车辆，对车用玻璃的破裂行为和痕迹特征进行了验证。

对于幕墙玻璃，针对框支承和点支承两种形式，研究了升温速率、火源功率、火源与玻璃表面的距离、玻璃尺寸对玻璃破裂行为的影响，以及不同条件下破裂玻璃的痕迹特征。利用实体火灾，对玻璃幕墙的破裂行为和痕迹特征进行了验证。

在课题研究过程中，李羚子、蔡晓宇、门裕等研究生做了大量实验和资料整理工作，为本著作的撰写做出了突出贡献。

本著作研究内容全面，温度数据详实，破裂行为和痕迹特征描述准确，书中图、表丰富，便于读者理解和掌握。

由于受实验条件限制，加之作者水平有限，书中难免有不妥之处，敬请读者批评指正。

编　者

2020 年 8 月 15 日

目　录

第一章 绪 论

第一节 玻璃的分类

玻璃是一种非晶态固体材料，工业上大规模生产的玻璃主要是硅酸盐玻璃，由石英砂、纯碱、石灰石等主要原料与一些辅助材料，经高温熔化（1 550 ～ 1 600 ℃)、成型、退火、冷却制成。

玻璃是人们日常生活中随处可见的一种材料，具有良好的采光性和隔声性，用途十分广泛，不仅大量应用于建筑物中，而且也普遍使用在汽车上。

玻璃的种类有很多，也有不同的分类方法。按照玻璃的制造方法可将其分为平板玻璃、深加工玻璃、熔铸成型玻璃三大类。按照玻璃的用途可将其分为建筑级玻璃、汽车级玻璃和制镜级玻璃。深加工玻璃主要有钢化玻璃、磨砂玻璃、喷砂玻璃、压花玻璃、夹丝玻璃、中空玻璃、夹层玻璃、防弹玻璃、热弯玻璃等多种。

本书主要以建筑物门窗上常用的中空玻璃，汽车以及建筑物玻璃幕墙常用的钢化玻璃、夹层玻璃为研究对象，研究其在火场条件下的破裂行为和痕迹特征。

一、中空玻璃

1. 分类

中空玻璃按中空腔数量分为双层中空玻璃和多层中空玻璃。双层中空玻璃是由两片平板玻璃和一个中空腔组成。多层中空玻璃是由多片玻璃和两个以上的中空腔组成。

中空玻璃按功能差别分为普通中空玻璃、功能复合中空玻璃和点式多功能复合中空玻璃。普通中空玻璃是由两片普通浮法玻璃构成。功能复合中空玻璃由两层或多层钢化、夹层、双钢化夹层及其他加工玻璃构成，在强调保温、隔热、节能的基础上，增加了对安全性能和使用期限的要求。功能复合中空玻璃特别适合高档场所或特殊区域使用。

中空玻璃按生产方式分为熔接中空玻璃、焊接中空玻璃和胶接中空玻璃。

2. 中空玻璃的发展历史和发展状态

中空玻璃最早可追溯到 1865 年 8 月由美国人 T.D 斯戴逊申请的专利。第一块胶接中空玻璃于 1934 年在德国产出。20 世纪 40 年代，美国采取焊接中空玻璃。20 世纪中期，美国和欧洲于同一时间发明了熔接中空玻璃。德国 1984 年颁布了《建筑隔热保温规定》，要求所有建筑必须采用中空玻璃，禁止使用单层玻璃，1995 年颁布的《新节能规定》要求玻璃的传热系数（即热导率）为 1.5 W/(m^2 · K)。日本从 1975 年开始在建筑中使用中空玻璃，为降低损耗，政府规定北海道等寒冷地区建筑物一律采用中空玻璃。

1964 年，沈阳玻璃厂和中国建筑材料科学院玻璃所联合研制中空玻璃，拉开了我国中空玻璃生产的序幕。1981 年，秦皇岛玻璃工业研究设计院开始了国家“六五”重点攻关项目“中空玻璃的研制”，并于 1984 年顺利结项。同年，深圳光华中空玻璃工程公司从奥地利引进了第一条中空玻璃的生产线。1999 年，秦皇岛耀华工业技术玻璃厂引进了达到当时国际先进水平的可充入惰性气体式全自动的中空玻璃生产线。

随着我国经济的快速发展，国家加强了对保护环境、节约能源、改善居住环境等方面的重视程度，制定了一系列技术法规和标准法规。1995 年修订的《民用建筑节能设计标准》要求建筑物采暖能耗比 20 世纪 80 年代的标准降低 50%。单层玻璃窗的传热系数是 6 W/(m^2 · K)，单层双玻钢塑复合窗的传热系数是 3.5 W/(m^2 · K)，单层双玻塑料窗的传热系数是 2.6 W/(m^2 · K)，那么窗户的传热系数要低于 2.5 W/（$m^2 \cdot K$），必须采用中空玻璃。住建部在 2015 年颁布实施的《公共建筑节能设计标准》要求达到标准汇总规定的窗的传热系数，必须采用中空玻璃。2006 年 1 月 1 日实施的《民用建筑节能管理规定》正式将中空玻璃作为建筑节能产品进行推广。国家玻璃质量监督检验中心联合中国质量认证中心在北京召开了玻璃标准暨质量认证大会，会议对贯彻执行中空玻璃新标准和中空玻璃产品质量认证的相关工作进行了安排。

二、车用玻璃

1. 分类

目前，车用玻璃大多采用的是夹层玻璃和钢化玻璃，二者均为深加工玻璃。夹层玻璃，是指将一层或数层 PVB（聚乙烯醇缩丁醛）树脂胶片夹在两片或多片玻璃原片之间，经加热、加压粘合而成的一种复合玻璃制品，具有强度高、韧性高、抗碰撞能力强、透明度高、安全可靠等特点。常用的夹层玻璃有平夹层玻璃和弯夹层玻璃两种。钢化玻璃，是指将平板玻璃或浮法玻璃加热到软化点附近之后骤冷而制成的高强度玻璃。由于钢化玻璃的表面压应力与内部张应力达到一致或基本平衡，所以钢化玻璃具有较强的抗冲击性和较好的热稳定性。

根据《汽车安全玻璃》（GB 9656），汽车的前风挡玻璃应选用夹层玻璃。但是，对于设计时速低于 40 km/h 的机动车和不以载人为目的的载货汽车，其前风挡玻璃也可以选用钢化玻璃。除前风挡玻璃外，汽车上的其他玻璃多采用钢化玻璃。

目前，弯夹层玻璃被广泛应用于汽车前风挡玻璃，其厚度一般为 2 mm + A + 2 mm 或 2.5 mm + A + 2.5 mm（A 为 PVB 胶片的厚度，0.76 mm）。钢化玻璃多被用于侧窗玻璃，其厚度一般为 3 ～ 5 mm。

2. 组成及性质

汽车中使用的玻璃都是由平板玻璃经过各种物理和化学处理以及结构组合，使之具有新功能的深加工玻璃品种。因此，平板玻璃的性质在很大程度上决定了车用玻璃的性质。影响平板玻璃性质的缺陷主要有气泡、结石和波筋。气泡，是指玻璃体中潜藏的空洞，是在制造过程中的冷却阶段因处理不慎而产生的；结石，也称沙粒，是存在于玻璃中的固体夹杂物，是玻璃体内最危险的缺陷，它不仅破坏了玻璃制品的外观和光学均一性，而且会大大降低玻璃制品的机械强度和热稳定性，甚至会导致产品自爆；波筋，是指平板玻璃表面出现的条纹和波纹，其主要是玻璃液的组成或温度不均、成形时冷却不匀、槽子砖槽口不平整等原因引起的。

车用玻璃的性质不仅取决于平板玻璃的缺陷，更与玻璃本身的力学、热学性质有关。

玻璃的力学性质是由其化学组成、形状、表面性质和加工方法等因素决定的。普通玻璃的力学性质为：抗压强度一般为 880 ~ 930 MPa，在经受高温时其抗压强度会急剧下降；抗拉强度为其抗压强度的 1/15，约为 59 ~ 62 MPa；抗弯强度取决于抗拉强度的高低，并随着承载时间的延长和制品宽度的增加而降低，约为 40 ~ 60 MPa；弹性模量受温度的影响较大，随着温度升高而下降，甚至会出现塑性变形，常温下接近其理论断裂强度，其杨氏模量为 67 ~ 70 GPa；莫氏硬度为 5.5 ~ 6.5，肖氏硬度为 120。

玻璃的热学性质受温度的影响较大。玻璃的热稳定性，是指玻璃在温度剧烈变化时抵抗破裂的能力。玻璃热导率越好，膨胀系数越小，热稳定性就越好；玻璃制品体积越大、越厚，热稳定性就越差。普通玻璃的热学性质为：比热容随温度变化，在 15 ~ 100 ℃范围内为 0.835 kJ/(kg·K)；热导率随着温度的升高而增加，为 0.75 ~ 0.823 W/(m^2·K)；线膨胀系数为 8×10^{-6} ~ 10×10^{-6}；软化温度为 720 ~ 730 ℃。

三、幕墙玻璃

（一）玻璃幕墙的分类

玻璃幕墙，是指由支承结构体系可相对主体结构有一定位移能力、不分担主体结构所受作用的建筑外围护结构或装饰结构。墙体有单层和双层玻璃两种。玻璃幕墙是一种美观新颖的建筑墙体装饰方法，是现代主义高层建筑时代的显著特征。玻璃幕墙主要有三种类型：框支承玻璃幕墙、全玻幕墙、点支承玻璃幕墙。框支承玻璃幕墙是指玻璃面板周边由金属框架支承的玻璃幕墙；全玻幕墙是指由玻璃肋和玻璃面板构成的玻璃幕墙；点支承玻璃幕墙是由玻璃面板、点支承装置和支承结构构成的玻璃幕墙。

1. 框支承玻璃幕墙

框支承玻璃幕墙是以金属框架支承玻璃面板的玻璃幕墙，分为明框玻璃幕墙和隐框玻璃幕墙两大类。

明框玻璃幕墙的框架为铝合金材质，框架凹槽内嵌入玻璃面板，形成四周由框包裹的幕墙元件，将其安装在横梁上。幕墙铝框清晰可见，并且在室内可看到支承结构。铝合金型材兼具结构支承和稳固玻璃的作用。明框玻璃幕墙作为最传统的类型，在建筑中最为常见。

隐框玻璃幕墙将金属框架藏在玻璃面板的背面，采用结构胶将幕墙玻璃固定在框架上，玻璃间的缝隙采用结构胶连接，构成一个整体玻璃幕墙。隐框玻璃幕墙又可细分为全隐框和半隐框两种：前者四边均采用结构胶粘结成幕墙单元。后者的一组对边采用结构胶粘结成幕墙元件，另一组对边装配铝合金镶嵌槽。幕墙的荷载主要靠结构胶承受。

2. 全玻幕墙

全玻幕墙的构成元件为玻璃肋和玻璃面板。按支承方式划分为三种：落地式，即利用下支架将玻璃托起；吊挂式，即采用吊挂装置将玻璃吊起；后支承式，即玻璃肋支承在玻璃面板后部。因此全玻幕墙能够通过产生一定程度的弹性形变，以减少地震或大风带来的集中应力，使得玻璃幕墙不易破裂。

3. 点支承玻璃幕墙

点支承玻璃幕墙构成元件为玻璃面板、点支承装置和支承结构。玻璃面板与支承结构使用驳接头连接。按照驳接方式不同可以分为穿透式和背切式。前者在玻璃面板上切割出圆孔，驳接头穿透圆孔并露在玻璃面板外表面。后者驳接头深入玻璃面板但不穿透。相比于阻挡视线的框支承玻璃幕墙结构，点支承玻璃幕墙的结构可以使空间具有明亮开阔、宽敞通透的视觉效果。

（二）玻璃幕墙对玻璃的要求

玻璃幕墙应采用反射比不大于 0.30 的玻璃，对有采光功能要求的玻璃幕墙，其采光折减系数不宜低于 0.20。框支承玻璃幕墙，宜采用安全玻璃。全玻幕墙，其玻璃肋应采用钢化夹层玻璃，墙面板玻璃厚度不宜小于 10 mm；夹层玻璃单片厚度不应小于 8 mm。点支承玻璃幕墙的面板玻璃应采用钢化玻璃。人员流动密度大、青少年或幼儿活动的公共场所以及使用中容易受到撞击的部位，其玻璃幕墙应采用安全玻璃；对使用中容易受到撞击的部位，应设置明显的警示标志。

第二节　玻璃破坏痕迹研究进展

火灾调查人员在火灾现场会遇到不同破坏形式的玻璃碎片，通过研究其破坏痕迹的形成原因，可以确定玻璃破碎时间、破碎原因，进而为确定火灾蔓延方向、起火部位、起火点提供证据，甚至为火灾性质的确定提供强有力的证据。

一、玻璃的破坏机理

1. 玻璃的脆性破坏

玻璃的机械破坏指在外加机械力条件下玻璃破碎开裂。玻璃破坏分为塑性破坏和脆性破坏。火场上玻璃的机械破坏通常为脆性破坏。玻璃脆性破坏方式与应力种类有关。压应力会造成剪断，断裂线一般与应力方向成 45°，张应力会造成拉断，断裂线与应力方向成 90°，如图 1–1 所示。

由于表面微裂纹和缺陷致使玻璃脆性大，现实强度小于理论强度。玻璃平板上有局部的应力集中，导致原子、分子之间的键断裂产生微裂纹。玻璃通常从表面开始破裂。玻璃表面上有脏粒子，它和玻璃的热膨胀性能有所差异，微裂纹常以这些脏粒子为源头产生裂纹。在玻璃制造过程中，工艺的原因造成结晶的产生和杂物的存在，降低了玻璃的实际强度，增加了微裂纹的产生。微裂纹的扩大与裂纹顶端所受的力及端部原子分子的热运动有关，裂纹的形成与未断裂面积上的单位负荷有关。一般情况下，微裂纹在单位负荷大于临界值时扩展，但原子分子的热运动产生的热应力也可能造成微裂纹在单位负荷小于临界值时扩展。当玻璃的一侧受到机械力作用时，玻璃受力产生弹性变形，使得非受力面受张应力，受力面受压应力，应力超过强度极限后玻璃开裂。

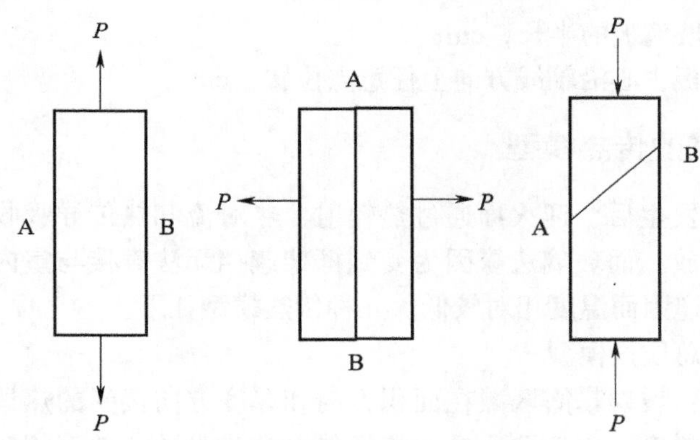

图 1-1　断裂线位置与应力状态图

2. 玻璃的热破坏

玻璃是不良导体，这一特性使其在火灾环境中迎火面是火场温度，背火面是环境温度。火场温度急变及灭火时的冷却水冲击都会导致玻璃受热不均匀，产生不同温差及不同程度的应变。在玻璃弹性限度范围内，应变和应力呈正比关系。玻璃的热破坏取决于热应力的种类、大小和最大热应力位置，玻璃应力一般分为在厚度方向和面积方向的应力。在厚度方向的应力可根据胡克定律求解：

$$\sigma = K\alpha \mathrm{E}\Delta T \tag{1.1}$$

σ：热应力，$\mathrm{kgf/cm^2}$；

E：玻璃弹性，$\mathrm{kgf/cm^2}$；

ΔT：热应力位置处的温差，℃；

α：线膨胀系数，1/℃；

K：修正系数。

在面积方向的热应力可根据下式求解：

$$\sigma_{\mathrm{r}} = \alpha \mathrm{E} T_0 \left[(X/L)^4 - 0.2 \right] \tag{1.2}$$

α：线膨胀系数，1/℃；

E：玻璃弹性，$\mathrm{kgf/cm^2}$；

T_0：最大温差，℃；

L：玻璃板的半长，cm；

X：板中心沿轴线方向上任意点位置，cm。

二、玻璃的传热模型

火灾发生后，迎火面通过热辐射、热对流和热传导吸收能量并向环境释放。而玻璃边缘因为受到框架遮挡无法直接与室内环境进行热量传递因而温度相对较低。几种传热模型如下。

1. 集总质量模型

假设：玻璃暴露区域在面积方向和厚度方向接受的热量均匀分布无温度梯度；玻璃两面的对流换热系数是常数；玻璃相对于热辐射为透明体；玻璃遮蔽区域维持在初始温度。在实际情况中，热量不可能在玻璃内均匀分布，玻璃也会吸收一部分辐射热。虽然该模型不适合用于玻璃传热的模拟计算，但可以用于简单的估算。

2. 分布质量模型Ⅰ

假设：玻璃暴露区域所接受的热量在面积方向均匀分布无温度梯度，在厚度方向存在温度梯度；玻璃两面的对流换热系数是常数；玻璃相对于热辐射是半透明体。该模型考虑了温度在玻璃厚度方向上的区别和玻璃对辐射热的吸收，精确性有所提高。

3. 分布质量模型Ⅱ

假设：玻璃暴露区域所接受的热量在面积方向均匀分布无温度梯度，在厚度方向存在温度梯度；玻璃两面的对流换热系数随外界条件的改变而改变，玻璃相对于热辐射是半透明体且对环境有热辐射。该模型考虑了边界条件，将其应用在玻璃破裂模拟方面。

4. 分布质量模型Ⅲ

假设：玻璃暴露区域所吸收的热量在面积方向和厚度方向不均匀分布，有温度梯度；玻璃两面的对流换热系数随外界条件改变而改变；玻璃相对于热辐射是透明体并对环境进行热辐射。该模型精确度高，能够比较精确计算玻璃在火灾环境中的传热，但是因计算难度大，需要编制专门程序。

5. 双层玻璃传热模型

双层玻璃传热过程如图 1–2 所示。双层玻璃中的每块玻璃都进行热传导，过程等同于单层玻璃传热模型。双层玻璃外表面边界条件等同于单层玻璃迎火面和背火面边界条件。内表面的换热系数相差不大，相对于内表面 1，中间气体的温度假定为内表面 2 的温度，相对于内表面 2，中间气体的温度假定为内表面 1 的温度。在迎火面玻璃破裂之前，可用该模型对每个表面温度进行计算，若迎火面玻璃破裂，则背火面玻璃相当于直接暴露在火场中。但因为玻璃破裂后有较长一段时间不发生脱落，因此会低估玻璃的防火性能。

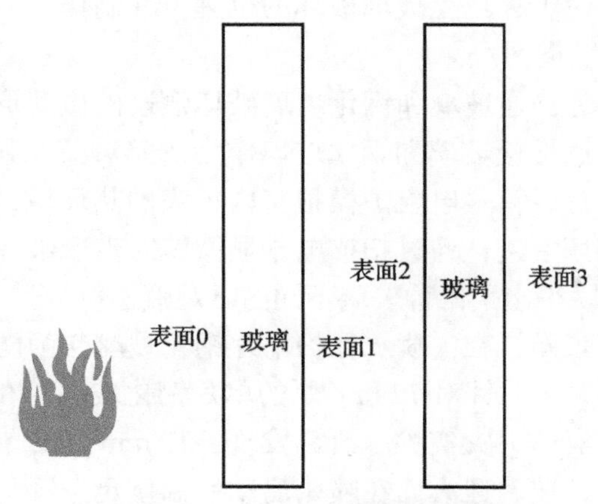

图 1–2　火场中双层玻璃的传热

三、研究进展

（一）国内研究进展

1. 中空（多层）玻璃的研究进展

苏燕飞研究了空气夹层厚度和安装方式对中空玻璃在火灾环境下破裂的影响。天津消防研究所倪兆鹏等采用全尺寸火灾实验对火焰和烟气对双层玻璃幕墙破裂行为的影响进行研究。实验分别模拟了客房整体着火、床垫中央和角落着火三种工况，得出双层玻璃幕墙破裂脱落的临界温度和时间，发现火源大小分别为 0.7 MW、1 MW 和 2 MW 的情况下，迎火面玻璃在着火后 3 min 内均破裂脱落，背火面玻璃的破裂脱落时间与火源大小有关，火源越大，背火面玻璃的破裂脱落时间越短；玻璃破裂脱落温度大约在 600 ～ 800 ℃。田丽等在单层玻璃热破裂模型基础上开发设计了双层玻璃热破裂模型。

2. 钢化玻璃的研究进展

李建华等在《特种玻璃火灾痕迹研究》中，以常见的夹层玻璃、镀膜玻璃、钢化玻璃、吸热玻璃和玻璃镜作为主要研究对象，在自行设计研制的试验燃烧炉上，模拟典型的火场升温速率及其温度环境，测定了特种玻璃在机械力冲击、受热和受热遇水破坏所产生的痕迹特征，探讨了火场上玻璃破坏的机理，并制作了一套特种玻璃破坏痕迹的标准谱图。

金静等在《普通玻璃和钢化玻璃破坏痕迹的微观形貌分析》中选择典型的普通平板玻璃和钢化玻璃作为研究对象，利用火灾痕迹物证综合实验台、箱式电阻炉模拟室内火灾的热环境，制造了两种典型玻璃的破坏痕迹，通过扫描电子显微镜对玻璃破坏痕迹的微观形貌进行观察，得出了两种玻璃不同的微观痕迹特征。

梅秀娟和张泽江在《喷水保护单片钢化玻璃作为防火分隔的有效性实验研究》中，针对 12 mm 厚的单片钢化玻璃，在标准木垛火条件下，开展实体火灾实验。研究发现，12 mm 厚的单片钢化玻璃在高温环境下，玻璃迎火面在喷头启动后温度迅速降低，玻璃背火面的温度始终保持在较低水平，实验过程中玻璃没有发生破裂，其完整性保持良好。该作者还对木垛火、织物火及油盘火情况下窗型玻璃喷头对钢化玻璃的保护效果进行了实验研究，发现窗型玻璃喷头对钢化玻璃具有良好的保护效果，钢化玻璃能保持其完整性。

杨晓菡和何学超研究了边墙型喷头对钢化玻璃的保护效果，发现喷头之间距离为 2.5 ～ 2.6 m，喷头距离玻璃表面 0.1 m 时对钢化玻璃的保护效果最佳。

张庆文利用不同尺寸的油池火，对 6 mm 和 10 mm 的钢化玻璃进行了受热和破裂过程全尺寸实验研究，通过测量燃烧室内气体温度、玻璃暴露表面与遮蔽表面温度、玻璃表面热通量和破裂时间等参数，分析讨论了钢化玻璃破裂时的参数特征。实验发现钢化玻璃的厚度越厚，其耐火性能就越好。

张和平等人采用不同尺寸油池火，通过测量玻璃表面温度、空气温度、热释放速率、玻璃首次破裂时间等参数，总结了 10 mm 钢化玻璃的火灾特性。研究发现，虽然钢化玻璃破裂时的局部温差范围较大，但温差仍是决定钢化玻璃破裂的主要因素。

倪照鹏等人针对 10 mm 钢化玻璃，分别在木垛火和油池火条件下，对比研究了施加喷水冷却、不施加喷水冷却、延迟施加喷水冷却三种情况下玻璃的破裂行为。研究发现，及时施加喷水冷却可以很好地保证钢化玻璃的完整性；不施加喷水冷却时，钢化玻璃的破裂温度为 300 ～ 350 ℃；在玻璃局部温度达到 200 ℃时，再施加喷水冷却会导致玻璃迅速炸裂。

李明轩进行了两次不同功率的全尺寸火灾实体实验。实验发现，钢化玻璃的临界破裂温差约为 400 ℃，超过此温差后，玻璃的完整性则不能得到保证；在有窗型喷头的情况下，受到保护的玻璃的表面温度可以维持在较低水平，其完整性可以得到保证。

方正和陈静在《自动喷水保护下钢化玻璃作为防火分隔的模拟研究》中，利用 FDS 软件，对大型建筑室内商铺的不同火灾场景进行模拟。在数值模拟过程中，设定了 10 种工况、13 个测点位置，分析了钢化玻璃不同位置的温度变化。研究发现，在火源功率为 1 000 kW/m^2 时，无喷淋保护的钢化玻璃在火灾发生 150 s 左右温度即可达到 200 ℃，而有喷淋保护的钢化玻璃的最高温度始终未超过 100 ℃。

邵光正等人研究了施加水幕情况下，不同升温速率对钢化玻璃热破裂行为的影响。实验发现，在火源与玻璃表面距离 500 mm 时，玻璃的完整性可以得到保证；而当火源与玻璃表面距离 600 mm 时，除了在玻璃表面达到 200 ℃时施加水幕的一组外，其余的玻璃全部发生破裂或脱落。结果证明，升温速率在玻璃热破裂行为中起到了很重要的作用；在较小的热释放速率或火源与玻璃距离较远条件下，施加水幕会使玻璃更容易破裂。

白音等在《点支式钢化玻璃火灾下受力性能试验研究》中，研究了单层钢化玻璃、中空玻璃和夹胶钢化玻璃在火灾下的破裂过程。实验得到了三种玻璃的破裂温度、破裂时间、温度与位移的关系曲线，分析了玻璃的破裂过程。

陈晓艳在《钢化玻璃的自爆》中，分析了钢化玻璃自爆的两种原因，一是由玻璃中的可见缺陷引起，二是由玻璃中的硫化镍杂质膨胀引起，并提出了有针对性的预防措施。

许莉等在《汽车钢化玻璃边部应力分析与控制》一文中，通过分析钢化玻璃的应力分布、汽车钢化玻璃边部张应力的产生原理及其对钢化玻璃自爆的影响，得出了汽车钢化玻璃边部张应力的控制方法与控制范围。

3. 夹层玻璃的研究进展

刘志海在《夹层玻璃的发展现状及趋势》一文中，从发明、发展现状、生产方法、品种分类和发展趋势五个方面对夹层玻璃进行了介绍。

冷国新和任立军针对夹层玻璃的安全性、防辐射性、隔音性和抗风荷载强度等进行了概述。

臧孟炎在《夹层玻璃的冲击破坏仿真分析研究》一文中，应用非线性有限元软件对铝弹撞击夹层玻璃的过程进行了数值模拟，再现了玻璃碎片的飞散现象。该作者还在《汽车玻璃的静力学特性和冲击破坏现象》中，阐述了汽车玻璃的静力学特征和破坏机理，并应用有限元法和离散元法对冲击破坏现象进行模拟，揭示了汽车玻璃与其他叠层复合材料不同的静力学特性。

庞世红等人在《夹层玻璃抗弯性能与温度的关系》中，研究了均布载荷下夹层玻璃在不同温度下的弯曲性能。实验分别测试了夹层玻璃在 18 ℃、21 ℃、25 ℃、30 ℃、35 ℃下板中心的挠度和应力，得出结论：一是随着温度升高，夹层玻璃的挠度变大；二是相同载荷持续时间下，夹层玻璃中间层胶片的剪切模量随温度升高变小；三是板中心的最大主应力随着温度升高而增加，且变化趋势与挠度相似。

田永在《汽车前风挡玻璃性能试验方法探究》中分析了汽车前风挡玻璃的结构，通过与国际标准化组织（ISO）、中国国家标准（GB）、欧洲经济委员会（ECE）等试验标准进行对比，得出了前风挡玻璃相关的试验机理、试验步骤及试验数据，该研究结论在汽车玻璃质量控制方面很有意义。该作者还在《汽车玻璃的发展趋势》一文中，介绍了汽车玻璃的性能要求，主要包括光学性能、力学性能和环境性能三部分；简述了现代汽车企业着力发展的方向，就汽车玻璃而言，主要是智能化、集成化、多功能三个方面。

刘博涵在《汽车风挡玻璃夹层材料的力学特性与吸能机理研究》中，从裂纹扩展特性、动能吸收、头部损伤等方面分析了夹层薄膜材料对于风挡玻璃吸能特性的影响，为车用风挡玻璃的安全设计提供了充足的理论与实验依据。

葛杰等在《建筑夹层玻璃在冲击荷载下的破坏研究概述》中，分别对建筑夹层玻璃的力学性能、冲击荷载下玻璃的分析方法和建筑夹层玻璃的破裂研究的现状进行了描述。

高轩能和王书鹏在《静力及冲击荷载下夹层玻璃的变形性能》中，采用有限元法，对夹层玻璃在不同的静力及冲击荷载条件下的变形性能进行了模拟计算，并给出了相应的计算公式。

（二）国外研究现状

1. 中空（多层）玻璃研究的进展

寇恩和威尔逊做了一系列实验来模拟林野火灾。实验分别对小尺寸（610 mm × 610 mm）和大尺寸（910 mm × 1 500 mm）的单、双层玻璃进行了测试。对于小尺寸玻璃，使双层玻璃发生破裂但未脱落的最低辐射热通量为 9.3 kW/m^2；对于大尺寸玻璃，当辐射热通量达到 16.2 ～ 50.3 kW/m^2，单层玻璃至少有 1/3 的样品发生了脱落，双层玻璃两层都脱落的辐射热通量大约在 20 ～ 30 kW/m^2。

帕尼和乔希使用 Fortran（公式翻译）语言开发出玻璃破裂模拟软件，采用分布质量模型Ⅱ预测由于玻璃暴露表面和遮蔽表面不同温差导致单层玻璃破裂的时间。库兹洛和帕尼在帕尼和乔希的模型基础上发展了双层玻璃传热模型，研发了双层玻璃模拟程序并对玻璃夹层内的辐射和传热进行了模拟。

前人的研究局限于单层和双层浮法玻璃。克莱森等人将研究扩展到七种不同类型的多层玻璃。这些玻璃包括钢化玻璃和热加强玻璃，但玻璃平板之间至少有一层为热塑性物质。克莱森同时做了小尺寸和大尺寸实验对此进行研究。小尺寸实验用了 305 mm × 305 mm 和 609 mm × 1 219 mm 的玻璃样品，并采用了热辐射板和以航空煤油为燃料的油盘火作为火源；大尺寸实验用了 1 219 mm × 2 438 mm 的玻璃样品，并以直径为 15.24 m 的油盘火作为燃料。在小尺寸实验中，当辐射热通量小于 30 kW/m^2 时，多层玻璃的辐射透射率少于 10%，背火面玻璃表面温度低于 100 ℃，辐射热通量小于 4 kW/m^2；双层玻璃的辐射透射率低于 25%，背火面玻璃表面温度小于 220 ℃，辐射热通量低于 5 kW/m^2；当辐射热通量大于 30 kW/m^2 时，玻璃很快破裂。在大尺寸实验中，迎风条件下，当玻璃距离油盘 15.24 m 时，背火面玻璃破裂的辐射热通量峰值在 2 ～ 2.5 kW/m^2，当玻璃距离油盘 7.62 m 时，背火面玻璃破裂的辐射热通量峰值在 0.6 ～ 3.25 kW/m^2；背风条件下，油盘的辐射热通量峰值大约在 12 kW/m^2，当玻璃距离油盘 15.24 m 时，对于双层玻璃，其背火面玻璃破裂时的辐射热通量峰值在 1.6 kW/m^2，多层玻璃的背火面玻璃辐射热通量远低于该值；当距离油盘 24.86 m，油盘的辐射热通量峰值大约在 12 kW/m^2，背火面玻璃的辐射热通量都低于 1 kW/m^2。

2. 钢化玻璃的研究进展

罗纳德·a·麦克马斯特列举了钢化玻璃在建筑、汽车及商业中的应用，描述了玻璃的钢化过程，介绍了制作工艺中的回火过程，阐述了钢化玻璃的破裂模式。

莫瑞尔研究了在玻璃和火源之间放置铝箔障碍物时对玻璃破裂的影响。研究发现，铝箔会阻止或者延缓玻璃的破裂，而且与普通平板玻璃相比，陶瓷玻璃和钢化玻璃能够耐受更高的温度。

希尔兹等利用 ISO 9705 实验平台，对 6 mm 钢化玻璃的破裂行为进行了实验研究，发现钢化玻璃破裂的临界热通量为 35 kW/m^2。

塞缪尔等对明框钢化玻璃进行了火灾实验，测量了玻璃破裂时的表面温度和热通量等数据。

3. 夹层玻璃的研究进展

梅米特等人研究了有关夹层玻璃梁的数学模型。该模型中应用了最小总势能原理，通过实验和有限元模型分析，分别对简单支承和固定支承的夹层玻璃梁数学模型进行了验证，找到了梁的最大挠度、应力与荷载的关系。梅米特等人还研究了环境温度，夹层玻璃梁的宽度、长度等对于夹层玻璃梁强度因子的影响。

蒂梅尔等利用有限元模型，对夹层玻璃冲击实验进行了仿真模拟。实验中，测试了不同温度下 PVB 薄膜的剪切模量、夹层玻璃与改进后的夹层玻璃的位移与受力的关系，分析了风挡玻璃的断裂模式与痕迹，最后将实验结果与仿真结果进行了对比，发现二者的一致性较好。

劳拉等人分别对夹层玻璃的弯曲性能、实用性能和抗风性能进行了研究。

除此之外，国内外还有很多学者对其他种类的玻璃进行了理论及实验研究，分析了玻璃的破裂行为及痕迹特征，同样对本著作的实验设计和后续分析有一定的借鉴作用。

近年来国内外专家的研究动态：在钢化玻璃方面，介绍了玻璃的钢化过程，分析了汽车钢化玻璃边部应力，阐述了其发生自爆的原因，并提出了相应的措施，研究了钢化玻璃作为防火分隔的可行性，总结了钢化玻璃破裂后的微观形貌。在夹层玻璃方面，介绍了夹层玻璃的发展过程及趋势，分析了其静力学特性，对夹层玻璃的冲击现象进行了实验与仿真模拟。但是，并没有人针对车用玻璃的火灾特性及其破裂行为进行过具体的研究。

第三节　研究内容

一、中空玻璃

（1）对中空玻璃在热辐射作用下破裂行为及痕迹的研究。通过对玻璃尺寸、空气夹层厚度和辐射热源升温速率三个因素进行单因素实验，得出这些因素在热辐射作用下对于中空玻璃破裂的影响规律并探究玻璃的热炸裂破坏和高温遇水破坏痕迹。

（2）对中空玻璃在油盘火作用下破裂行为及痕迹的研究。通过对玻璃尺寸、空气夹层厚度和距火源高度三个因素进行单因素实验，得出这些因素在油盘火作用下对中空玻璃破裂的影响规律并探究玻璃的热炸裂破坏和高温遇水破坏痕迹。

二、车用玻璃

采用实验的方法，围绕玻璃不同的热炸裂方式，通过记录不同实验条件下钢化玻璃、夹层玻璃的表面温度变化、热通量变化、破裂时间、破裂温度及温差、破裂位置等数据，分析车用玻璃的破裂行为。再根据上述实验结果，进一步分析车用玻璃在机械破坏、热炸裂及高温遇水炸裂条件下不同的宏观和微观痕迹特征，总结出规律，建立相关的痕迹图谱。最后，通过真实的汽车火灾实验，对之前的实验结论进行验证。具体内容如下：

（1）对不同热炸裂条件下的车用玻璃破裂行为进行实验分析。通过实验，对比分析玻璃表面温度随时间的变化，比较透过玻璃背火面的热通量随时间的变化，分析玻璃首次破裂时间、最高温度及最大温差等数据。

（2）对玻璃机械破坏、热炸裂及高温遇水炸裂的宏观及微观形貌进行分析，并比较其异同。

（3）模拟一起真实的汽车火灾实验，分析车用玻璃在火灾中的表面温度变化，并对其破裂后的宏观及微观形貌进行观察。

三、幕墙玻璃

针对框支承和点支承两种安装方式，采取不同的热炸裂方式，记录不同实验工况下幕墙玻璃的迎火面温度变化、背火面温度变化、破裂所需时间、破裂温差、破裂位置等数据。在实验所得结果的基础上，分析幕墙玻璃在热炸裂和高温遇水炸裂时的痕迹特征，得到响应规律。最后，模拟真实的火灾，验证先前得出的结论。具体内容如下：

（1）框支承方式的幕墙玻璃破裂行为的实验研究。探究热辐射对框支承幕墙玻璃破裂行为的影响：利用控制变量法，研究玻璃种类和辐射热源升温速率对幕墙玻璃破裂的影响规律；探究油盘火对框支承幕墙玻璃破裂行为的影响：利用控制变量法，研究玻璃种类、火源功率、距火源不同距离和玻璃尺寸对幕墙玻璃破裂的影响规律。

（2）点支承方式的幕墙玻璃破裂行为的实验研究。探究热辐射对点支承幕墙玻璃破裂行为的影响：利用控制变量法，研究辐射热源升温速率对幕墙玻璃破裂的影响规律；探究油盘火对点支承幕墙玻璃破裂行为的影响：利用控制变量法，研究火源功率、距火源不同距离和玻璃尺寸对幕墙玻璃破裂的影响规律。

（3）观察幕墙玻璃在热炸裂及高温遇水条件下的破裂痕迹，从宏观及微观的角度对其形貌特征做出分析。

（4）模拟真实火灾，对幕墙玻璃的破裂行为和玻璃的破坏特征进行研究，记录其在火灾中的表面温度、首次破裂时间、首次破裂位置等数据，研究幕墙玻璃的破裂行为，对先前的研究结果予以验证。

第二章　火灾环境下中空玻璃的破裂行为及痕迹特征研究

第一节　实验设计

一、实验材料及用品

实验材料及用品如图 2-1 所示。

中空玻璃：本实验中选用了玻璃尺寸为 200 mm × 300 mm、400 mm × 600 mm、600 mm × 900 mm，玻璃板厚度均为 6 mm，空气夹层厚度分别为 6 mm、10 mm、12 mm 的中空玻璃，由廊坊市全盛玻璃公司加工而成。

玻璃框架：采用不锈钢玻璃框架，用于固定中空玻璃并使其离地面一定高度。

油盘：圆形油盘（直径为 300 mm），使中空玻璃均处在火灾环境中。

火源：1.5 kg 零号柴油。

热电偶：K 型贴片式热电偶，由上海松导加热传感器有限公司生产。

数据采集仪：Fluke 2638A 数据采集仪，采样频率为 5.0 s。

数码摄像机：型号为索尼 HDR-PJ610E。

电子天平：美国双杰 TC30K 电子分析天平，精度为 1 g，采样频率为 1.0 s。

体式显微镜：型号为 Stemi 2000-C。

（a）中空玻璃及玻璃框架

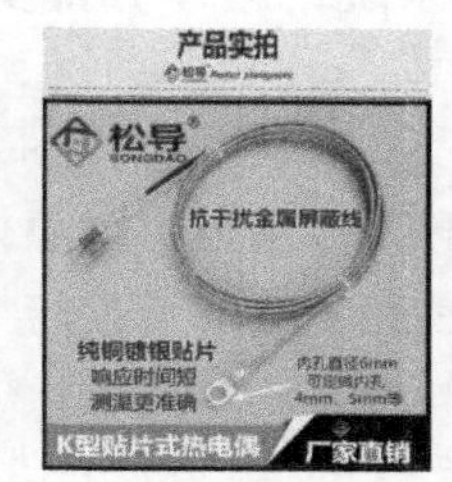

（b）热电偶

（c）数据采集仪

（d）数码摄像机

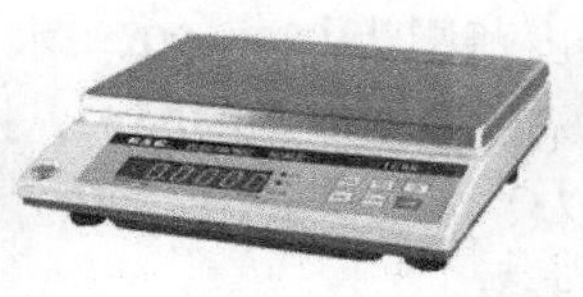
（e）电子天平

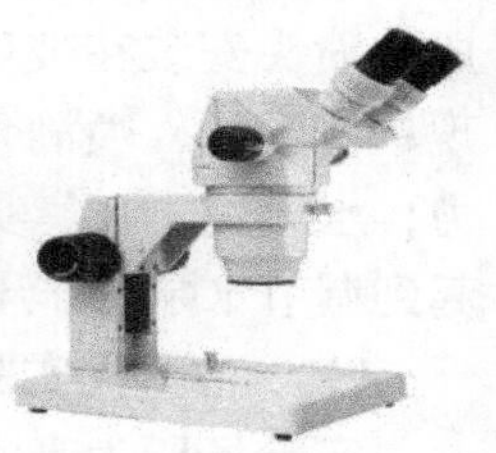
（f）体式显微镜

图 2-1　实验材料及仪器

二、实验装置

（一）热辐射实验台

通过对前人研究玻璃破裂实验台的调研，结合本实验需要，设计出研究热辐射作用下玻璃破裂行为的实验台，如图 2-2 所示。

图 2-2　热辐射实验装置

1. 实验台箱体

实验台采用的是整体箱式结构，主体内部宽度是 600 mm，高度是 800 mm。箱体框架采用 30 mm × 30 mm × 3 mm 矩形钢管焊接而成。箱体内部采用 50 mm 防火板，外侧罩有 1 mm 不锈钢板，用于防止热辐射在实验过程对人体的伤害。箱体顶部预留排烟管道安装法兰，可连接排烟系统，箱体底部安装双列直线导轨及丝杆支座。

2. 实验台辐射源

本装置采用 6 根 U 形碳棒作为辐射源，辐射板尺寸为 500 mm × 600 mm，功率可在 10 ～ 30 kW 调节，与样品间距离采用丝杆、配合直线导轨调节。

3. 实验台水喷洒系统

水喷洒系统由水箱、喷头、回水槽、管路、水泵及控制系统组成。喷头安装在玻璃箱体上部，在远离迎火面一侧设置 4 个喷头实现单侧喷洒，喷洒角度范围为 0° ～ 90°。水泵用于增加管道内的压力，水箱用于收集实验过程中产生的废水，控制器安装在控制柜上，起到调节水泵工作压力、流量等作用。

（二）油盘火实验装置

实验场所为高大空间实验室，实验时关闭门窗。安装前对中空玻璃样品进行检查，对瑕疵品予以舍弃。用铝箔贴纸和 ST-1250 壁炉耐高温密封胶将热电偶附着在玻璃表面。电子天平使用前清零。本实验装置主要包括贴片式热电偶、Fluke 数据采集仪、摄像机和用于记录数据的计算机，如图 2-3 所示。

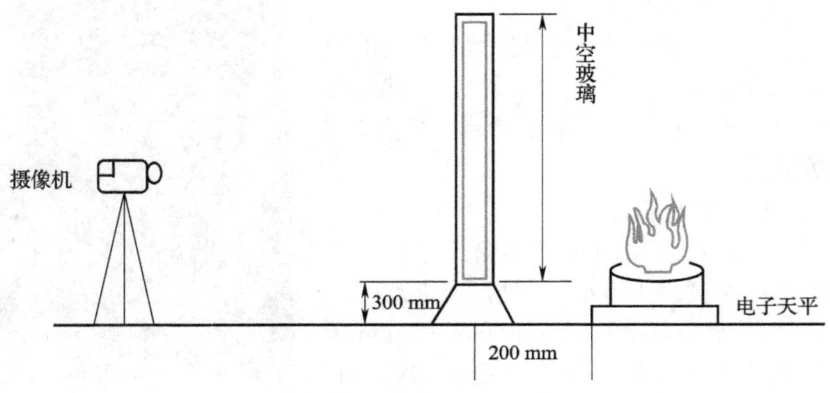

图 2-3　油盘火实验装置

三、实验设计

1. 热辐射作用下玻璃破裂行为

玻璃受到辐射板辐射时，表面升温，由于玻璃导热性差以及玻璃边框的遮蔽，表面会产生温度差。当温度差引起的局部热应力大于临界值时，玻璃破裂，因此研究各因素对玻璃破裂行为造成的影响是有必要的。表 2-1 列出了热辐射作用下玻璃破裂的影响因素。

表 2-1　　　　实验因素分布表

因素	符号	1	2	3	4	5
玻璃平面尺寸（mm^2）	A	200×300	400×600	—	—	—
空气夹层厚度（mm）	B	6	10	12	—	—
热辐射源升温时长（min）	C	20	30	40	50	60

若对三个影响因素的 10 种情况进行全排列实验并各做 3 次重复性实验，实验量很大，为了更有效地进行实验，设计了实验工况（见表 2-2）。热辐射源通过设置不同的升温时长来控制其升温速率。温度均从 20 ℃升至 400 ℃，升温阶段的升温时长分别为 20 min、30 min、40 min、50 min、60 min，恒温阶段保持 400 ℃，持续时间为 10 min，热电偶布置如图 2-4 所示，辐射板距玻璃的距离为 250 mm。

表 2-2　　　　热辐射实验工况

实验序号	玻璃尺寸（mm^2）	空气夹层厚度（mm）	升温时长（min）	恒温时间（min）
R01	200×300	6	20	20
R02	200×300	6	20	20
R03	200×300	6	30	20
R04	200×300	6	30	20

续表

实验序号	玻璃尺寸（mm^2）	空气夹层厚度（mm）	升温时长（min）	恒温时间（min）
R05	200 × 300	6	40	20
R06	200 × 300	6	40	20
R07	200 × 300	6	50	20
R08	200 × 300	6	50	20
R09	200 × 300	6	60	20
R10	200 × 300	6	60	20
R11	200 × 300	10	20	20
R12	200 × 300	10	20	20
R13	200 × 300	12	20	20
R14	200 × 300	12	20	20
R15	400 × 600	12	20	20
R16	400 × 600	12	20	20
R17	400 × 600	12	30	20
R18	400 × 600	12	30	20
R19	400 × 600	12	40	20
R20	400 × 600	12	40	20
R21	400 × 600	12	50	20
R22	400 × 600	12	50	20
R23	400 × 600	12	60	20
R24	400 × 600	12	60	20
R25	400 × 600	10	20	20
R26	400 × 600	10	20	20
R27	400 × 600	6	20	20
R28	400 × 600	6	20	20

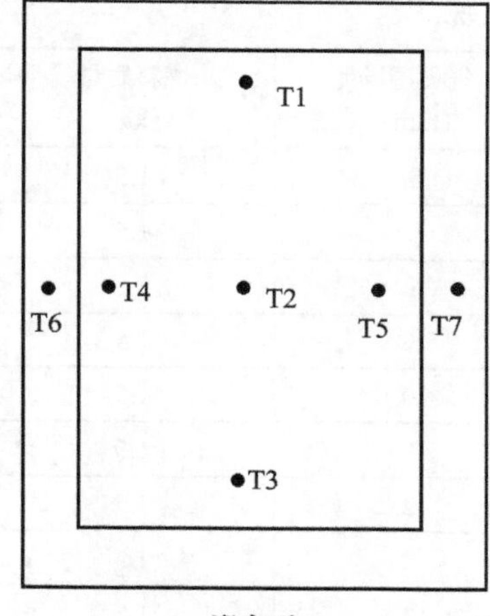

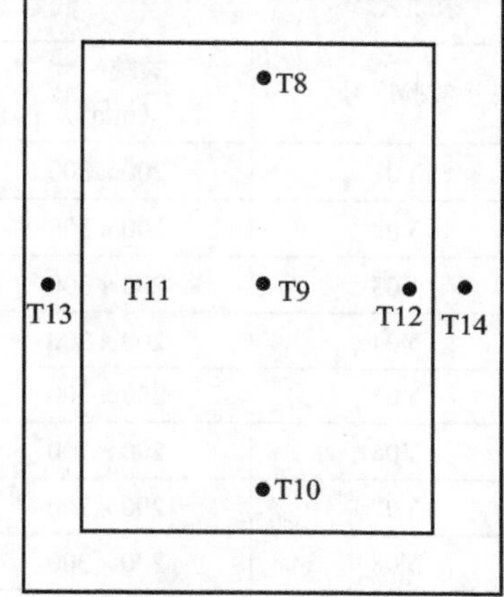

图 2-4　热电偶布置图

实验流程主要包括：

①安装中空玻璃，布置实验设备。②检查各项设备是否正常运行。③打开辐射平台，设定温度。④开始实验。⑤实验结束，观察玻璃裂纹，关闭设备保存数据。

2. 油盘火作用下玻璃破裂行为

本实验从中空玻璃尺寸、空气夹层厚度和距火源的高度三个影响因素来研究中空玻璃在油盘火作用下的破裂规律。实验主要研究了空气夹层厚度分别为 6 mm、10 mm、12 mm，玻璃尺寸分别为 200 mm × 300 mm，400 mm × 600 mm，600 mm × 900 mm 的中空玻璃在油盘火作用下的破裂行为。火源采用了直径是 300 mm，深度是 100 mm 的圆形油盘，燃料为 1.5 kg 零号柴油。为确保实验结果的稳定性，每个工况均做了至少三次重复性实验，详细工况见表 2-3，热电偶布置如图 2-4 所示。研究距火源的高度对玻璃破裂行为的影响时，在尺寸为 600 mm × 900 mm 的中空玻璃的迎火面和背火面垂直方向上每隔 18 cm 布置一个热电偶，具体的热电偶布置如图 2-5 所示。

表 2-3　　油盘火实验工况

实验序号	玻璃尺寸（mm^2）	空气夹层厚度（mm）	燃料质量（kg）
Y01	200×300	6	1.5
Y02	200×300	6	1.5
Y03	200×300	6	1.5
Y04	200×300	10	1.5
Y05	200×300	10	1.5
Y06	200×300	10	1.5
Y07	200×300	12	1.5
Y08	200×300	12	1.5
Y09	200×300	12	1.5
Y10	400×600	6	1.5
Y11	400×600	6	1.5
Y12	400×600	6	1.5
Y13	400×600	10	1.5
Y14	400×600	10	1.5
Y15	400×600	10	1.5
Y16	400×600	12	1.5
Y17	400×600	12	1.5
Y18	400×600	12	1.5
Y19	600×900	6	1.5
Y20	600×900	6	1.5
Y21	600×900	6	1.5
Y22	600×900	10	1.5
Y23	600×900	10	1.5
Y24	600×900	10	1.5
Y25	600×900	12	1.5
Y26	600×900	12	1.5
Y27	600×900	12	1.5

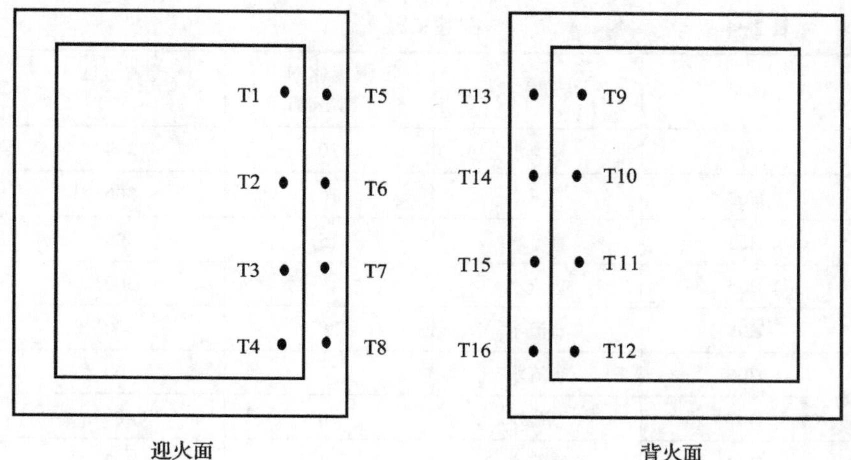

图 2-5　距火源不同高度的热电偶布置图

实验流程主要包括：

①安装中空玻璃，布置实验设备。②打开数据采集仪、电子天平、记录柴油质量损失所需计算机。③检查各项设备是否运行正常。④将称量后的柴油倒入油盘。⑤用报纸引燃柴油，开始实验。⑥实验结束，观察玻璃裂纹，关闭设备保存数据。

3. 火灾环境中玻璃破坏痕迹特征

以玻璃尺寸为 400 mm × 600 mm，空气夹层厚度为 12 mm 的中空玻璃为研究对象，制作热炸裂和高温遇水炸裂破坏痕迹，进行观察。结合油盘火发展趋势，在油盘火三个发展阶段分别以直流水和喷雾水的形式对背火面和迎火面玻璃进行冷却。因中空玻璃为双层玻璃，进行喷水时考虑到实际情况先对背火面玻璃进行冷却再对迎火面玻璃进行冷却。热辐射下实验工况见表 2-4，预实验中设定最高温度为 100 ℃、200 ℃、300 ℃和 400 ℃，但是在 100 ℃和 200 ℃实验中玻璃未发生破裂，因此在实验中最高温度只设定为 300 ℃和 400 ℃。

表 2-4 实验工况

编号	冷却方式	升温速率（℃/min）	最高温度（℃）
H01	直流水	10	300
H02	直流水	10	300
H03	直流水	15	300
H04	直流水	15	300
H05	直流水	20	300
H06	直流水	20	300
H07	直流水	10	400
H08	直流水	10	400
H09	直流水	15	400
H10	直流水	15	400
H11	直流水	20	400
H12	直流水	20	400
H13	喷雾水	10	300
H14	喷雾水	10	300
H15	喷雾水	15	300
H16	喷雾水	15	300
H17	喷雾水	20	300
H18	喷雾水	20	300
H19	喷雾水	10	400
H20	喷雾水	10	400
H21	喷雾水	15	400
H22	喷雾水	15	400
H23	喷雾水	20	400
H24	喷雾水	20	400

实验流程主要包括：

①安装中空玻璃，框架周围布置挡板，防止玻璃飞裂。②使固定在框架上的中空玻璃在热辐射板的作用下受热炸裂。③分别用直流水和喷雾水冷却中空玻璃。④用镊子提取碎片，装入提取袋，做好标记。⑤用体式显微镜对提取的玻璃碎片进行观察。⑥实验结束，做好数据记录。

第二节　热辐射作用下中空玻璃的破裂行为及痕迹特征

玻璃作为最常见的建筑材料，其因脆性较大在热辐射作用下易发生破裂。火灾环境中，玻璃的破裂可能会加速火灾的燃烧，形成新的蔓延途径，给人们带来安全隐患和财产损失。本章选择辐射板作为热源，在均匀受热条件下针对中空玻璃空气夹层的厚度、玻璃尺寸和热辐射源升温速率三个因素对热辐射作用下中空玻璃的破裂进行了研究，给出了实验结果，并进行了分析与讨论。

一、火源热释放速率

辐射源是 6 根 U 形碳棒，其热释放速率与电流的平方呈正比：

$$Q = I^2\mathrm{R} = (k \times t)^2\mathrm{R} = k^2\mathrm{R}t^2 \tag{2.1}$$

Q：热释放速率；

k：控制电流随时间上升的斜率；

R：碳棒电阻，常数；

$k^2\mathrm{R}$：该模型中的火灾增长速率。

由公式可知辐射源的热释放速率符合 t 平方火模型，如图 2–6 所示。为了使玻璃在实验过程中能够尽可能均匀受热，玻璃面积小于辐射源面积。

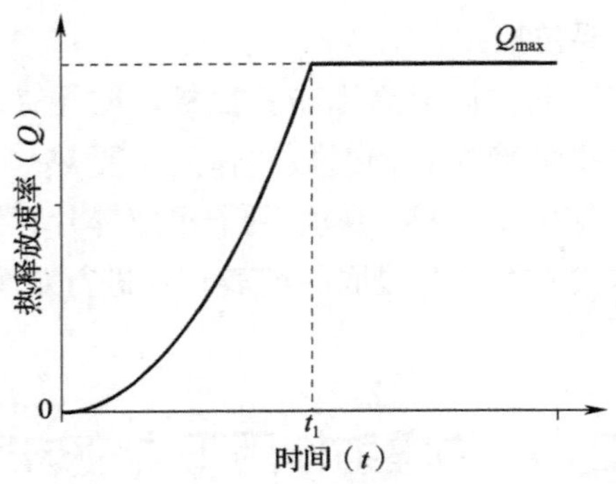

图 2-6　辐射源的热释放速率图

二、玻璃尺寸对中空玻璃破裂行为的影响

本节选取了空气夹层厚度为 12 mm 的中空玻璃为研究对象，升温时长为 20 min，探究玻璃尺寸对中空玻璃破裂行为的影响。

（一）玻璃破裂模式

玻璃破裂行为可表征实验中玻璃破裂特点。查阅文献得知，随着火势发展，当玻璃表面裂纹交叉贯通形成“孤岛”时，玻璃有掉落的可能。由于火焰和烟气的存在，从拍摄的视频中截取的照片不能够较清楚地表达裂纹形态。因此，直接用描绘裂纹图对实验过程中玻璃裂纹形态进行分析。为更好地对玻璃的裂纹进行描述与分析，将描绘裂纹图划分成九宫格的形式，每个区域分别标注为 A1 ～ A18，迎火面和背火面呈镜像，具体如图 2-7 所示。

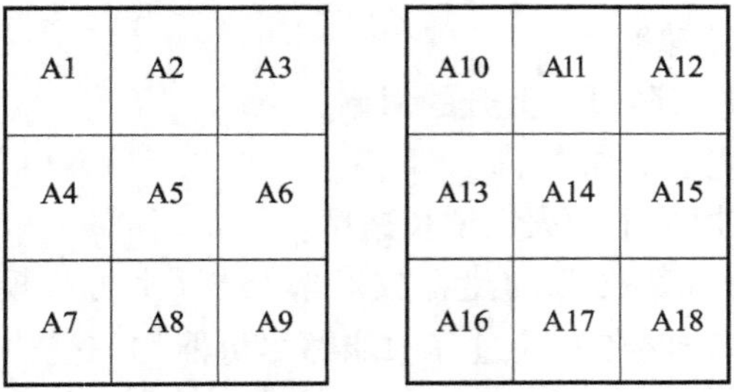

A1	A2	A3
A4	A5	A6
A7	A8	A9

A10	A11	A12
A13	A14	A15
A16	A17	A18

图 2-7　裂纹九宫格标注图

图 2–8 给出了空气夹层厚度为 12 mm，升温时长为 20 min 的两种不同尺寸中空玻璃的裂纹示意图。玻璃尺寸为 200 mm × 300 mm 时，迎火面出现长裂纹，裂纹基本无分支，未形成“孤岛”，虽在 14 组小尺寸实验中有 2 组形成“孤岛”，但其数量少，面积小，背火面无裂纹；玻璃尺寸为 400 mm × 600 mm 时，迎火面裂纹数量和分支点较多并相互贯通形成较多“孤岛”，将整个迎火面玻璃分成若干块小面积玻璃，背火面裂纹一般是从玻璃四周起裂，裂纹均为长裂纹，贯穿玻璃。在实验过程中因玻璃四周均受到框架的束缚未

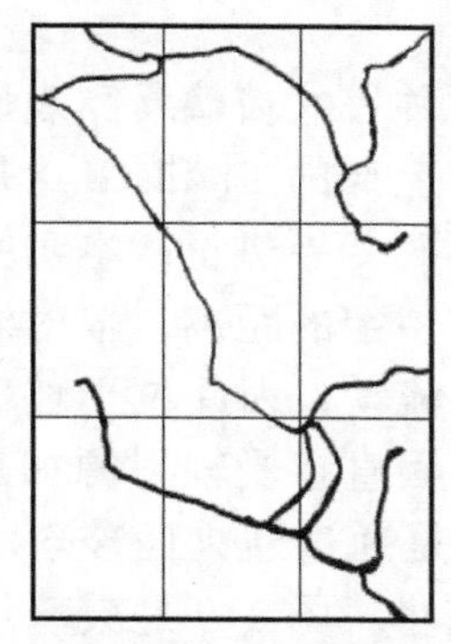

（a）200 mm×300 mm玻璃的迎火面

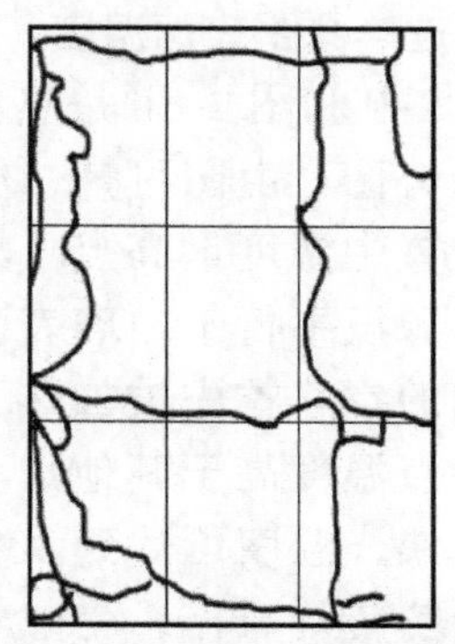

（b）400 mm×600 mm玻璃的迎火面

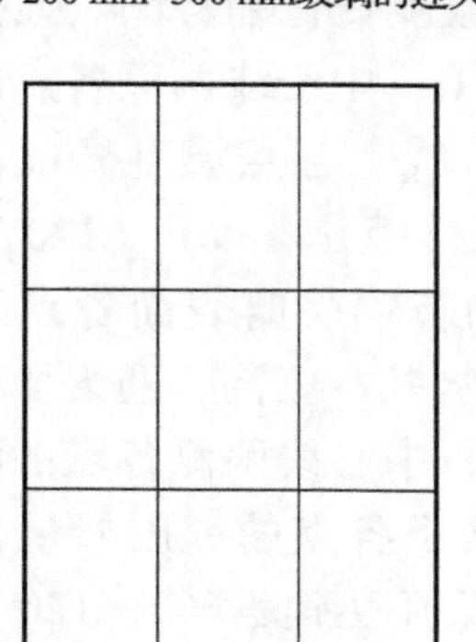

（c）200 mm×300 mm玻璃的背火面

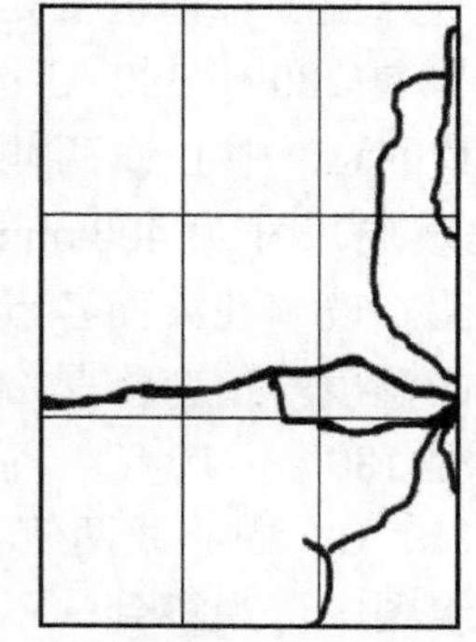

（d）400 mm×600 mm玻璃的背火面

图 2–8　不同尺寸中空玻璃裂纹示意图

发生脱落，值得注意的是，把玻璃从框架移出的过程中，14 组大尺寸实验迎火面玻璃均发生了大面积脱落，4 组背火面玻璃发生了脱落，14 组小尺寸实验背火面均无裂纹，迎火面玻璃有裂纹但未发生脱落。

（二）玻璃表面温度随时间变化情况

温度在面积方向和厚度方向引起不同的热应力是玻璃破裂的主要原因。因此测量表面各典型位置温度是研究玻璃破裂的重要手段，温度参数由布置在玻璃表面的热电偶测得，布置图如图 2-4 所示。

1. 玻璃暴露表面温度

图 2-9 和图 2-10 是热辐射作用下两种尺寸玻璃暴露表面温度变化趋势图。由图可知，位于玻璃表面上部的 T1 和 T8 点是所有测量位置中温度最高点。辐射源靠热辐射传导热量，本实验装置中辐射源虽平行于玻璃表面但与玻璃有一定的距离，辐射源和玻璃之间的空气首先被加热，热空气向上流动，因此位于玻璃表面上部的点温度高于其他点。迎火面各点因直接受辐射源加热，升温速率快，温度可达到 300 ℃，背火面是通过迎火面玻璃相同位置处的热传导升温，受热辐射的影响较小。图 2-9 是玻璃尺寸为 200 mm × 300 mm 的玻璃暴露表面各点温度变化趋势图。迎火面中心线上各点温度峰值范围是 310 ～ 320 ℃，中心线两侧各点的温度峰值范围是 280 ～ 300 ℃；背火面中心线上各点温度峰值范围是 120 ～ 170 ℃，中心线两侧各点温度峰值范围是 90 ～ 120 ℃。图 2-10 是玻璃尺寸为 400 mm × 600 mm 的玻璃暴露表面各点温度变化趋势图。玻璃迎火面各点温度变化趋势基本相同，迎火面中心线上各点的温度峰值范围是 280 ～ 320 ℃，中心线两侧各点的温度峰值范围是 180 ～ 210 ℃；背火面中心线上各点的温度峰值范围是 140 ～ 160 ℃，中心线两侧各点的温度峰值范围是 60 ～ 120 ℃。从上述两组图中可观察到，不同尺寸玻璃所能达到的最高温度相差不大，但小尺寸迎火面玻璃温度分层不如大尺寸明显，也就是对于小尺寸玻璃，其测量位置的温差小。因为在相同条件下小尺寸玻璃传

热更快，从而受热均匀不易破裂。对 2 种尺寸中空玻璃的迎火面和背火面测量位置处温度进行拟合，具体情况见表 2-5。玻璃尺寸为 200 mm × 300 mm 时，迎火面和背火面温度趋势均符合二次多项式 $T = A_1x + A_2x^2 + B$；玻璃尺寸为 400 mm × 600 mm 时，迎火面温度符合二次多项式 $T = A_1x + A_2x^2 + B$，背火面温度符合指数函数 $T = Ae^{Bx}$。

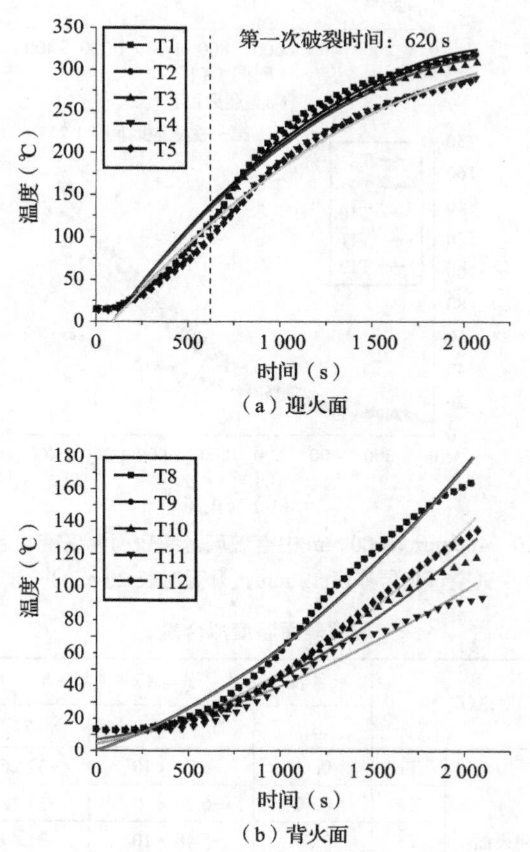

（a）迎火面

（b）背火面

图 2-9　200 mm × 300 mm 中空玻璃暴露表面温度变化趋势图（空气夹层厚度 12 mm，升温时长 20 min）

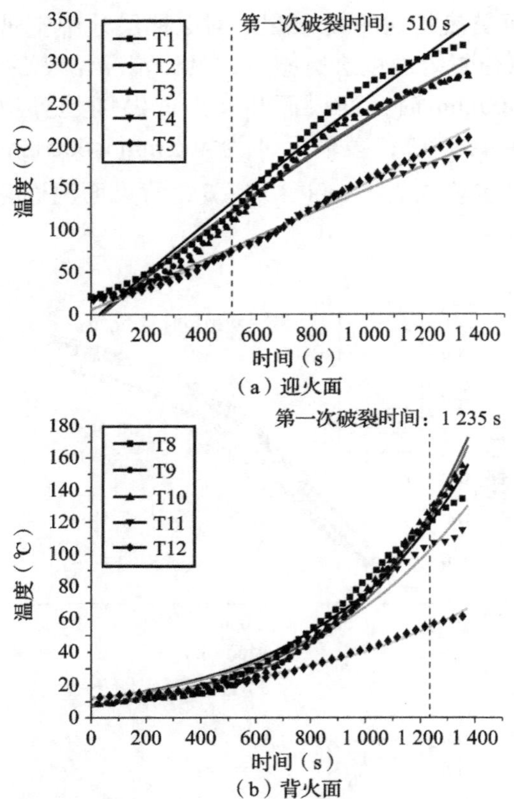

（a）迎火面

（b）背火面

图 2-10　400 mm × 600 mm 中空玻璃暴露表面温度变化趋势图
（空气夹层厚度 12 mm，升温时长 20 min）

表 2-5　暴露表面温度拟合表

玻璃尺寸（mm^2）	测点		拟合公式：$T = A_1x + A_2x^2 + B$			拟合度
			A_1	A_2	B	
200 × 300	迎火面	T1	0.31	-6.83×10^{-5}	−32.26	0.986
		T2	0.30	-6.39×10^{-5}	−31.32	0.986
		T3	0.30	-6.48×10^{-5}	−31.49	0.986
		T4	0.25	-4.68×10^{-5}	−23.40	0.989
		T5	0.24	-4.63×10^{-5}	−22.56	0.989

续表

玻璃尺寸（mm^2）	测点		拟合公式：$T=A_1x+A_2x^2+B$			拟合度
			A_1	A_2	B	
200×300	背火面	T1	0.04	2.48×10^{-5}	1.15	0.982
		T2	0.04	2.35×10^{-5}	1.18	0.982
		T3	0.02	1.95×10^{-5}	7.31	0.985
		T4	0.03	1.04×10^{-5}	4.92	0.969
		T5	0.02	2.36×10^{-5}	8.21	0.991
400×600	迎火面	T1	0.29	-2.41×10^{-5}	−6.85	0.983
		T2	0.29	-4.42×10^{-5}	−10.86	0.986
		T3	0.28	-3.76×10^{-5}	−13.09	0.984
		T4	0.15	-5.39×10^{-5}	7.17	0.988
		T5	0.13	2.03×10^{-5}	6.60	0.994
	测点		拟合公式：$T=Ae^{Bx}$			拟合度
			A	B		
	背火面	T1	11.03	0.001		0.982
		T2	7.32	0.002		0.993
		T3	7.90	0.002		0.993
		T4	11.96	0.001		0.979
		T5	11.10	0.001		0.994

2. 玻璃遮蔽表面温度

图 2–11 是热辐射作用下两种尺寸玻璃遮蔽表面温度变化趋势图。迎火面遮蔽区域通过暴露表面和遮蔽框架的热传导达到升温效果，因而升温速率较慢，同一时间温度低于相同位置处暴露区域的温度，直至实验结束也很难达到 300 ℃，背火面各区域温度则取决于迎火面。玻璃尺寸为 200 mm×300 mm 时，迎火面各点的温度峰值范围是 250 ～ 300 ℃，背火面各点的温度峰值范围是 90 ～ 100 ℃；玻璃尺寸为 400 mm×600 mm 时，迎火面各点的温度

峰值范围是 180 ～ 200 ℃，背火面中心线上各点的温度峰值范围是 60 ～ 80 ℃。

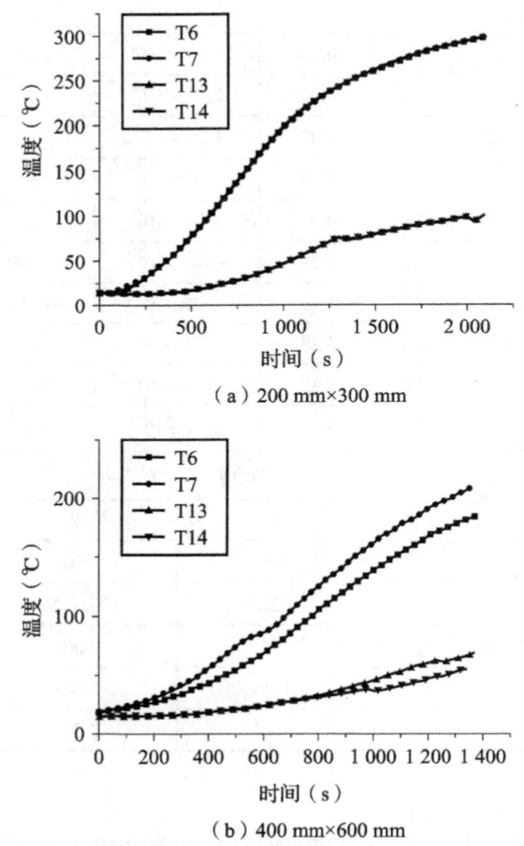

（a）200 mm×300 mm

（b）400 mm×600 mm

图 2-11　不同尺寸中空玻璃遮蔽表面温度变化趋势图
（空气夹层厚度 12 mm，升温时长 20 min）

（三）玻璃首次破裂时间及温差分析

两种尺寸玻璃破裂时间见表 2-6。空气夹层厚度是 6 mm，尺寸是 200 mm × 300 mm 的中空玻璃迎火面首次破裂时间是 640 s，背火面玻璃均未破裂，高于 400 mm × 600 mm 中空玻璃迎火面的 495 s 和背火面的 1 235 s；空气夹层厚度是 10 mm，尺寸是 200 mm × 300 mm 的中空玻璃迎火面首次破裂时间是 650 s，背火面玻璃均未破裂，高于 400 mm × 600 mm 中空玻璃迎火面的 510 s 和背火面的 1 285 s；空气夹层厚度是 12 mm，尺寸是 200 mm × 300 mm 的中空玻璃迎火面首次破裂时间是 620 s，背火面玻璃均未破裂，高于 400 mm × 600 mm 中空玻璃迎火面的 600 s 和背火面的 1 500 s。中空玻璃是由两层玻璃组成，在所有实验组中玻璃板厚度不发生改变，只改变空气夹层厚度，独立比较玻璃迎火面和背火面首次破裂时间两个参数并不能全面地观察玻璃的破裂行为特征，因此引入参数 $t_b - t_y$ 表示中空玻璃背火面与迎火面首次破裂时间之差。玻璃尺寸是 200 mm × 300 mm 的中空玻璃在实验条件下背火面均未发生破裂，$t_b - t_y$ 是无穷大；玻璃尺寸是 400 mm × 600 mm，空气夹层厚度为 6 mm、10 mm 和 12 mm 的中空玻璃，$t_b - t_y$ 分别为 740 s，775 s 和 900 s。

表 2-6　　　　不同尺寸的中空玻璃破裂时间参数

空气夹层厚度	玻璃尺寸（mm^2）	升温时长（min）	迎火面玻璃首次破裂时间 t_y（s）	背火面玻璃首次破裂时间 t_b（s）	$t_b - t_y$（s）
6	200 × 300	20	640	—	—
	400 × 600	20	495	1 235	740
10	200 × 300	20	650	—	—
	400 × 600	20	510	1 285	775
12	200 × 300	20	620	—	—
	400 × 600	20	600	1 500	900

图 2-12 给出了不同尺寸中空玻璃首次破裂时间图。图 2-13 列举了不同尺寸中空玻璃首次破裂时迎火面各测点（或特征点）温度变化。从图中可以看出，空气夹层厚度相同，面积越大，破裂时间越短，除 T4、T5 点外，玻璃首次破裂时各测点温度随玻璃尺寸的增

大而降低。在 T4、T5 两点，小尺寸的温度高于大尺寸但两者温差不大，这是由于小尺寸玻璃热量更快到达边缘。

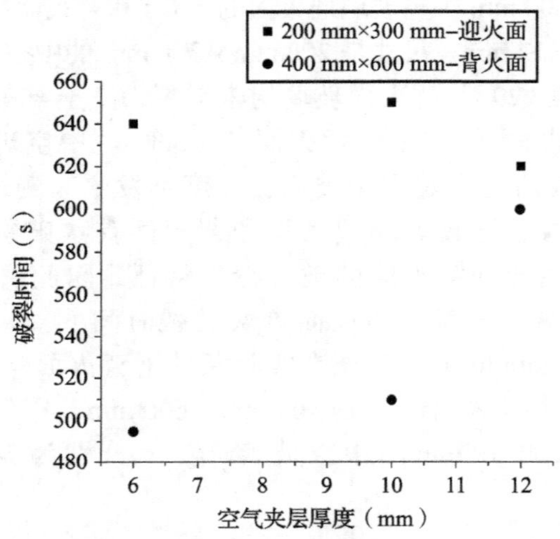

图 2–12　破裂时间与玻璃尺寸关系

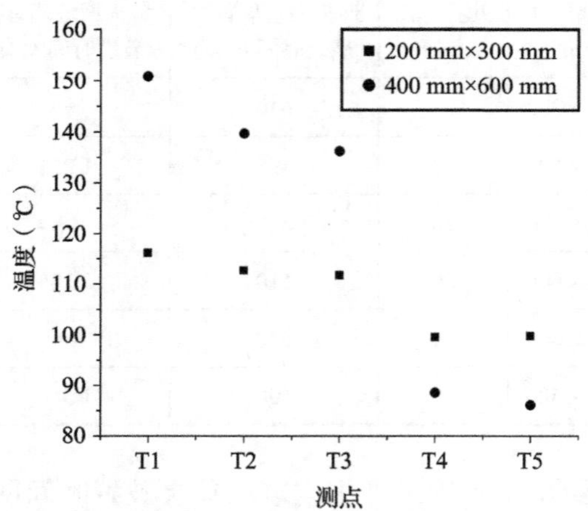

图 2–13　首次破裂时迎火面各测点温度与玻璃尺寸关系

根据前文分析定义了三种温差，如图 2–14 所示，T_1、T_2 分别是迎火面和背火面玻璃上部温度，T_3、T_4分别是迎火面和背火面玻璃中心点温度，T_5、T_6分别是迎火面玻璃边沿暴露表面温度，T_7、T_8分别是迎火面玻璃边沿遮蔽表面温度，T_9、T_{10}分别是背火面玻璃边沿暴露表面温度，T_{11}、T_{12}分别是背火面玻璃边沿遮蔽表面温度。ΔT_1、ΔT_2分别是迎火面和背火面上部点以及中心点之间温差，ΔT_3是迎火面遮蔽点和暴露点的平均温差，ΔT_4是背火面遮蔽点和暴露点平均温差。

$$\Delta T_2 = T_3 - T_4 \tag{2.2}$$

$$\Delta T_1 = T_1 - T_2 \tag{2.3}$$

$$\Delta T_3 = (T_5 - T_6) + (T_7 - T_8) / 2 \tag{2.4}$$

$$\Delta T_4 = (T_9 - T_{10}) + (T_{11} - T_{12}) / 2 \tag{2.5}$$

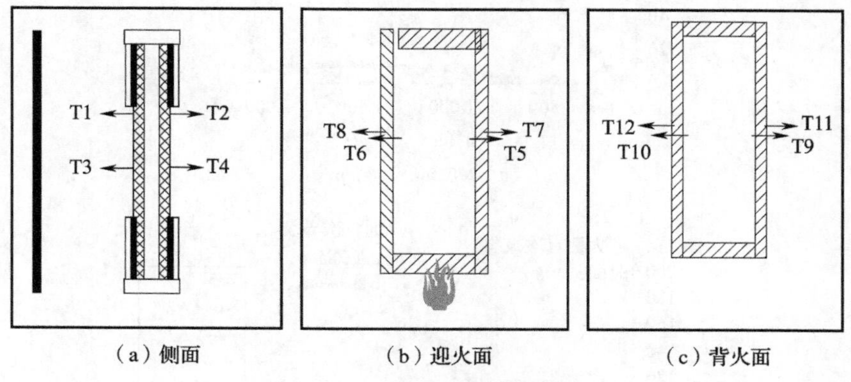

（a）侧面　　（b）迎火面　　（c）背火面

图 2-14　中空玻璃温差定义图

图 2-15 是不同尺寸中空玻璃温差变化趋势图。玻璃尺寸是 200 mm × 300 mm，迎火面玻璃上部点温差ΔT_1是 91.99 ℃，中心点温差ΔT_2是 87.09 ℃，遮蔽点和暴露点温差ΔT_3是 4.36 ℃；背火面玻璃因未发生破裂不讨论温差。玻璃尺寸是 400 mm × 600 mm 时，迎火面玻璃上部点温差ΔT_1是 93.47 ℃，中心点温差ΔT_2是 88.95 ℃，遮蔽点和暴露点温差ΔT_3是 8.66 ℃；背火面玻璃上部点温差ΔT_1是

185.1 ℃，中心点温差 ΔT_2 是 140.92 ℃，遮蔽点和暴露点温差 ΔT_4 是 25.64 ℃。因小尺寸玻璃背火面未发生破裂，所以只对 ΔT_3 进行研究，分别作出两种尺寸中空玻璃的 ΔT_3 与玻璃尺寸关系图、玻璃首次破裂时表面各点升温速率与玻璃尺寸关系图，具体如图 2-16 及图 2-17 所示。

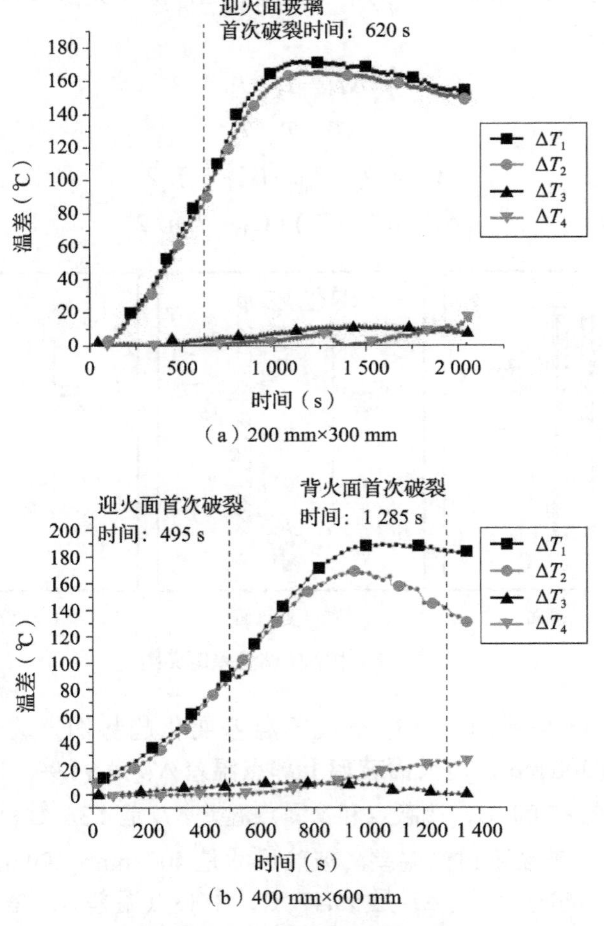

图 2-15　不同尺寸的中空玻璃温差变化趋势图

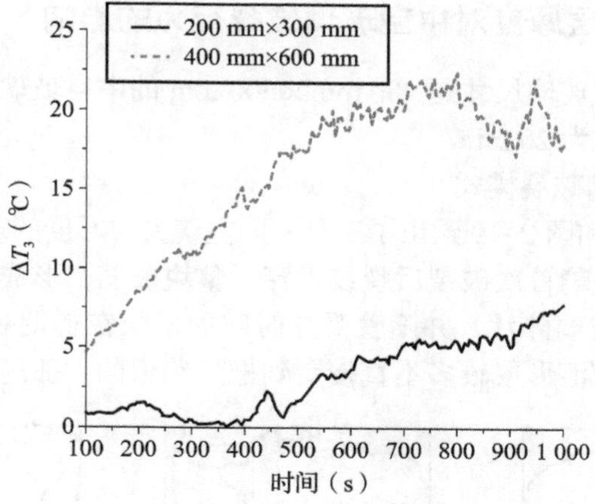

图 2-16 ΔT_3 与玻璃尺寸关系

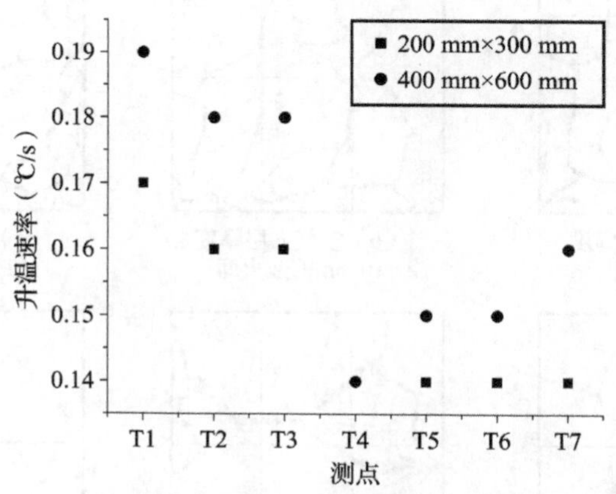

图 2-17 首次破裂时各点升温速率与玻璃尺寸关系

由图可知，大尺寸玻璃温差升温速率和首次破裂时各点平均升温速率明显高于小尺寸玻璃。综上所述，各点升温速率和温差随玻璃尺寸的增大而增大，热应力也随之增大。鉴于中空玻璃的结构，玻璃板厚度相同时，热应力越大玻璃越易破碎，这也与大尺寸玻璃首次破裂时间短、玻璃表面裂纹密度大相符合。

三、空气夹层厚度对中空玻璃破裂行为的影响

本部分以玻璃尺寸是 400 mm × 600 mm 的中空玻璃为研究对象，升温时长设定为 20 min。

（一）玻璃破裂模式

图 2-18 和图 2-19 给出了三种不同空气夹层厚度的玻璃裂纹示意图。迎火面玻璃首次破裂后裂纹贯穿了整块玻璃，形成了形状各异、大小不同的玻璃碎片，并随着受热时间的增长在初期裂纹基础上进一步扩展，交汇形成较多不直接受到框架约束的“孤岛”，但因为玻

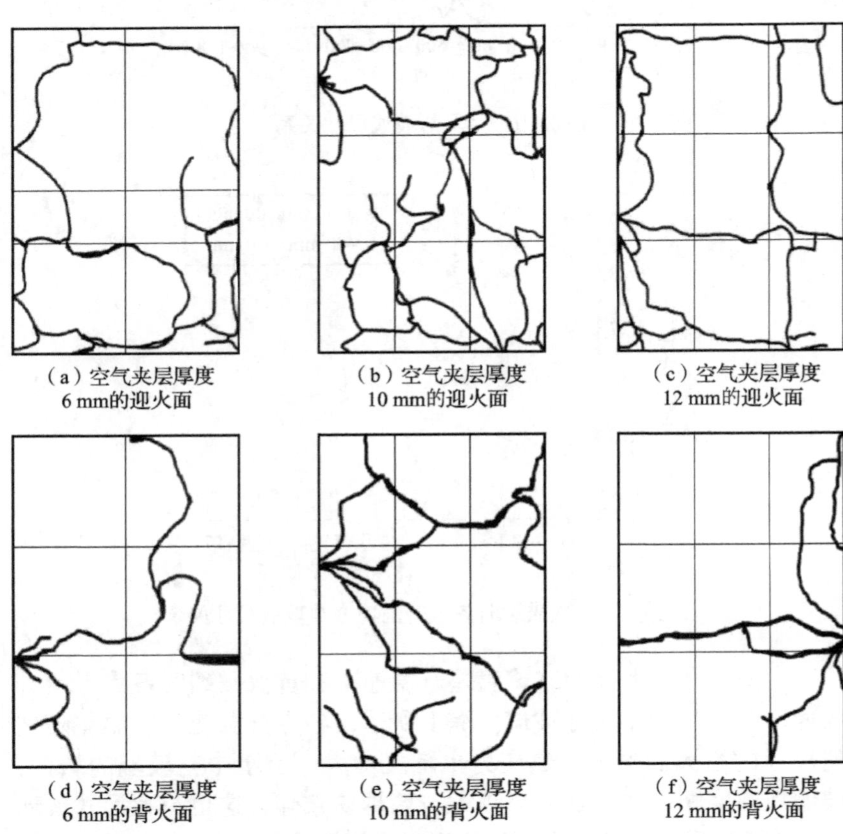

（a）空气夹层厚度 6 mm的迎火面　（b）空气夹层厚度 10 mm的迎火面　（c）空气夹层厚度 12 mm的迎火面

（d）空气夹层厚度 6 mm的背火面　（e）空气夹层厚度 10 mm的背火面　（f）空气夹层厚度 12 mm的背火面

图 2-18　不同空气夹层厚度玻璃裂纹示意图（尺寸：400 mm × 600 mm）

璃是四周固定在框架内，有框架的约束，在实验过程中玻璃碎片仍保持原位，或仅有极为细小的玻璃碎片脱落。背火面玻璃经过受热的中间空气层加热而升温，温差和应力积累到一定程度后玻璃破裂，背火面玻璃的破裂并非只是在边框处出现短小裂纹，而是整体破裂并出现贯穿玻璃的裂纹。实验结束后，将玻璃样品从实验装置上取下后，因为一定的震动，玻璃基本全部从框架中脱落。在均匀受热的条件下，空气夹层厚度对玻璃表面裂纹形态影响不大。对于大尺寸玻璃，空气夹层厚度为 10 mm 时玻璃表面裂纹密度最大，6 mm 和 12 mm 的基本持平，小尺寸玻璃表面裂纹密度则基本无差异。

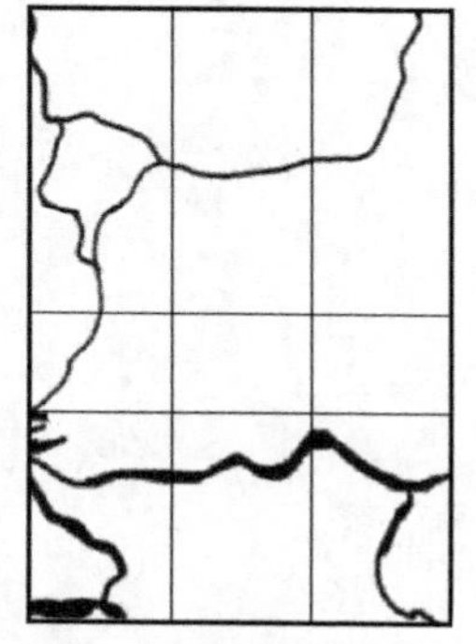
（a）空气夹层厚度6 mm

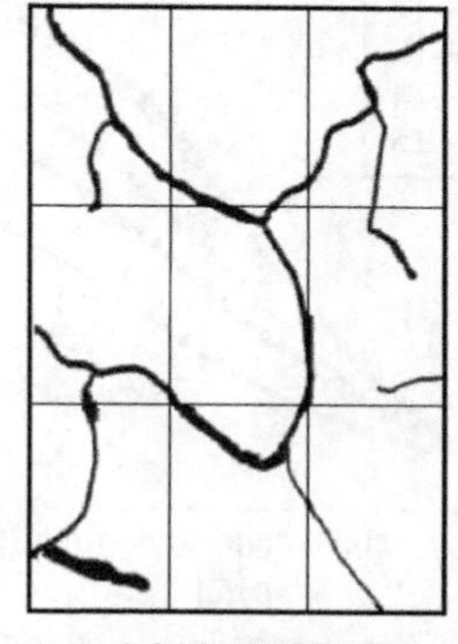
（b）空气夹层厚度10 mm

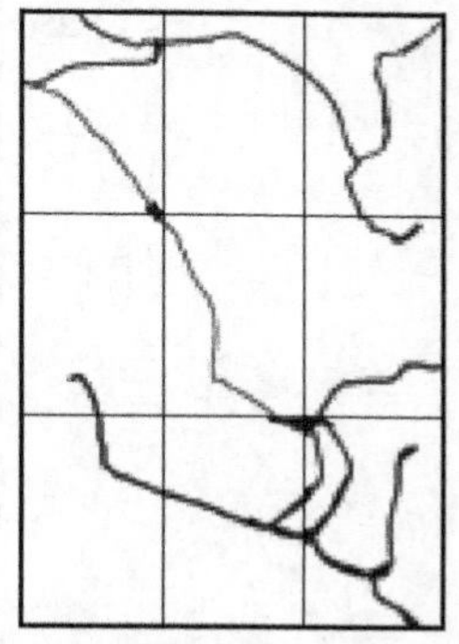
（c）空气夹层厚度12 mm

图 2–19　不同空气夹层厚度玻璃迎火面裂纹示意图（尺寸：200 mm × 300 mm）

（二）玻璃表面温度随时间变化情况

1. 玻璃暴露表面温度

图 2–20 描绘了三种空气夹层厚度的尺寸为 400 mm × 600 mm 的中空玻璃暴露表面温度变化趋势。从图中可以看出，迎火面玻璃在加热初期升温速率较快，背火面玻璃在加热初期升温速率缓慢，一定时间后升温速率显著增大。图 2–20（a）、（b）是空气夹层厚度为 6 mm 玻璃暴露表面各点测得的温度曲线，迎火面中心线上各点温度峰值范围是 200 ～ 300 ℃，中心线两侧各点温度峰值范围是 150 ～ 200 ℃，背火面中心线上的温度峰值范围是 100 ～ 150 ℃，

中心线两侧的温度峰值在 60 ℃左右；图 2-20（c）、（d）是空气夹层厚度为 10 mm 玻璃暴露表面各点测得的温度曲线，除 T3 点温度有一定的波动外，迎火面各点温度峰值范围是 150 ～ 350 ℃，背火面中心线上各点温度变化趋势较类似，温度峰值范围是 100 ～ 150 ℃；图 2-20（e）、（f）是空气夹层厚度为 12 mm 玻璃暴露表面各点测得的温度曲线，迎火面和背火面各点温度曲线走向相似，迎火面各点温度峰值范围是 200 ～ 300 ℃，背火面各点的温度峰值在 160 ℃左右。

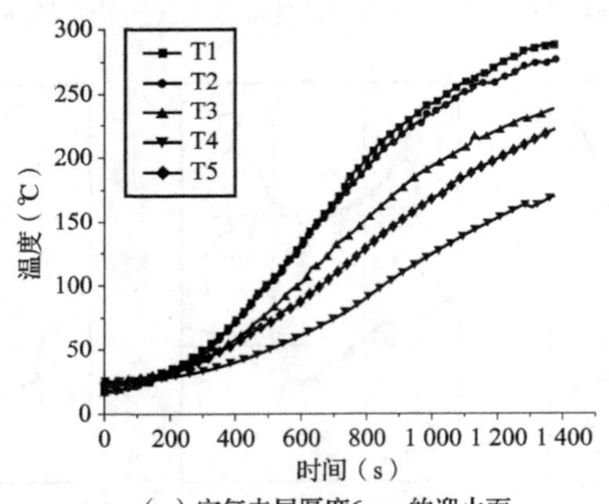

（a）空气夹层厚度6 mm的迎火面

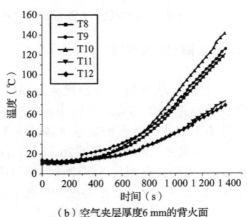

（b）空气夹层厚度6 mm的背火面

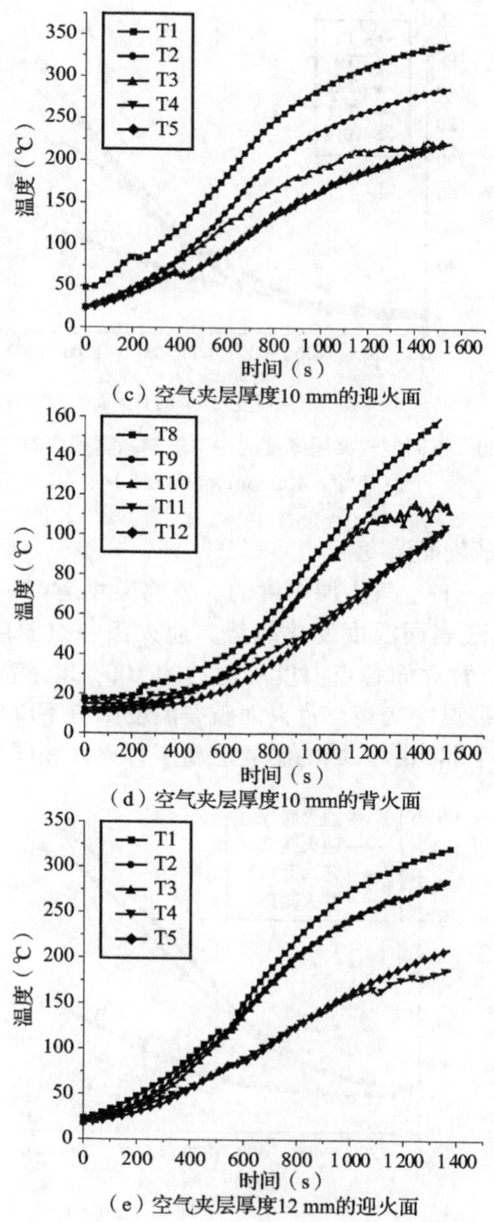

（c）空气夹层厚度10 mm的迎火面

（d）空气夹层厚度10 mm的背火面

（e）空气夹层厚度12 mm的迎火面

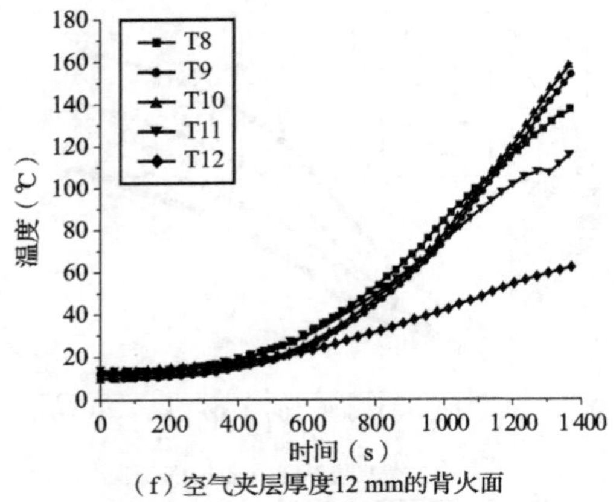

（f）空气夹层厚度12 mm的背火面

图 2-20　不同空气夹层厚度的中空玻璃暴露表面温度分布

（尺寸：400 mm × 600 mm）

2. 玻璃遮蔽表面温度

图 2-21 是三种空气夹层厚度的、玻璃尺寸是 400 mm × 600 mm 的中空玻璃遮蔽表面温度变化趋势。迎火面各点温度峰值范围是 150 ～ 220 ℃，背火面各点温度峰值约为 100 ℃。随着空气夹层变厚，迎火面破裂温度变高，背火面破裂温度则有下降的趋势。遮蔽区域的温度低于非遮蔽区域的温度但高于背火面相同位置的遮蔽温

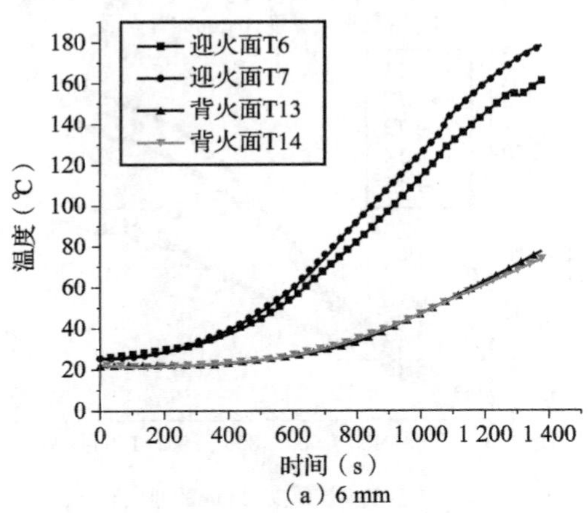

（a）6 mm

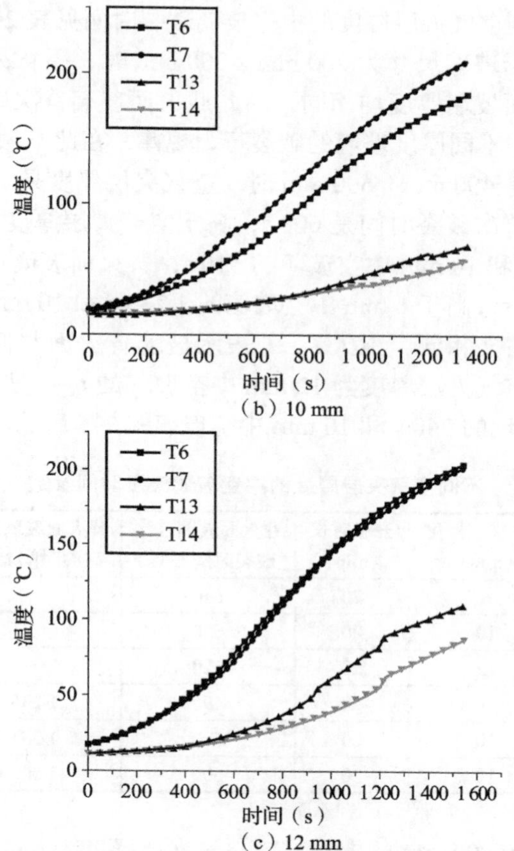

（b）10 mm

（c）12 mm

图 2-21　不同空气夹层厚度的中空玻璃遮蔽表面温度分布
（尺寸：400 mm × 600 mm）

度。由于玻璃迎火面受热辐射源辐射，玻璃升温后热量传递至空气层，空气层受热后在封闭腔室内将一部分热量传至背火面玻璃，空气夹层厚度越厚，传递时间越长，耗损热量越大。

（三）玻璃首次破裂时间及温差分析

火场中玻璃首次破裂时间可表征其防火性能好坏。分别以尺寸为 200 mm × 300 mm 和 400 mm × 600 mm 的中空玻璃为对象进行研究，三种不同空气夹层厚度的中空玻璃破裂时间见表 2–7。从表 2–7 中可看出，当玻璃尺寸为 200 mm × 300 mm 时，因背火面玻璃均未破裂，迎火面玻璃厚度均相同，因此迎火面玻璃首次破裂时间并不能明确地说明不同厚度玻璃的破裂行为规律，在此不做进一步分析；当玻璃尺寸是 400 mm × 600 mm 时，空气夹层厚度是 12 mm 的中空玻璃迎火面首次破裂时间是 600 s，高于空气夹层厚度为 6 mm 中空玻璃的 495 s 和 10 mm 中空玻璃的 510 s，背火面玻璃首次破裂平均时间是 1 500 s，高于 6 mm 中空玻璃的 1 235 s 和 10 mm 中空玻璃的 1 285 s。与前文相同，引入 $t_b - t_y$ 表示玻璃背火面与迎火面首次破裂时间差，空气夹层厚度为 12 mm 中空玻璃的 $t_b - t_y$ 是 900 s，大于 6 mm 中空玻璃的 740 s 和 10 mm 中空玻璃的 775 s。

表 2–7　不同空气夹层厚度的中空玻璃破裂时间参数

玻璃尺寸（mm^2）	空气夹层厚度（mm）	升温时长（min）	迎火面玻璃首次破裂时间 t_y（s）	背火面玻璃首次破裂时间 t_b（s）	$t_b - t_y$（s）
200 × 300	6	20	640	—	—
	10	20	650	—	—
	12	20	620	—	—
400 × 600	6	20	495	1 235	740
	10	20	510	1 285	775
	12	20	600	1 500	900

400 mm × 600 mm 的中空玻璃空气夹层厚度为 6 mm、10 mm 和 12 mm 时，升温时长是 20 min，玻璃首次破裂时温差变化趋势图如图 2–22 所示。

空气夹层厚度是 6 mm 时，迎火面玻璃上部点温差 ΔT_1 是 81.64 ℃，中心点温差 ΔT_2 是 72.07 ℃，遮蔽点和暴露点温差 ΔT_3 是 13.34 ℃；背火面玻璃上部点温差 ΔT_1 是 172.72 ℃，中心点温差 ΔT_2 是 157.06 ℃，遮蔽点和暴露点温差 ΔT_4 是 3.91 ℃。空气夹层厚度是 10 mm 时，迎火面玻璃上部点温差 ΔT_1 是 80.81 ℃，中心点温差 ΔT_2 是 79.87 ℃，遮蔽点和暴露点温差 ΔT_3 是 17.05 ℃；背火面玻璃上部点温差 ΔT_1 是 134.88 ℃，中

心点温差ΔT_2是130.61 ℃，遮蔽点和暴露点温差ΔT_4是4.11 ℃。空气夹层厚度是12 mm时，迎火面玻璃上部点温差ΔT_1是120.27 ℃，中心点温差ΔT_2是115.25 ℃，遮蔽点和暴露点温差ΔT_3是13.69 ℃；背火面玻璃上部点温差ΔT_1是186.36 ℃，中心点温差ΔT_2是166.89 ℃，遮蔽点和暴露点温差ΔT_4是16.69 ℃。玻璃破裂时温差随空气夹层变厚而增加。

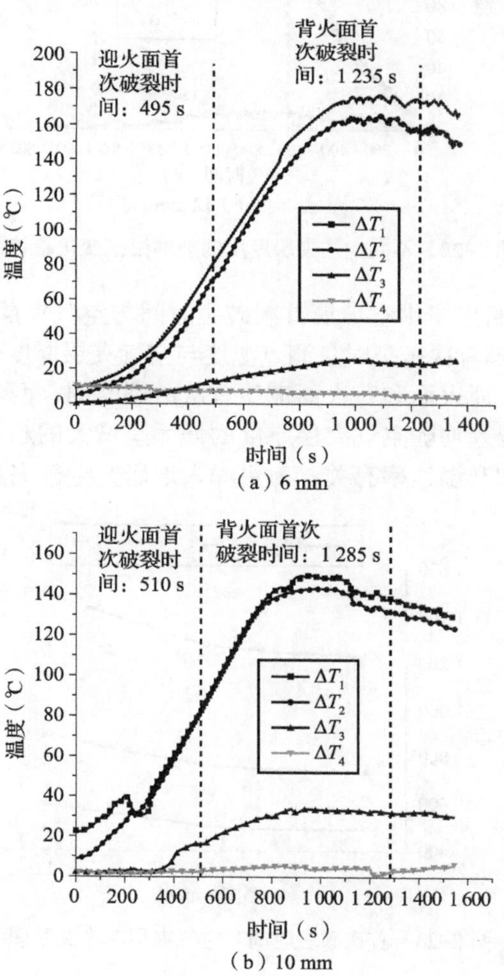

（a）6 mm

（b）10 mm

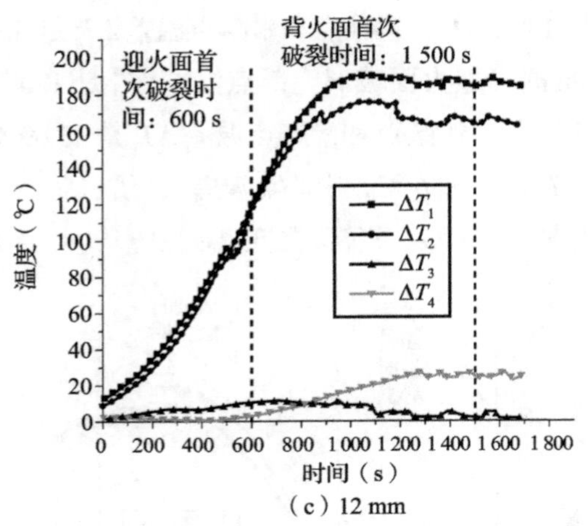

（c）12 mm

图 2-22　不同空气夹层厚度的玻璃温差变化趋势图

图 2-23 给出了中空玻璃首次破裂时间与空气夹层厚度的关系，图 2-24 为玻璃首次破裂时各测点温度与空气夹层厚度的关系。从图中可以看出，迎火面和背火面玻璃首次破裂时间、两者时间差、各测点温度及温差均随空气夹层厚度的增大呈增大的趋势。因温度和温差与时间和升温速率有关，为更深入地研究空气夹层厚度与玻璃

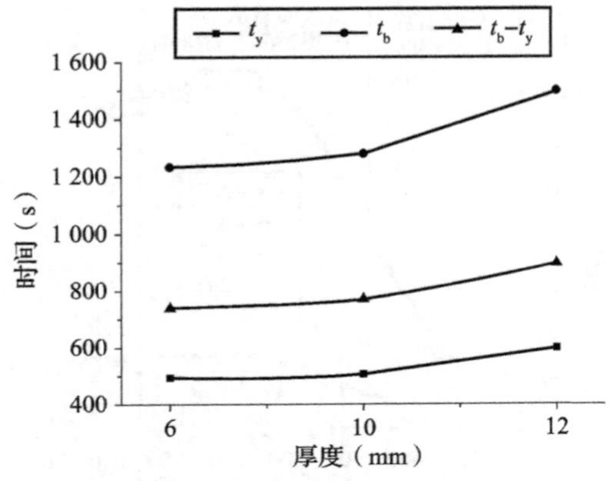

图 2-23　首次破裂时间与空气夹层厚度关系图

破裂温度及温差之间的关系，分别给出了温差及各测点在破裂时的升温速率与空气夹层厚度关系，如图 2-25 至图 2-27 所示。玻璃首次破裂前升温速率等于破裂时各点温差与时间比。辐射源升温时长不变，空气夹层厚度变厚，迎火面升温速率上升，背火面维持不变。综上所述，首次破裂时间和典型位置温差随空气夹层厚度变大具有上升趋势。

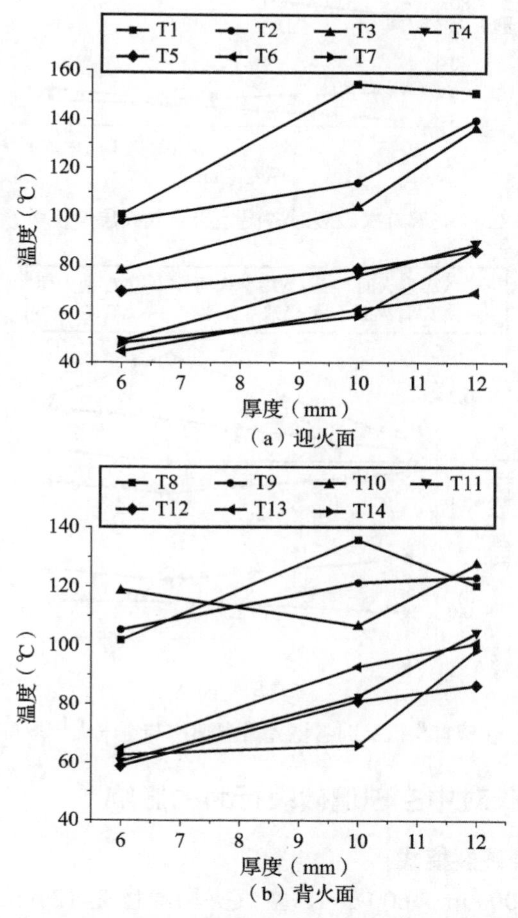

（a）迎火面

（b）背火面

图 2-24　首次破裂时各测点温度与空气夹层厚度关系图

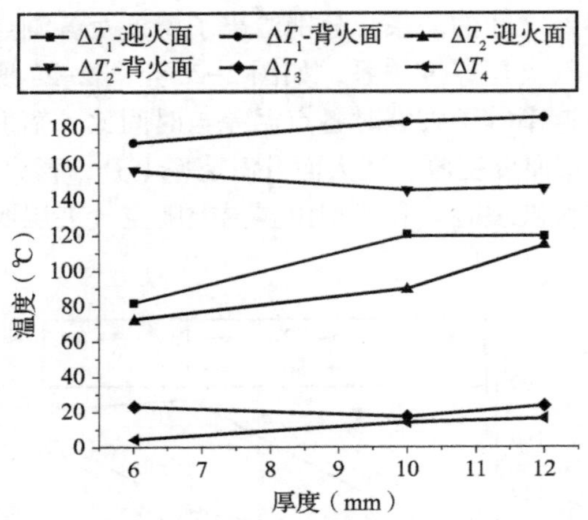

图 2-25　玻璃首次破裂时各温差与空气夹层厚度关系图

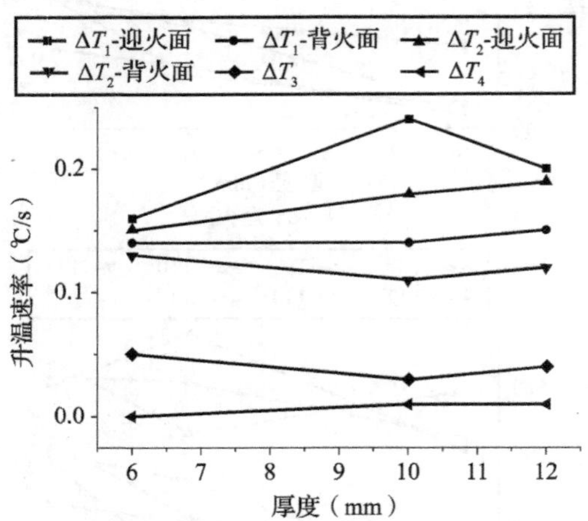

图 2-26　玻璃首次破裂时各温差升温速率与空气夹层厚度关系图

四、升温时长对中空玻璃破裂行为的影响

（一）玻璃破裂模式

以尺寸 400 mm × 600 mm，空气夹层厚度是 12 mm 的中空玻璃为研究对象，随着升温速率降低即升温时长的增加，迎火面和背火

面玻璃会出现整体炸裂而非先产生小裂纹再扩展的状态。玻璃的裂纹形态如图 2–28 所示。从图中可以看出，随着升温时长的增加，玻璃上细小裂纹增多，相互交汇形成的小面积“孤岛”数增加。背火面玻璃裂纹基本在同一时间产生，无裂纹的延伸和发展。因玻璃在实验过程中，四周均受到框架的约束，因此只会有极其细小的玻璃脱落，但当实验结束将玻璃从框架中取出时，可以观察到升温速率

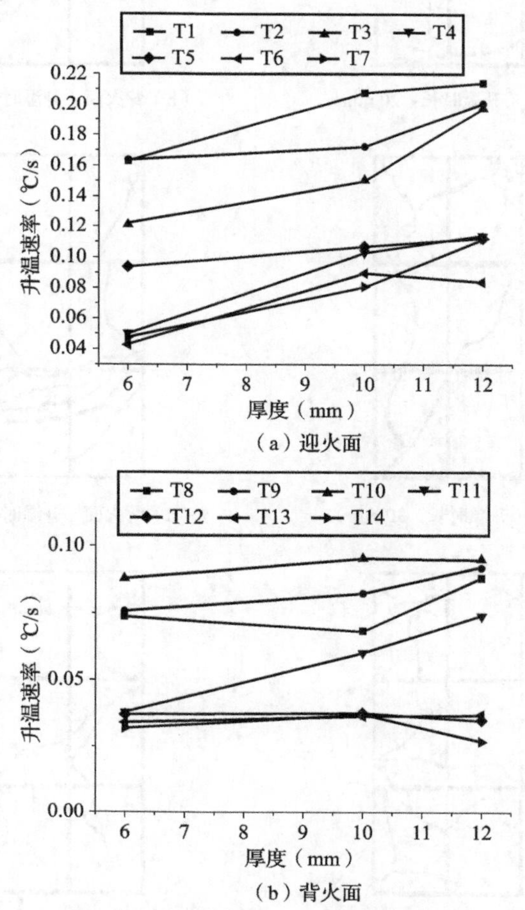

（a）迎火面

（b）背火面

图 2–27 首次破裂时各测点升温速率与空气夹层厚度关系图

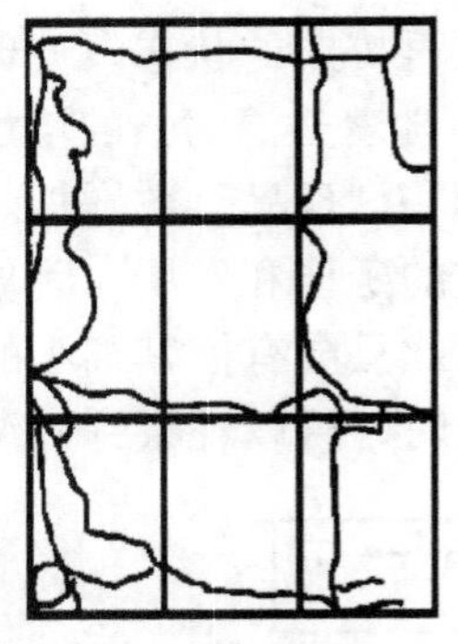

（a）迎火面（升温时长：20 min）

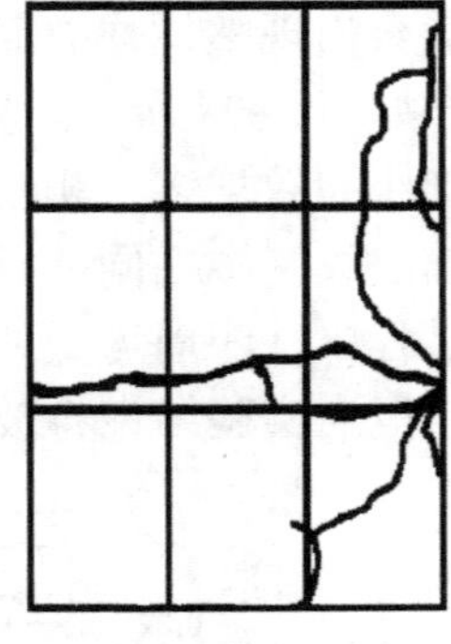

（b）背火面（升温时长：20 min）

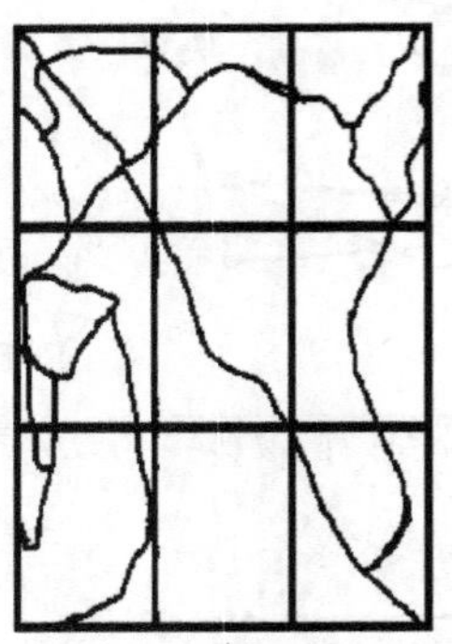

（c）迎火面（升温时长：30 min）

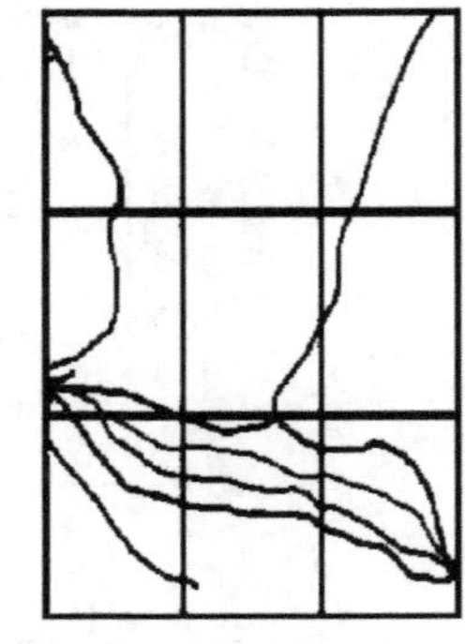

（d）背火面（升温时长：30 min）

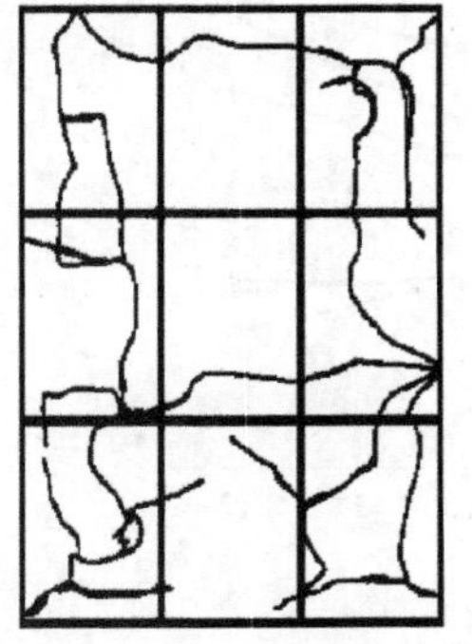

（e）迎火面（升温时长：40 min）

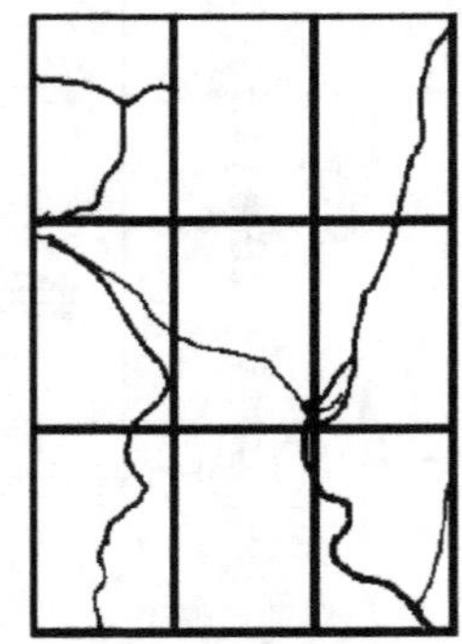

（f）背火面（升温时长：40 min）

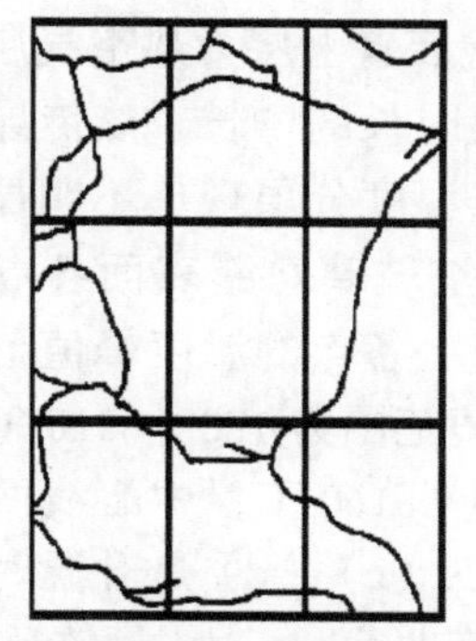

（g）迎火面（升温时长：50 min）

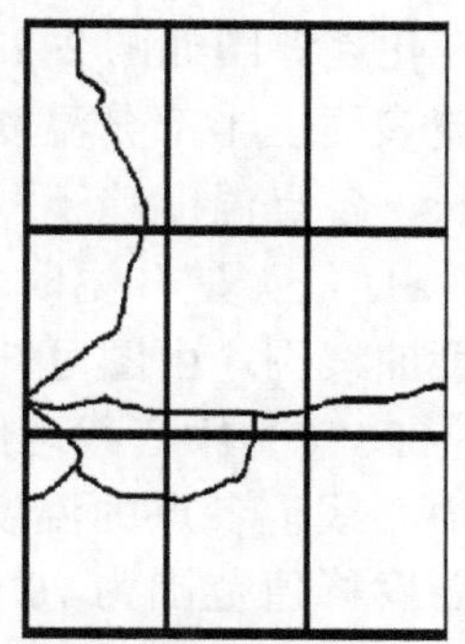

（h）背火面（升温时长：50 min）

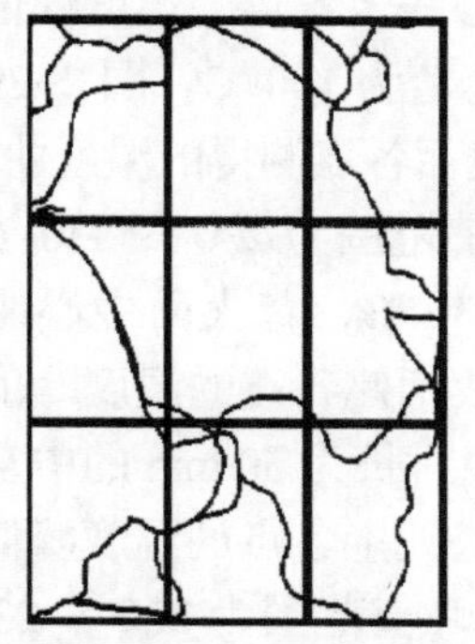

（i）迎火面（升温时长：60 min）

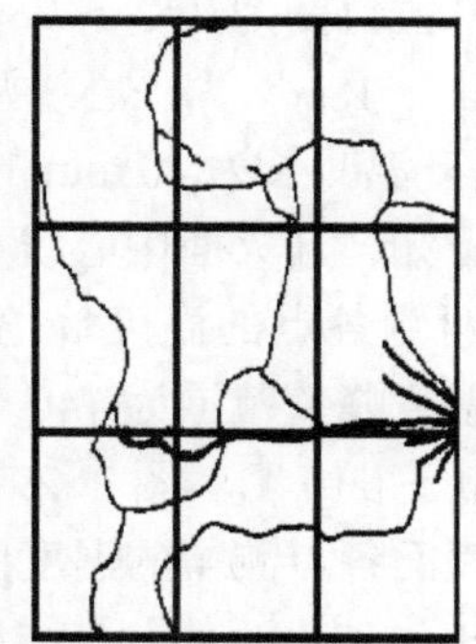

（j）背火面（升温时长：60 min）

图 2-28　不同升温时长玻璃的裂纹形态示意图

不同，玻璃脱落程度有所改变。升温时长越短，玻璃脱落现象越严重。当升温时长为 20 min，迎火面和背火面玻璃均脱落；当升温时长为 60 min，虽然迎火面玻璃有一定的脱落，但背火面玻璃基本保持在原位，未发生脱落。

（二）玻璃表面温度随时间变化情况

1. 玻璃暴露表面温度

尺寸为 400 mm × 600 mm，空气夹层厚度是 12 mm，升温时长分别是 20 min、30 min、40 min、50 min 和 60 min 的中空玻璃暴露表面

温度变化趋势图如图 2–29 所示。由于实验装置上层为热空气层，所以玻璃表面上半部分温度较高。随着升温时长的增长，热传导的时间增长，各点温度趋于一致，迎火面各点温度分层现象不明显。图 2–29（a)、(b）是升温时长为 20 min 的中空玻璃暴露表面各点测得的温度曲线图。由图可知，迎火面中心线上各点的温度峰值范围为 280 ～ 320 ℃，中心线两侧各点的温度峰值范围为 180 ～ 210 ℃，背火面中心线上各点的温度峰值范围为 140 ～ 160 ℃，中心线两侧各点的温度峰值范围为 70 ～ 120 ℃。图 2–29（c)、(d）是升温时长为 30 min 的中空玻璃暴露表面各点测得的温度曲线图。由图可知，迎火面中心线上各点的温度峰值范围为 280 ～ 340 ℃，中心线两侧各点的温度峰值范围为 270 ～ 280 ℃，背火面中心线上各点的温度峰值范围为 140 ～ 180 ℃，中心线两侧各点的温度峰值为 100 ℃。图 2–29（e)、(f）是升温时长为 40 min 的中空玻璃暴露表面各点测得的温度曲线图。由图可知，迎火面中心线上各点的温度峰值范围为 230 ～ 330 ℃，中心线两侧各点的温度峰值范围为 220 ～ 240 ℃，背火面中心线上各点的温度峰值范围为 140 ～ 190 ℃，中心线两侧各点的温度峰值范围为 100 ～ 110 ℃。图 2–29（g)、(h）是升温时长为 50 min 的中空玻璃暴露表面各点测得的温度曲线，迎火面中心线上各点的温度峰值范围为 260 ～ 310 ℃，中心线两侧各点的温度峰值范围为 220 ～ 230 ℃，背火面中心线上各点的温度峰值范围为 120 ～ 170 ℃，中心线两侧各点的温度峰值在 100 ℃左右。图 2–29（i)、(k）是升温时长为 60 min 的中空玻璃暴露表面各点测得的温度曲线，迎火面各点的温度峰值范围是 300 ～ 320 ℃，背火面中心线上各点的温度峰值范围是 120 ～ 200 ℃，中心线两侧各点的温度峰值约为 100 ～ 170 ℃。

2. 玻璃遮蔽表面温度

图 2–30 是尺寸为 400 mm × 600 mm，空气夹层厚度为 12 mm，升温时长分别为 20 min、30 min、40 min、50 min 和 60 min 的中空玻璃遮蔽表面温度变化趋势图。迎火面和背火面遮蔽温度有明显分层现象，背火面遮蔽温度增长缓慢。迎火面各测点温度峰值约为 200 ℃，背火面各测点温度峰值约为 100 ℃。

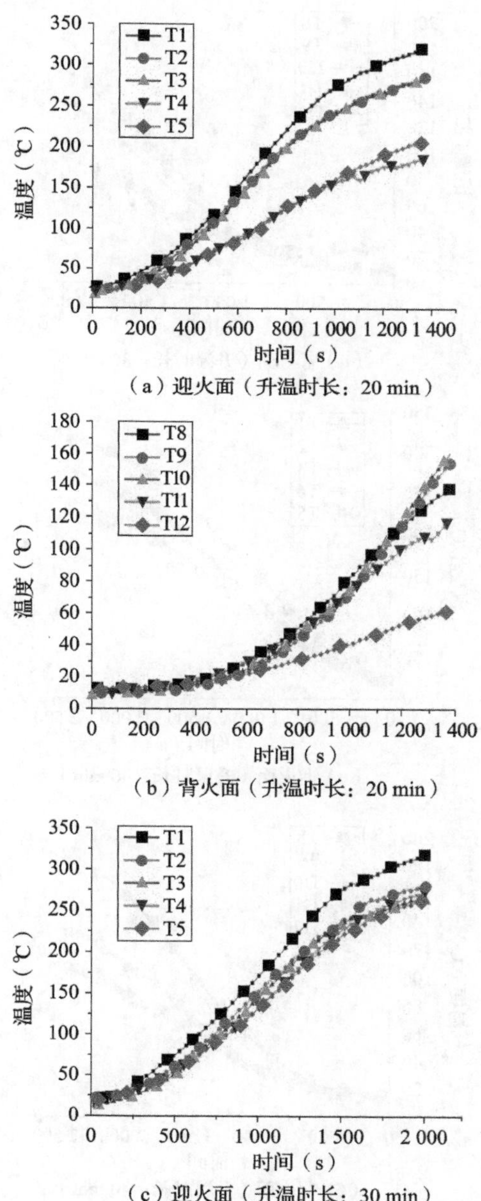

（a）迎火面（升温时长：20 min）

（b）背火面（升温时长：20 min）

（c）迎火面（升温时长：30 min）

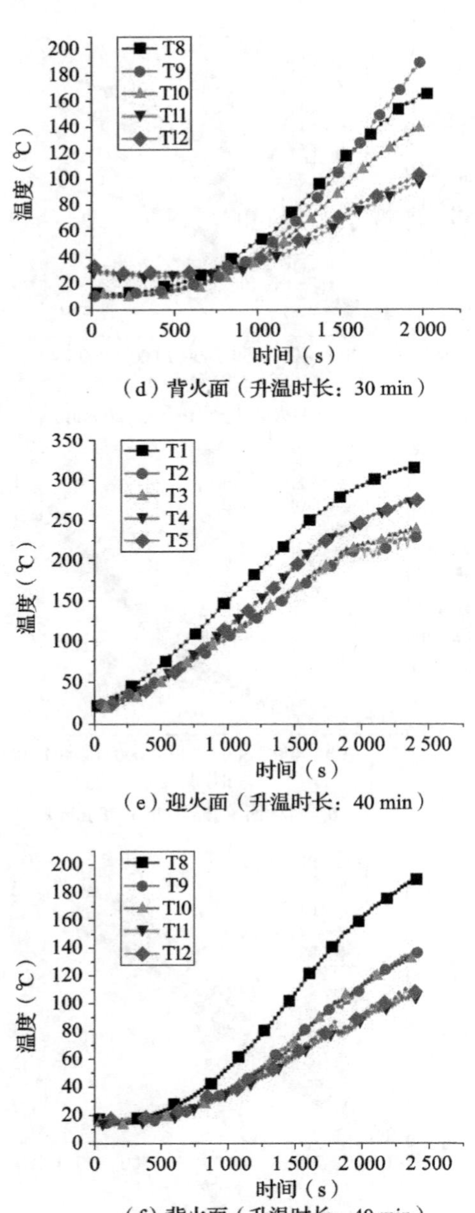

（d）背火面（升温时长：30 min）

（e）迎火面（升温时长：40 min）

（f）背火面（升温时长：40 min）

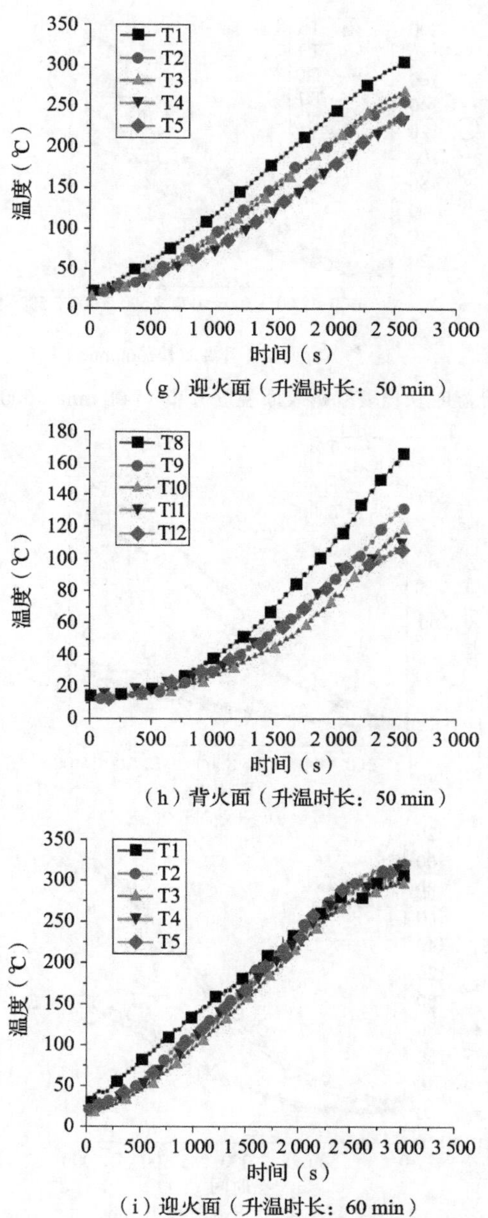

（g）迎火面（升温时长：50 min）

（h）背火面（升温时长：50 min）

（i）迎火面（升温时长：60 min）

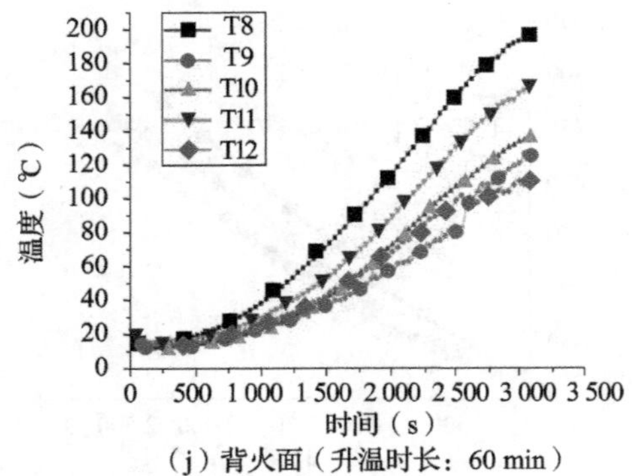

（j）背火面（升温时长：60 min）

图 2-29　不同升温时长玻璃暴露表面温度分布（400 mm × 600 mm 中空玻璃）

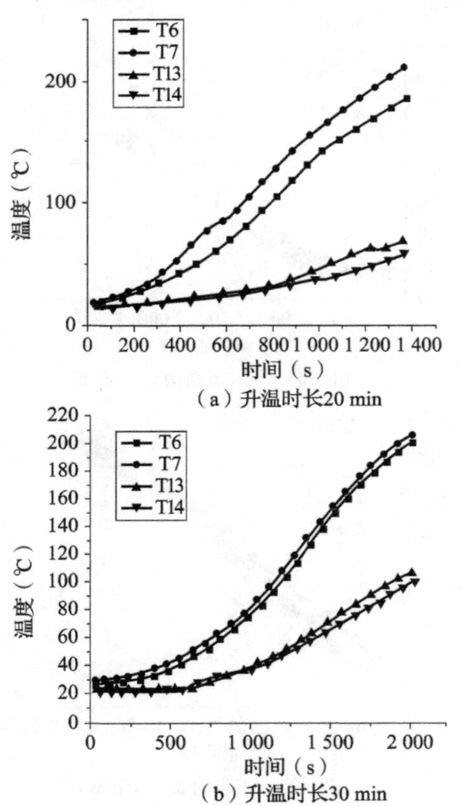

（a）升温时长20 min

（b）升温时长30 min

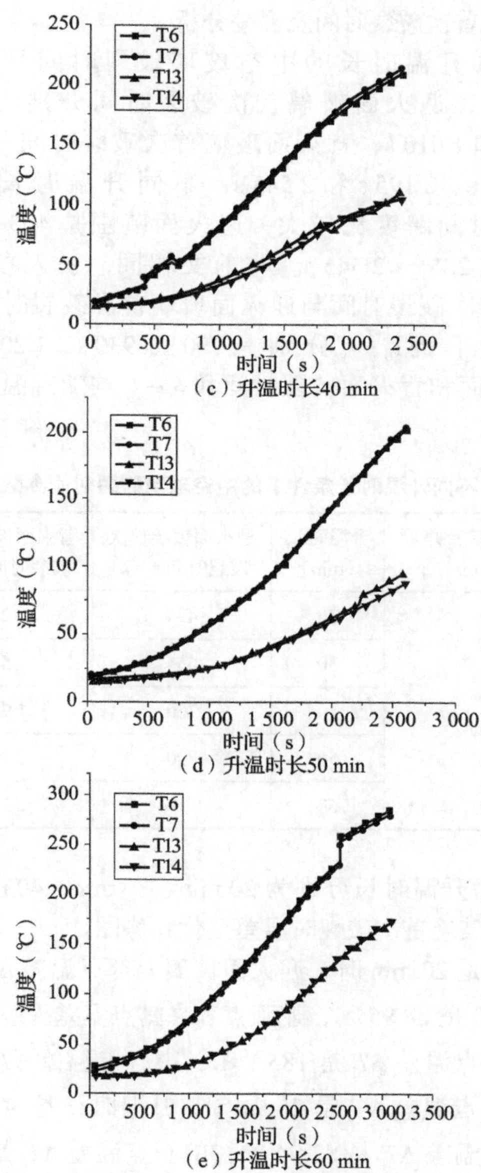

（c）升温时长40 min

（d）升温时长50 min

（e）升温时长60 min

图 2-30　不同升温时长玻璃遮蔽表面温度分布（400 mm × 600 mm 中空玻璃）

（三）玻璃首次破裂时间及温差分析

五种不同升温时长的中空玻璃破裂时间见表2-8。从表2-8中可看出，迎火面玻璃首次破裂时间分别为495 s、655 s、700 s、890 s和1 010 s，背火面玻璃首次破裂时间分别为1 285 s、1 585 s、1 900 s、2 195 s和2 545 s，不同升温时长条件下的中空玻璃破裂时间跨度比较大，迎火面范围是495 ～ 1 010 s，背火面范围是1 285 ～ 2 545 s。与前文相同，引入参数$t_b - t_y$表示背火面玻璃首次破裂时间与迎火面玻璃首次破裂时间差，不同升温时长条件下的$t_b - t_y$分别是790 s、930 s、1 200 s、1 305 s和1 535 s。迎火面和背火面破裂时间和$t_b - t_y$均随升温时长的增长而增长。

表2-8　不同升温时长条件下的中空玻璃破裂时间参数

玻璃尺寸（mm^2）	空气夹层厚度（mm）	升温时长（min）	迎火面玻璃首次破裂时间 t_y（s）	背火面玻璃首次破裂时间 t_b（s）	$t_b - t_y$（s）
400 × 600	12	20	495	1 285	790
		30	655	1 585	930
		40	700	1 900	1 200
		50	890	2 195	1 305
		60	1 010	2 545	1 535

图2-31为升温时长分别为20 min、30 min、40 min、50 min和60 min的中空玻璃首次破裂时温差变化趋势图。

升温时长是20 min时，迎火面玻璃上部点温差ΔT_1是93.47 ℃，中心点温差ΔT_2是88.95 ℃，遮蔽点和暴露点温差ΔT_3是8.66 ℃；背火面玻璃上部点温差ΔT_1是185.1 ℃，中心点温差ΔT_2是140.92 ℃，遮蔽点和暴露点温差ΔT_4是25.64 ℃。升温时长是30 min时，迎火面玻璃上部点温差ΔT_1是82.94 ℃，中心点温差ΔT_2是70.07 ℃，遮蔽点和暴露点温差ΔT_3是31.49 ℃；背火面玻璃上部点温差ΔT_1是

179.81 ℃，中心点温差 ΔT_2 是 139.17 ℃，遮蔽点和暴露点温差 ΔT_4 是 2.50 ℃。升温时长是 40 min 时，迎火面玻璃上部点温差 ΔT_1 是 71.89 ℃，中心点温差 ΔT_2 是 51.04 ℃，遮蔽点和暴露点温差 ΔT_3 是 26.65 ℃；背火面玻璃上部点温差 ΔT_1 是 139.41 ℃，中心点温差 ΔT_2 是 115.64 ℃，遮蔽点和暴露点温差 ΔT_4 是 3.72 ℃。升温时长是 50 min 时，迎火面玻璃上部点 ΔT_1 是 70.81 ℃，中心点温差 ΔT_2 是 56.44 ℃，遮蔽点和暴露点温差 ΔT_3 是 18.69 ℃；背火面玻璃上部点温差 ΔT_1 是 139.69 ℃，中心点温差 ΔT_2 是 126.03 ℃，遮蔽点和暴露点温差 ΔT_4 是 29.63 ℃。升温时长是 60 min 时，迎火面玻璃上部点温差 ΔT_1 是 94.88 ℃，中心点温差 ΔT_2 是 88.35 ℃，遮蔽点和暴露点温差 ΔT_3 是 34.70 ℃；背火面玻璃上部点温差 ΔT_1 是 133.27 ℃，中心点温差 ΔT_2 是 204.33 ℃，遮蔽点和暴露点温差 ΔT_4 是 21.40 ℃。从上述数据可以看出，玻璃首次破裂时间随升温时长的增长而增长。

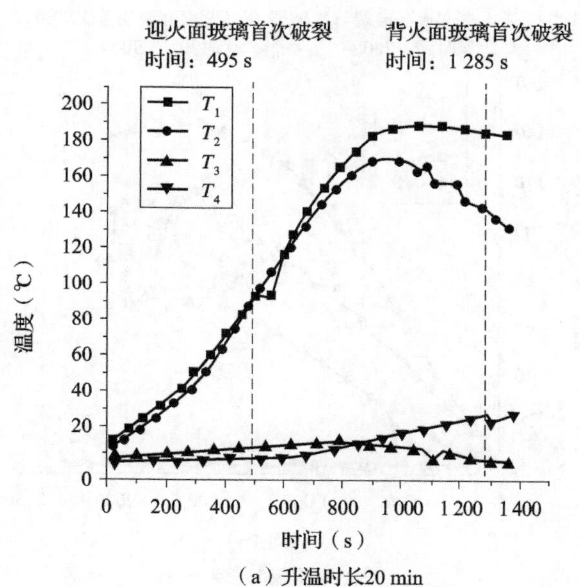

（a）升温时长20 min

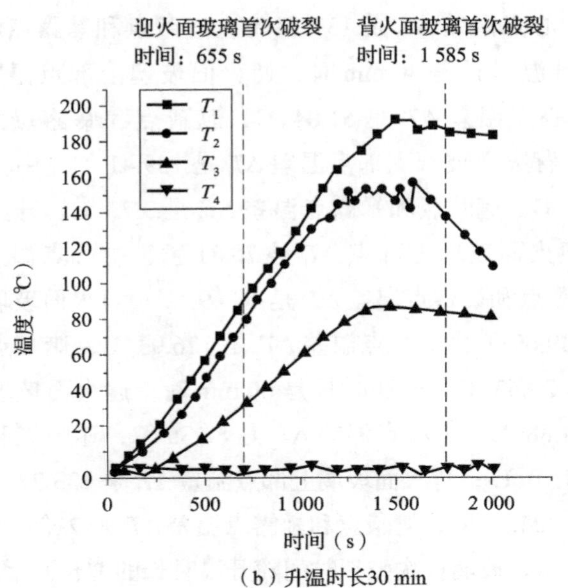

（b）升温时长30 min

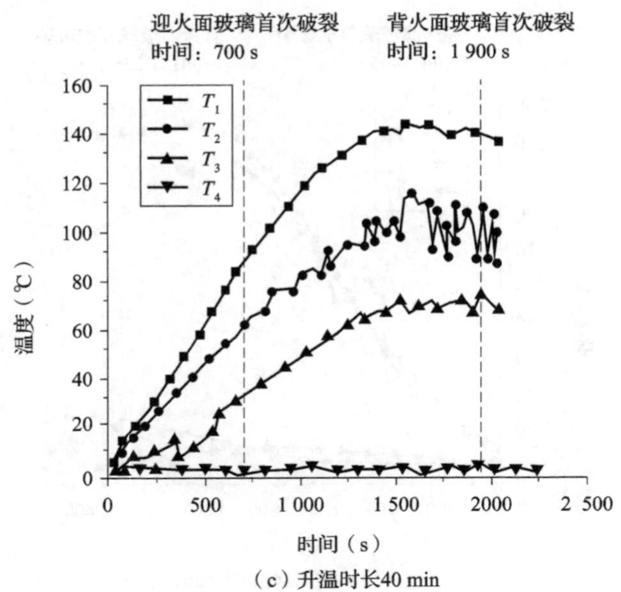

（c）升温时长40 min

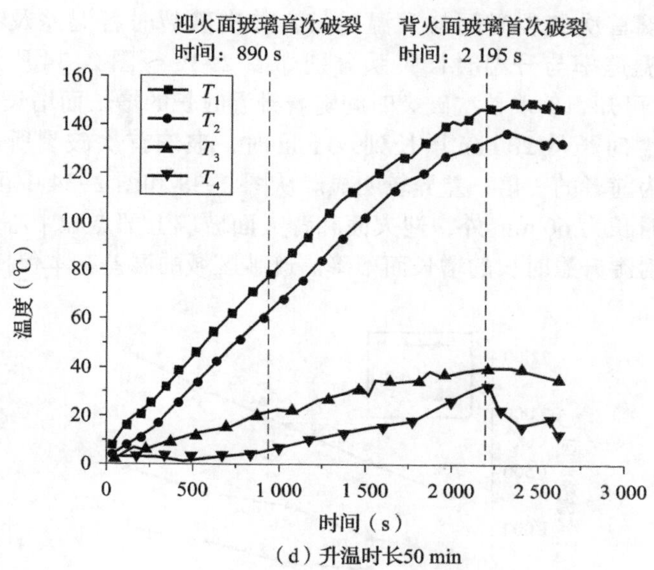

（d）升温时长50 min

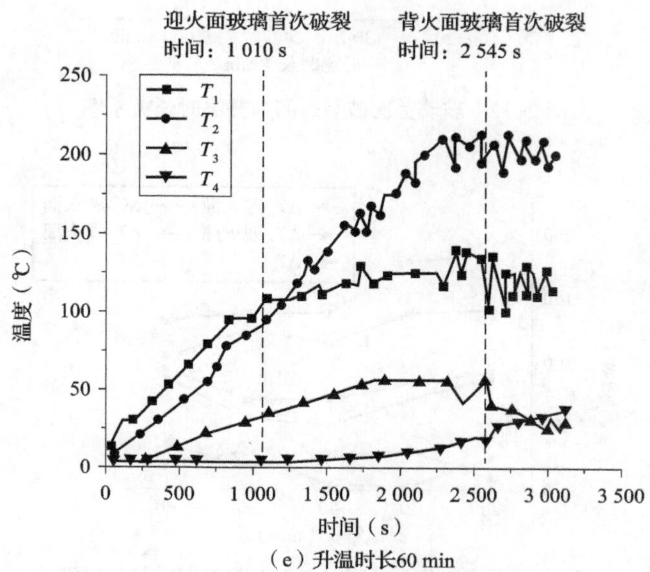

（e）升温时长60 min

图 2-31　不同升温时长条件下温差随时间变化图

玻璃首次破裂时间与升温时长，首次破裂时各温差及各温差平均升温速率与升温时长关系分别如图 2-32 ～图 2-34 所示。由图 2-32 可知，玻璃首次破裂时间随着升温时长的增长而增长，尤其是当升温时长从 20 min 增长到 60 min 时，玻璃首次破裂所需时间后者约为前者的一倍，差异较明显。从图 2-33 和图 2-34 中可看出，除升温时长为 60 min 外，迎火面和背火面玻璃上部点和中心点温差随着辐射源升温时长的增长而下降。遮蔽区域的温差基本保持不变。

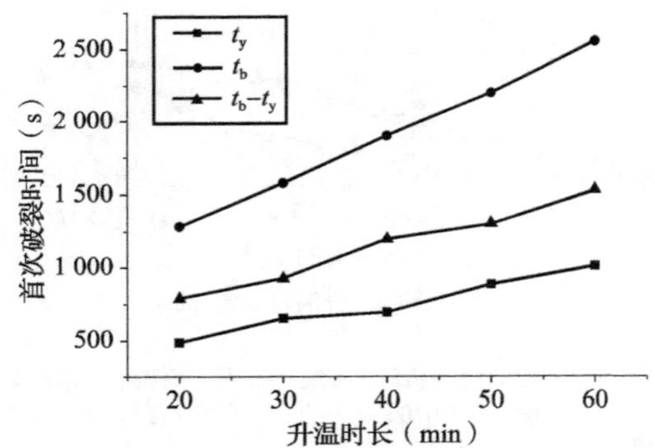

图 2-32　玻璃首次破裂时间与升温时长关系图

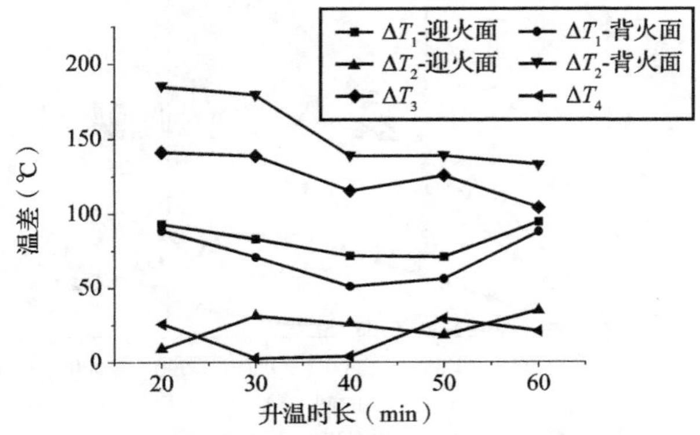

图 2-33　玻璃首次破裂时各温差与升温时长关系图

综上，随着升温时长的增长，玻璃首次破裂时迎火面和背火面各测点温差及暴露点和遮蔽点的温差呈反方向变化，而玻璃首次破裂所需时间呈同方向变化。

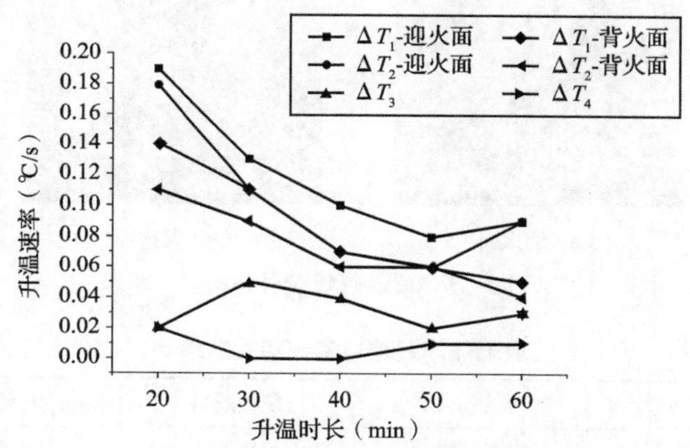

图 2-34　玻璃首次破裂时各温差平均升温速率与升温时长关系图

五、中空玻璃破坏痕迹

本节实验主要以玻璃尺寸为 400 mm × 600 mm，空气夹层厚度为 12 mm 的中空玻璃为研究对象，制造其热炸裂和高温遇水炸裂痕迹并进行观察。当设定最高受热温度低于 200 ℃时，玻璃本身不会发生热炸裂，遇水也不会发生炸裂，因此设定最高受热温度为 300 ℃和 400 ℃。

（一）玻璃热炸裂破坏痕迹

将中空玻璃固定在框架上，以辐射板为热源加热至玻璃破裂，对玻璃表面痕迹进行观察，如图 2-35 所示。玻璃在均匀受热的情况下热炸裂痕迹无明显特征，裂纹均为不规则曲线状且分布于整块玻璃，温度越高，被分隔的玻璃片越小，这与在油盘火条件下玻璃的破裂有较明显的区别。玻璃碎片边缘呈圆曲状，多为钝角，断面光滑无弓形纹，实验结果见表 2-9。

（a）迎火面

（b）背火面

图 2-35　玻璃热炸裂破坏痕迹

表 2-9　玻璃热炸裂破坏痕迹实验结果

玻璃表面	裂纹形貌	裂纹断口	弓形纹
迎火面	无规则，弯曲状	光滑	无
背火面	无规则，弯曲状	光滑	无

（二）玻璃高温遇水破坏痕迹

1. 不同冷却方式条件下中空玻璃破坏痕迹

分别设定最高受热温度为 300 ℃、400 ℃。当玻璃受热温度为 300 ℃时，玻璃背火面未发生破裂，因此本部分只讨论迎火面玻璃破裂情况，破坏痕迹如图 2-36 所示。

（a）直流水冷却（最高温度：300 ℃）

（b）喷雾水冷却（最高温度：300 ℃）

（c）直流水冷却（最高温度：400 ℃）

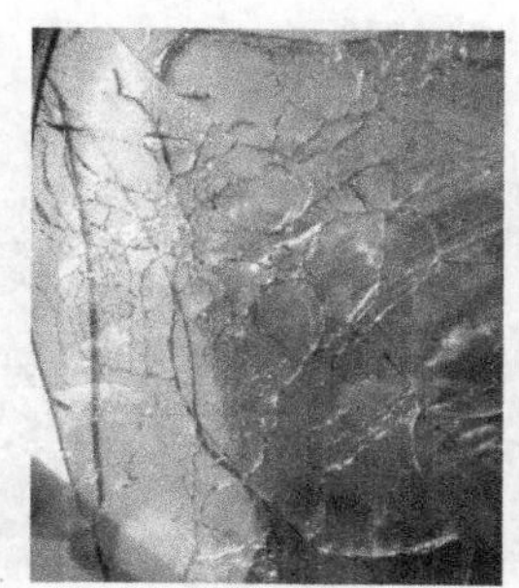

（d）喷雾水冷却（最高温度：400 ℃）

图 2–36　不同冷却方式条件下中空玻璃破坏痕迹（升温速率：10 ℃/min）

直流水冷却，玻璃表面有较多裂纹且在原炸裂纹基础上加深，小部分玻璃变白，水流流过地方有短小细浅裂纹、方格纹及凹贝纹；采用喷雾水进行冷却时，玻璃白化程度低于直流水冷却玻璃的白化程度，表面有分布较均匀的数量较少的浅裂纹，裂纹图案无规律，除有一些细小的浅状裂纹外还有很多龟裂纹。玻璃表面温度较高时，直流水冷却可保证在一定时间内玻璃与冷却水的温差为恒定值且落点较集中，冲击力较大。喷雾水冷却时小水珠在玻璃表面蒸发使接触点玻璃温度下降，温差减小，热应力也减小，且对玻璃的冲击力平均分布在整个接触面，所以喷雾水冷却，玻璃形成的炸裂程度小于直流水。具体情况如图 2–37 和图 2–38 所示，实验结果见表 2–10。

（a）白化程度 1

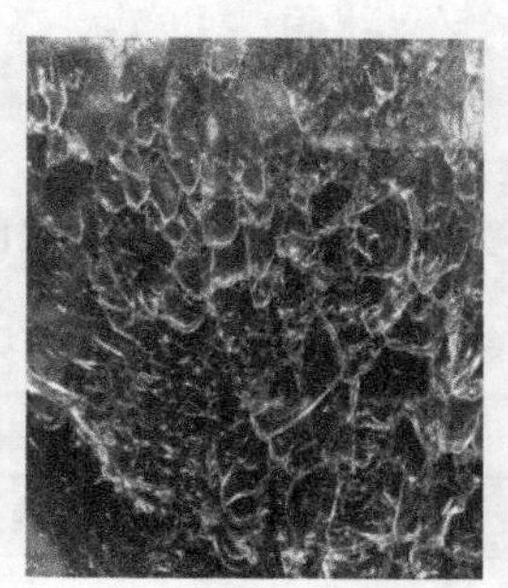

（b）白化程度 2

（c）方格纹

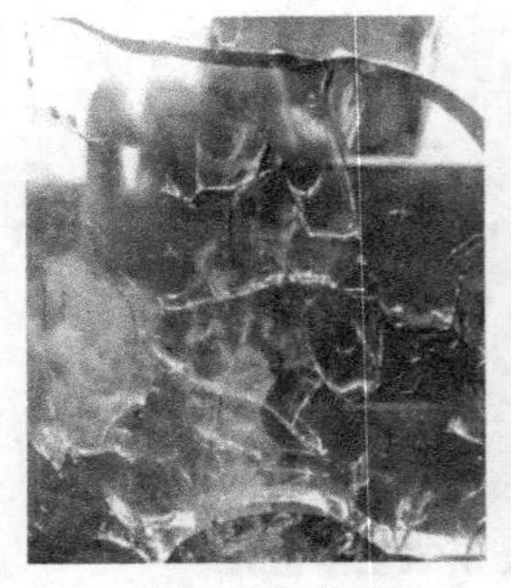
（d）浅圆片纹

（e）扇形纹

（f）网状纹 1

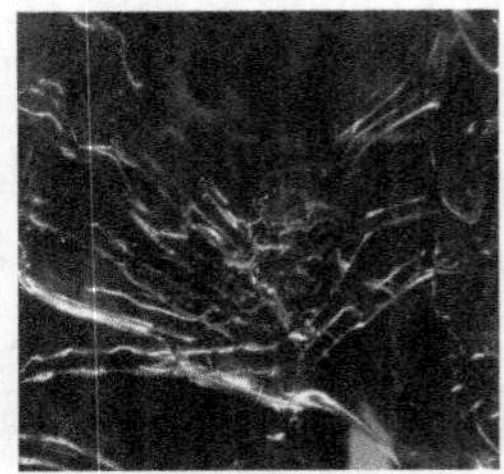
（g）网状纹 2

（h）多层裂纹

图 2-37　直流水冷却条件下玻璃表面破坏痕迹

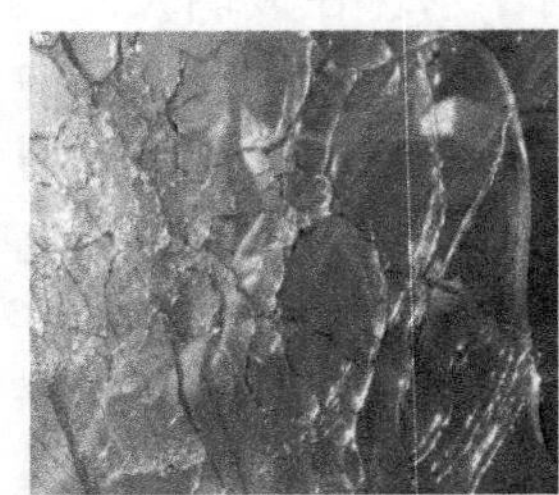
（a）白化程度

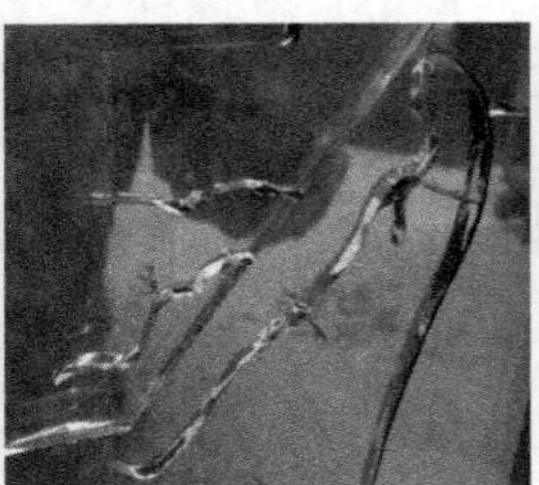
（b）蛇形纹

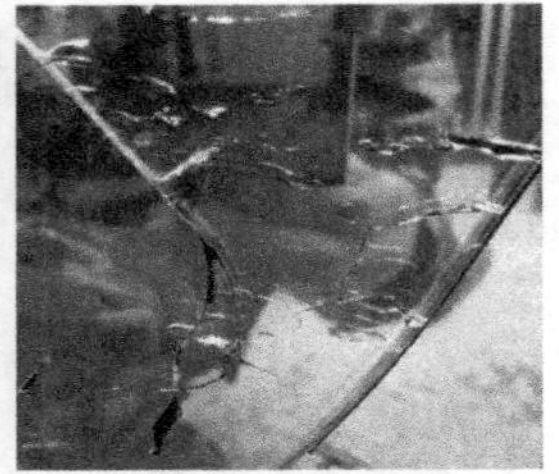
（c）分支细裂纹

图 2-38　喷雾水冷却条件下玻璃表面破坏痕迹

表 2-10　　不同冷却方式情况下的玻璃破坏痕迹

冷却方式	裂纹形貌	白化面积	浅圆片纹	方格纹	弓形纹	裂纹断口
直流水	多且深	大	多	有	无	光滑
喷雾水	少且浅	小	少	无	无	光滑

2. 不同受热温度条件下中空玻璃破坏痕迹

最高受热温度为 300 ℃时，迎火面玻璃用水冷却有裂纹，背火面玻璃用水冷却无变化，当设定受热温度为 400 ℃时，迎火面和背火面玻璃用水冷却均发生变化，具体情况如图 2-39 至图 2-40 所示。

（a）300 ℃

（b）400 ℃

图 2-39　不同受热温度条件下中空玻璃破坏痕迹

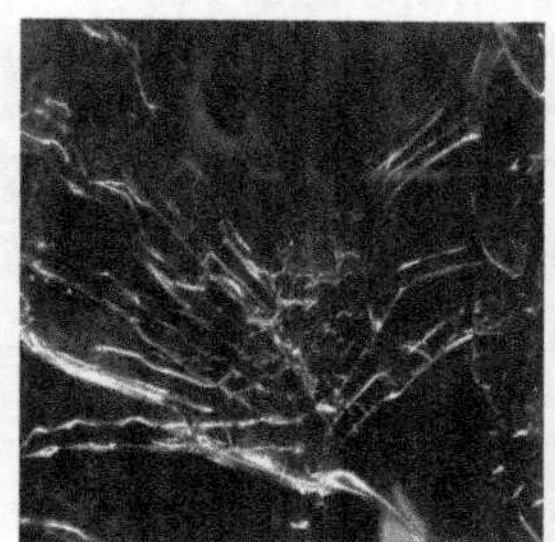

（a）300 ℃时的局部发散裂纹

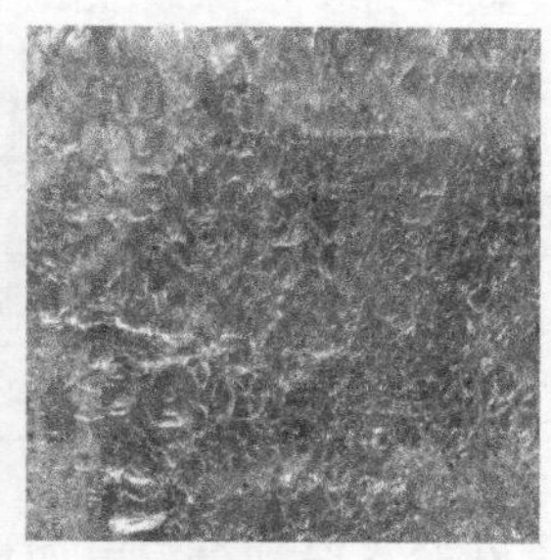

（b）400 ℃时的表面发白痕迹

（c）300 ℃时的局部成束裂纹

（d）400 ℃时的深裂纹

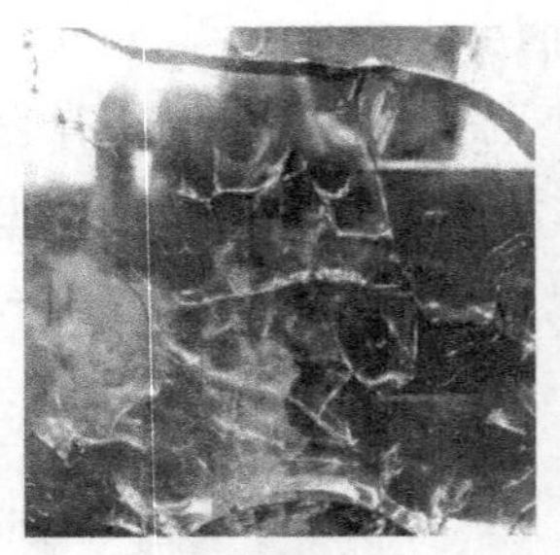
（e）300 ℃时的局部平行裂纹

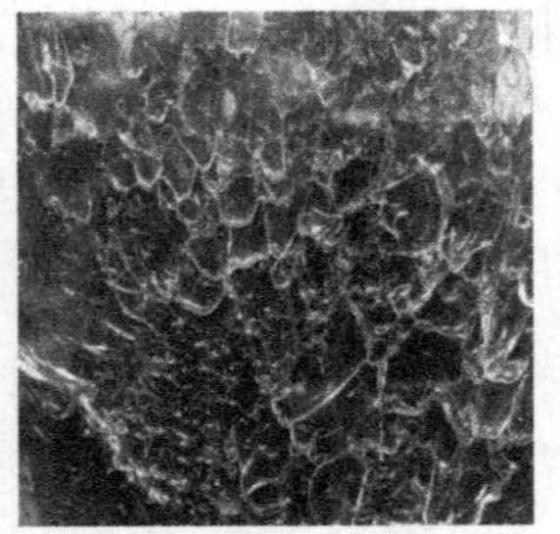
（f）400 ℃时的多层裂纹

图 2-40　不同受热温度条件下中空玻璃表面裂纹

当受热温度为 300 ℃时，玻璃表面白化区域大约在玻璃上半部分，越接近玻璃的上部白化程度越高，玻璃表面只在热炸裂裂纹及周边有数量不多较浅的单层裂纹。受热温度为 400 ℃时，整块玻璃完全白化，受热温度升高，玻璃白化程度加深，白化区域增大，冷却水流过位置均有多层深裂纹，实验结果见表 2-11。

表 2-11　　　不同受热温度条件下的玻璃破坏痕迹

最高受热温度（℃）	白化面积	裂纹位置	单层裂纹	多层裂纹
300	小，多位于玻璃上部	原热炸裂纹周围	多	无
400	大，位于玻璃整体	冷水流过的位置	较少	多

玻璃受到冷水冷却有温差而形成热应力 σ：

$$\sigma = kf(T_c - T_s) \tag{2.6}$$

σ：热应力，Pa；

k：修正系数；

f：边缘温度系数，Pa/℃；

T_c：玻璃表面冷却温度，℃；

T_s：冷却水温度，℃。

环境温度越高，玻璃总热能越大，产生温差转化为热应力的能量也就越大，与冷水接触进行热交换时就有更多的能量转化为热应力。

根据胡克定律：

$$\Delta T = T_1 - T_2 \tag{2.7}$$

ΔT 是玻璃内部温差，℃；

T_1 是受热后玻璃表面温度，℃；

T_2 是冷却水温度，℃。

一般情况下，T_2 为定值，T_1 越高，ΔT 越大，因而产生的应力更大。综上所述，温度越高，玻璃遇水炸裂程度越大。

3. 不同升温速率条件下中空玻璃破坏痕迹

分别将辐射源按 10 ℃/min、15 ℃/min 和 20 ℃/min 的升温速率升至 400 ℃，之后对玻璃喷水冷却，玻璃破坏痕迹和表面裂纹的具体情况如图 2-41 和图 2-42 所示。

（a）升温速率 10 ℃/min

（b）升温速率 15 ℃/min

（c）升温速率 20 ℃/min

图 2-41　不同升温速率条件下中空玻璃破坏痕迹

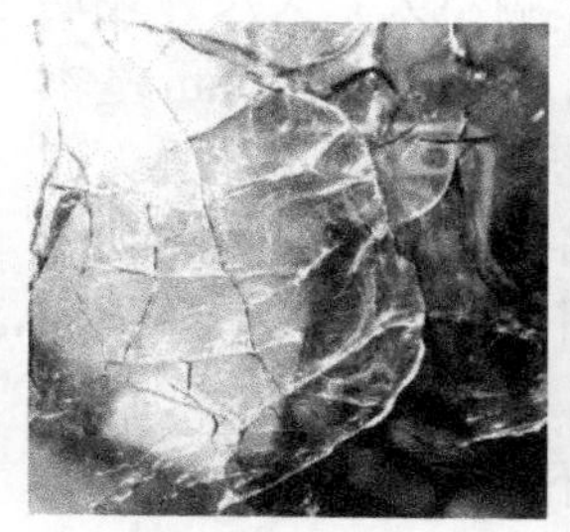

（a）升温速率 10 ℃/min

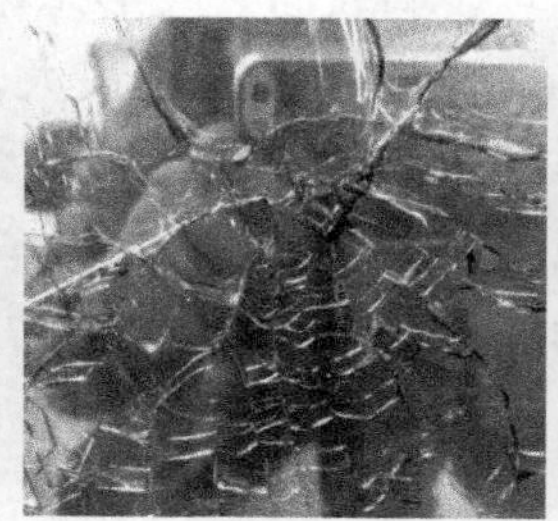

（b）升温速率 15 ℃/min

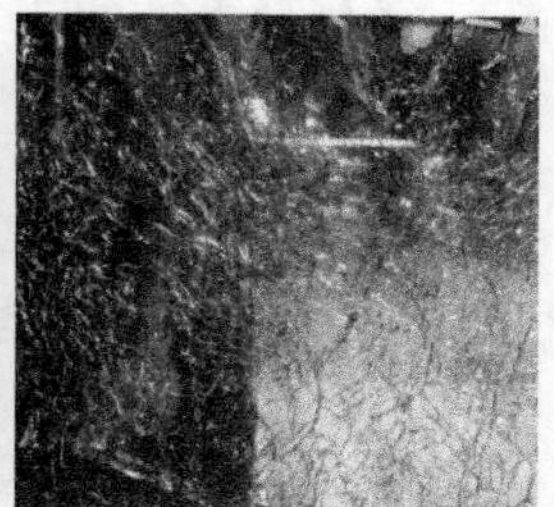

（c）升温速率 15 ℃/min

图 2-42　不同升温速率条件下中空玻璃表面裂纹

玻璃表面的纹路粗细和裂纹深度基本相同，无放射状裂纹，均为方块状裂纹，升温速率较低时为蜘蛛网状裂纹。升温速率变大，玻璃白化面积增大，纹路层数增多。这是因为升温速率越大，玻璃在沿面积和厚度方向温度分布越不均匀，产生的热应力越大，玻璃表面的炸裂程度越大。

六、小结

本节以辐射板为热源研究中空玻璃破裂行为及痕迹，总共进行了 52 组实验。通过对玻璃破裂模式、暴露和遮蔽表面温度及首次破裂时间等参数的测量，探究玻璃尺寸、空气夹层厚度和辐射源升温速率三个因素的影响规律，分析了玻璃破痕迹，结论如下：

（1）本实验装置中，中空玻璃的上半部分处于火灾环境的热气层。迎火面玻璃首次破裂大多从边框开始，背火面玻璃多个点同时破裂。

（2）玻璃尺寸为 200 mm × 300 mm 时，迎火面和背火面温度趋势符合二次多项式 $T = A_1x + A_2x^2 + B$；玻璃尺寸为 400 mm × 600 mm 时，迎火面温度符合二次多项式 $T = A_1x + A_2x^2 + B$，背火面温度符合指数函数 $T = A\mathrm{e}^{Bx}$。大尺寸玻璃各测点首次破裂时各测点升温速率、平均升温速率、温差和温差平均升温速率明显高于小尺寸玻璃。相同条件下，玻璃尺寸越小耐火性能越好，在今后的防火设计中在合理的范围内尽量选择小尺寸玻璃代替大尺寸玻璃。

（3）空气夹层厚度对玻璃表面裂纹形态影响不大。大尺寸玻璃空气夹层厚度为 10 mm 时玻璃裂纹密度最大，6 mm 和 12 mm 基本持平，不同空气夹层厚度的小尺寸玻璃裂纹密度则基本无差异，迎火面和背火面首次破裂时间、两者时间差、各测点温度及温差均随空气夹层厚度的增大呈增大的趋势，迎火面升温速率上升，背火面维持不变。

（4）设备设定温度为 20 ～ 400 ℃的条件下，升温时长的缩短使玻璃脱落现象变得严重。升温时长为 20 min，迎火面和背火面均有玻璃掉落；升温时长为 60 min，虽然迎火面有少许玻璃掉落，但背火面无玻璃掉落现象发生。随着升温时长的增长，热传导的时间增长，各点温度趋近于一致，暴露区域各点温度分层现象不明显，遮蔽区域有较为明显的分层现象。随着热源升温时长的增长，玻璃首次破裂时迎火面和背火面各测点温差及暴露点和遮蔽点的温差呈反方向变化，首次破裂所需时间呈同方向变化。

（5）玻璃在均匀受热的情况下热炸裂痕迹无明显特征，裂纹均为不规则曲线状。直流水冷却作用下，玻璃白化面积大、表面裂纹多且深，水流流过地方有短小而细浅裂纹、方格纹及凹贝纹；喷雾水冷却作用下，玻璃白化程度低，表面裂纹较少且浅，除一些细小的浅状裂纹外还有龟裂纹。相同条件下，受热温度较低时，玻璃表面只在热炸裂裂纹及周边有数量不多，较浅的单层裂纹；受热温度较高时，整块玻璃完全白化，受热温度升高，玻璃白化程度加深，白化区域增大，冷却水流过位置均有多层深裂纹，升温速率变大，玻璃白化面积增大，纹路层数增多。

第三节　油盘火作用下中空玻璃的破裂行为及痕迹特征

室内火灾通常分为着火期、发展期、最盛期和终期四个时期，玻璃在室内火灾中因受火灾发展阶段、火源位置等众多因素影响而不能均匀受热。前一节探究了在理想情况下中空玻璃的破裂行为及痕迹特征，为了更好地模拟实际火灾场景，本节选择油盘火这一明火源探究中空玻璃的破裂行为，并对实验结果进行了分析与讨论。

一、火源热释放速率

热释放速率（HRR）可衡量火灾危害大小。本实验利用质量损失法借助实时测量材料燃烧过程中质损，并联系燃料的燃烧热值，确定燃料的热释放速率。计算公式如下：

$$HRR = \chi \cdot \dot{m} \cdot \Delta H_c \qquad (2.8)$$

HRR：热释放速率，kW；

χ：燃烧效率因子；

$\dot{m}$：材料的质量损失速率，kg/s；

ΔH_c：材料的燃烧热，MJ/kg。

每次实验倒入油盘 1.5 kg 零号柴油，将油盘放在电子天平上检测其在燃烧过程中的质量。热释放速率可通过（2.8）式计算，其中 χ =0.939； $\dot{m}$ 在实验中通过质量天平测得；柴油的燃烧热 ΔH_c 为 44.06 MJ/kg。

液体可燃物燃烧过程如下：燃料受热蒸发成可燃蒸气后扩散，与邻近空气混合形成可燃性混合气燃烧。油盘火燃烧分为发展、稳定燃烧和衰减三个时期，稳定燃烧阶段时间长，发展和衰减阶段时间短。在所有的实验中，用 1.5 kg 的柴油使油盘火持续燃烧 25 min 可致玻璃产生裂纹。图 2–43 是柴油热释放速率随时间的变化曲线。柴油点燃后在前 150 s 内处于发展阶段，单位时间进行燃烧的燃料较少，热释放速率较小，燃烧的燃料持续增加，热释放速率渐渐增大并保持在 100 kW 左右。油盘火进入稳定燃烧阶段后，空气中被汽化的燃料及中间产物等参与燃烧并放出大量热量，热释放速率峰值平均是 400 kW。1 000 s 以后油盘火处于衰减阶段，热释放速率迅速降低至 0。

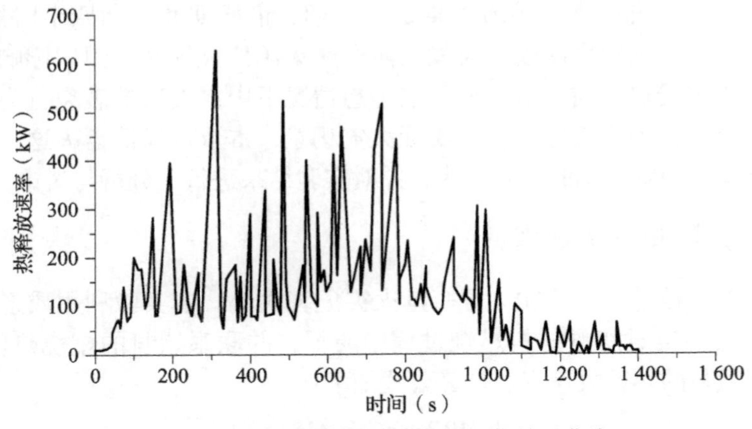

图 2–43　柴油热释放速率与时间的关系曲线

二、玻璃尺寸对中空玻璃破裂行为的影响

本节选取了空气夹层厚度是 10 mm 的中空玻璃为研究对象，探究玻璃尺寸对中空玻璃破裂行为的影响。

（一）玻璃破裂模式

图 2-44 给出了空气夹层厚度是 10 mm 的三种不同尺寸玻璃的破裂裂纹。玻璃尺寸是 200 mm × 300 mm，迎火面多是长裂纹，裂纹分支较少，背火面无裂纹；玻璃尺寸为 400 mm × 600 mm 时，裂纹从边缘破裂处向中间部分延伸，在迎火面的 A7、A8 和背火面的 A13 ～ A18 出现了许多短小裂纹且破裂点分出 2 ～ 6 不等数量裂纹分支，但裂纹均未连接贯通形成“孤岛”；玻璃尺寸为 600 mm × 900 mm 时，迎火面和背火面产生的裂纹点和裂纹数较多，裂纹相互连接贯通，形成的“孤岛”数较多。值得注意的是，除尺寸为 600 mm × 900 mm

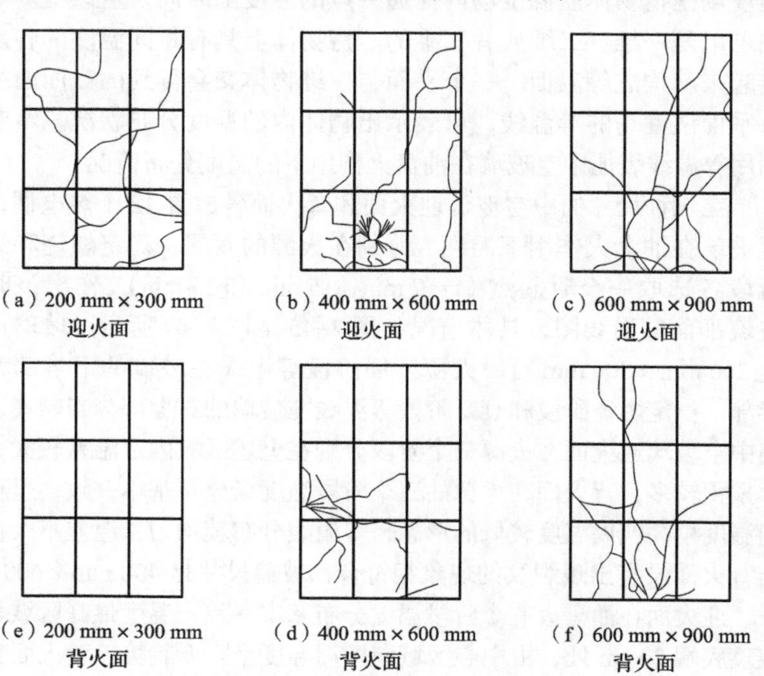

图 2-44　不同尺寸的中空玻璃裂纹图

的中空玻璃有1组迎火面在实验过程中出现细小破裂碎片脱落现象外，其余8组在实验中并未脱落。这是由于形成的“孤岛”大多位于玻璃的中下部区域，玻璃重心较低形成的弯矩较小，且受到了框架的约束，很难脱落。虽无脱落现象发生，不能进行脱落面积比较，但在实验结束后对玻璃裂纹进行观察发现，玻璃表面裂纹缝隙随玻璃尺寸的增大而增大，将玻璃从框架移出过程中，因受到了外力，尺寸是600 mm × 900 mm的中空玻璃迎火面和背火面失去了其自身稳定性，有脱落现象发生，而其余两种尺寸的玻璃并未有该现象发生。

（二）玻璃温度场分布特点

温度场即某物体内温度在空间和时间上的散布状态：

$$T = f(x, y, z, t) \tag{2.9}$$

稳态温度场是物体内的任何一点温度都不随时间改变；非稳态温度场是指物体的温度场内任何一点的温度随时间发生改变。温度场可以是一维、二维或者三维的。将物体上具有相同温度的各点连接起来就构成等温面。一个平面与三维物体交会得到的截面曲线是该平面温度场的等温线，可表示出物体内的温度分布状况。本节将利用等温线表征中空玻璃在油盘火作用下的温度分布情况。

在三种尺寸的中空玻璃迎火面和背火面各放置12个热电偶，测得玻璃在油盘火作用下温度，分别在火源的发展、稳定燃烧和衰减阶段各选取一个时间点（$t = 2$ min、15 min和25 min），作出该时刻玻璃平面等温线图，具体情况如图2–45至图2–47所示。玻璃尺寸是200 mm × 300 mm时，火源发展阶段等温线在玻璃的下半部和右半部，稳定燃烧阶段和衰减阶段等温线在玻璃的右上部分布密集，说明中空玻璃迎火面在火源三个阶段分别在上述区域内部温差较大、应力累积较多，背火面在火源的三个阶段温度场分布基本一致，呈现中间温度稍高四周温度较低的形态，等温线分布较均匀，温差不大，这与背火面没有出现裂纹的现象相符合；玻璃尺寸是400 mm × 600 mm时，迎火面在油盘火三个阶段温度分布基本一致，温度最高区域为距玻璃底端20 cm处，由中心区域向四周温度呈降低趋势，背火面在油盘火的三个阶段等温线均在玻璃的左下部分布密集，说明该处玻璃的温差和应力积累较大，这与背火面首次破裂的位置大多数在玻璃的左下部边框处一致；玻璃尺寸是 600 mm × 900 mm 时，迎火面在各阶段整体温度均较高，右下侧相对更高，背火面在各阶段的温度呈现中间温度高四周温度低，等温线在玻璃的众多区域分布密集，这也与该尺寸玻璃背火面裂纹遍布整块玻璃的现象相符合。造成不同尺寸的玻璃温度场分布不同的原因是玻璃的尺寸相对于火焰有较大区别，这导致了玻璃处于火源的不同位置，接收到的辐射热通量不同。

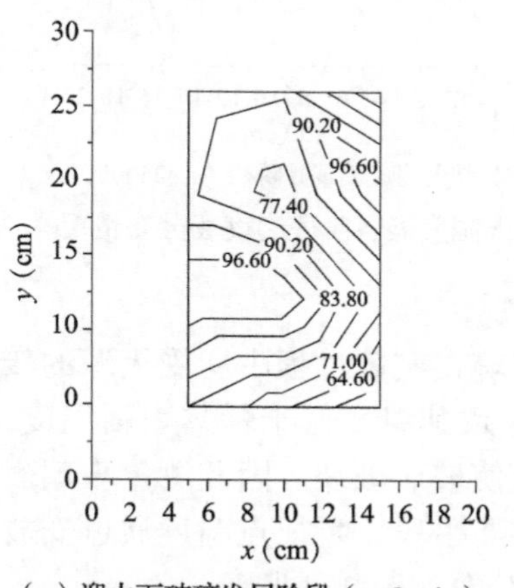

（a）迎火面玻璃发展阶段（t =2 min）

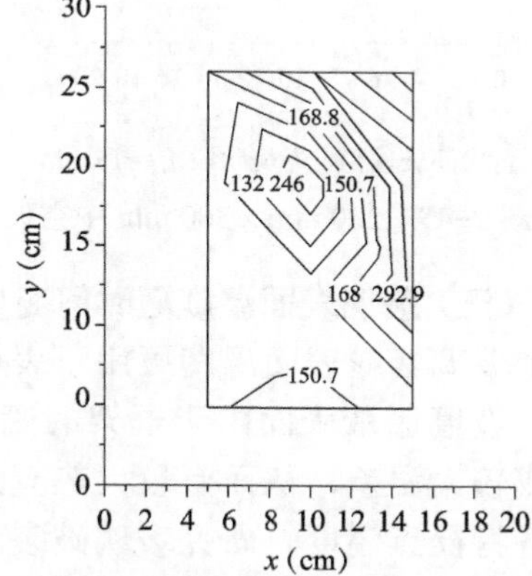

（b）迎火面玻璃稳定燃烧阶段（t =15 min）

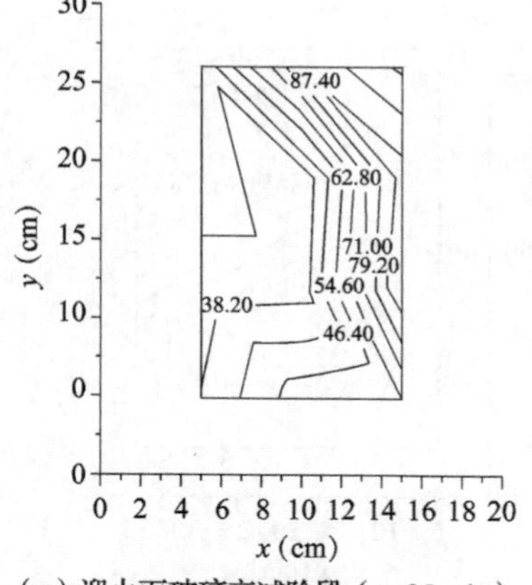

（c）迎火面玻璃衰减阶段（t =25 min）

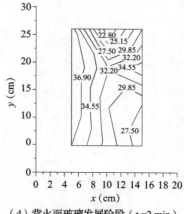

（d）背火面玻璃发展阶段（t =2 min）

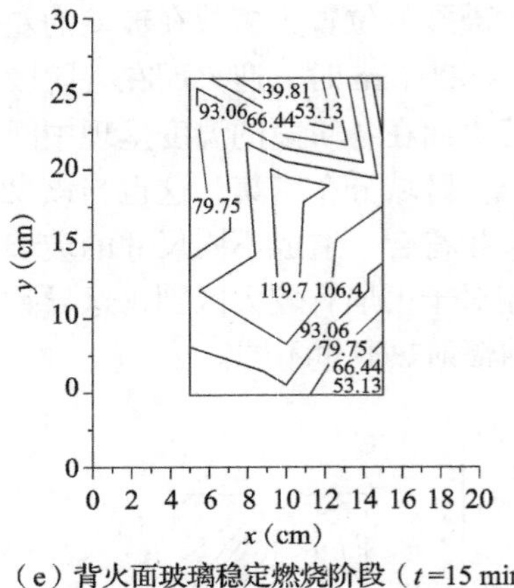

（e）背火面玻璃稳定燃烧阶段（t =15 min）

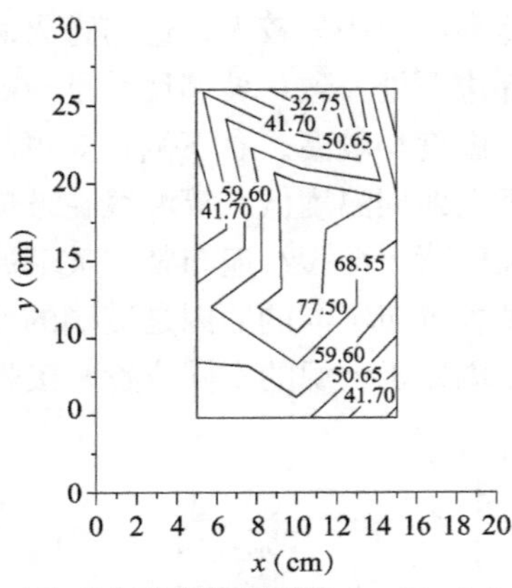

（f）背火面玻璃衰减阶段（t =25 min）

图 2-45 200 mm × 300 mm 中空玻璃在火源发展各阶段温度场分布情况

（三）玻璃表面温度随时间变化情况

玻璃暴露表面温度可用于表征玻璃在实验过程中所受火源的传热，玻璃遮蔽表面由于框架的遮蔽导致其温度低于暴露表面温度，形成较大温差，从而有较大热应力致使玻璃破裂。因此测量玻璃表面各特征点温度是研究玻璃破裂的重要手段，特征点温度通过安放在玻璃表面的热电偶测出，热电偶的分布如图 2-4 所示。

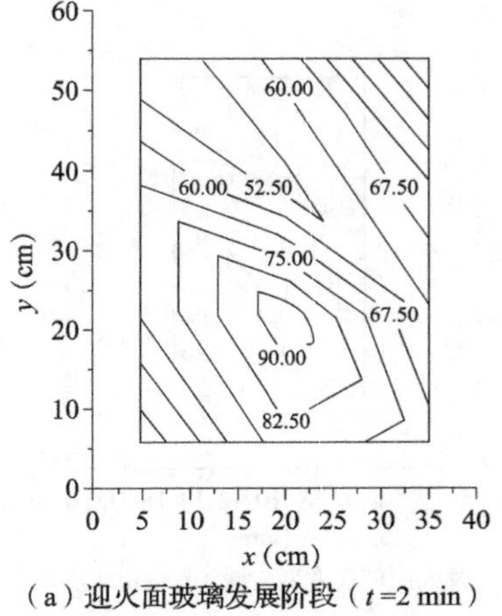

（a）迎火面玻璃发展阶段（t =2 min）

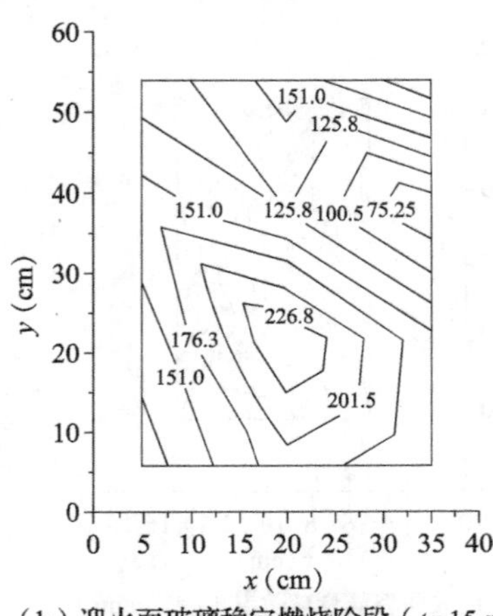

（b）迎火面玻璃稳定燃烧阶段（t =15 min）

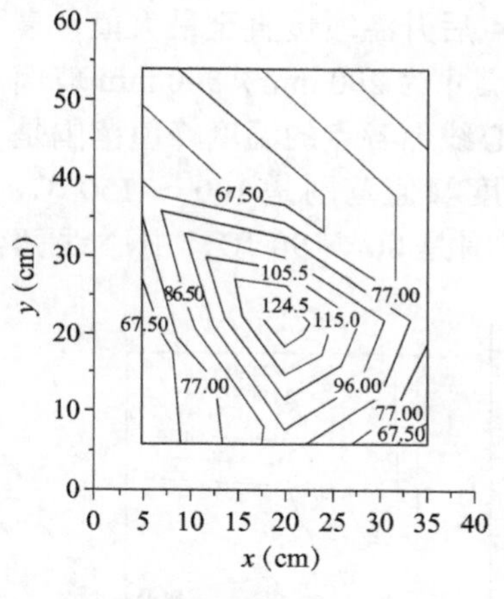

（c）迎火面玻璃衰减阶段（t=25 min）

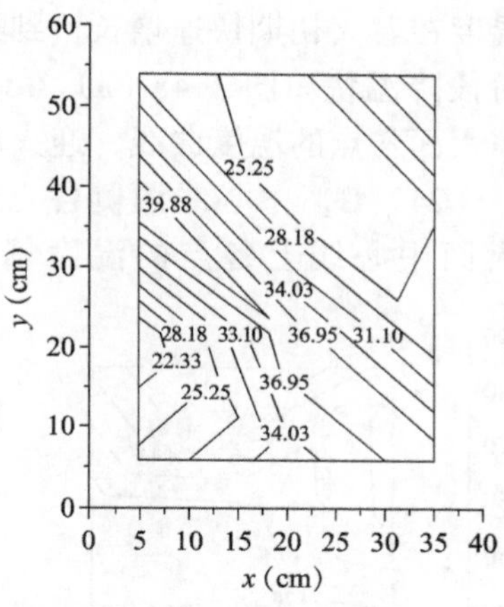

（d）背火面玻璃发展阶段（t=2 min）

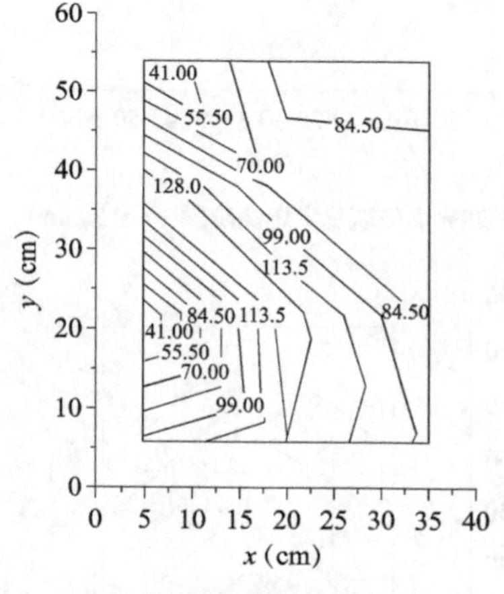

（e）背火面玻璃稳定燃烧阶段（t=15 min）

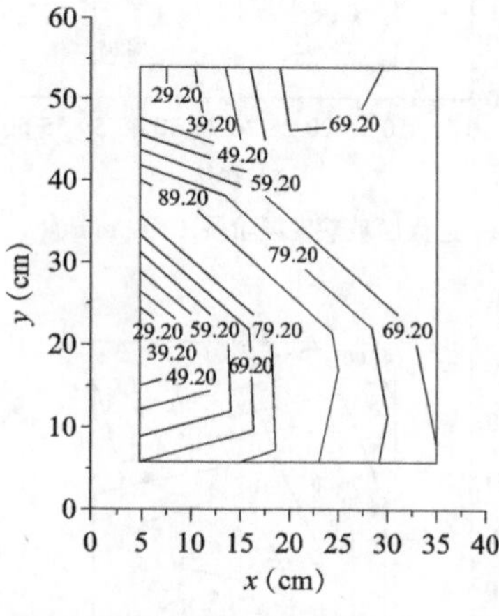

（f）背火面玻璃衰减阶段（t=25 min）

图 2-46　400 mm × 600 mm 中空玻璃在火源发展各阶段温度场分布情况

1. 玻璃暴露表面温度

图 2-48 是油盘火作用下三种不同尺寸玻璃暴露表面温度与时间关系图。由图可知，各测点温度变化曲线比较相似，玻璃暴露表

面温度在着火初期快速增长，到达某点后升温缓慢直至最大值，衰减阶段降温快。图 2–48（a)、(d）是尺寸为 200 mm × 300 mm 玻璃暴露表面各点的温度曲线，迎火面中心线上各点的温度峰值范围是 170 ～ 240 ℃，中心线两侧各点的温度峰值范围是 100 ～ 150 ℃，背火面中心线上各点的温度峰值范围是 80 ～ 90 ℃，中心线两

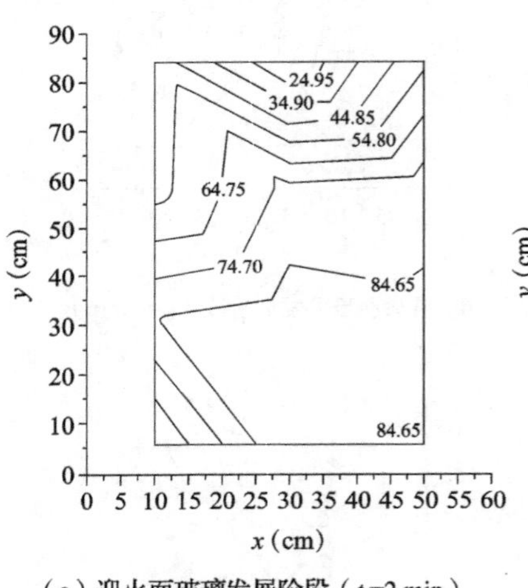

（a）迎火面玻璃发展阶段（t=2 min）

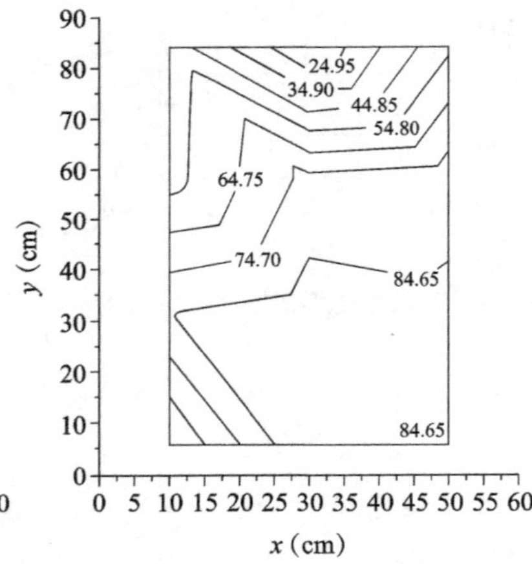

（b）迎火面玻璃稳定燃烧阶段（t=15 min）

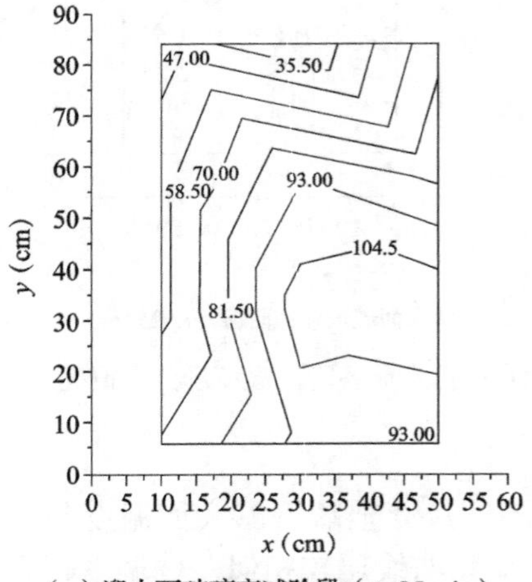

（c）迎火面玻璃衰减阶段（t=25 min）

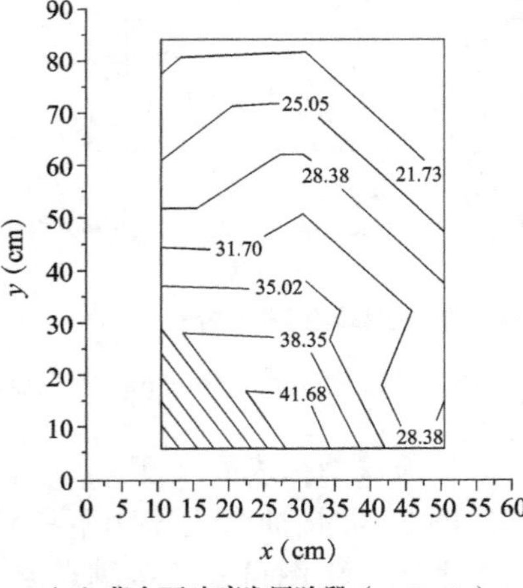

（d）背火面玻璃发展阶段（t=2 min）

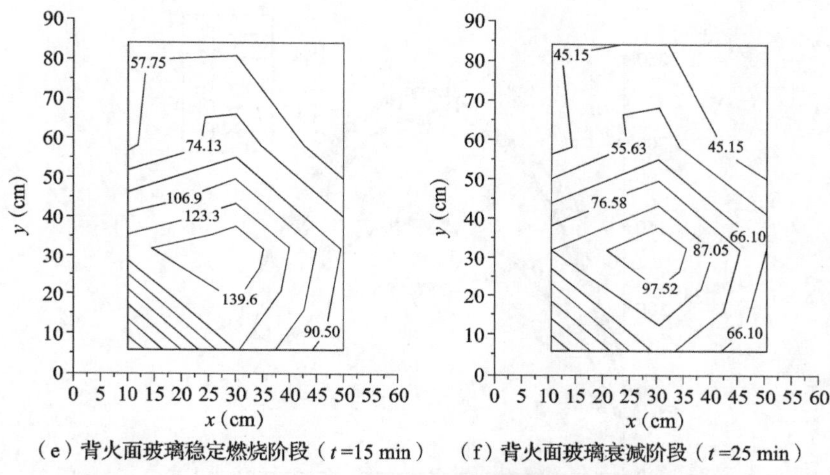

（e）背火面玻璃稳定燃烧阶段（t=15 min）　（f）背火面玻璃衰减阶段（t=25 min）

图 2-47　600 mm × 900 mm 中空玻璃在火源发展各阶段温度场分布情况

侧各点的温度峰值范围是 50 ～ 60 ℃；图 2-48（b)、(e）是尺寸为 400 mm × 600 mm 玻璃暴露表面各点的温度曲线，迎火面各点温度变化趋势基本相同，迎火面中心线上各点的温度峰值范围是 150 ～ 170 ℃，中心线两侧各点的温度峰值范围是 80 ～ 120 ℃，背火面中心线上各点的温度峰值范围是 100 ～ 120 ℃，中心线两侧各点的温度峰值范围是 80 ～ 100 ℃；图 2-48（c)、(f）是尺寸为 600 mm × 900 mm 玻璃暴露表面各点的温度曲线，迎火面各点的温度峰值范围是 110 ～ 270 ℃，背火面各点的温度峰值范围是 80 ～ 160 ℃。本实验中所用的是直径 300 mm 的圆形油盘，当油盘直径 D<0.03 m 时，火焰呈层流状态，空气和可燃液体蒸气均朝火焰扩散，因此火焰主要是扩散燃烧；当 0.03 m< 油盘直径 D<1 m 时，层流燃烧转向湍流燃烧；当油盘直径 D>1 m 时，火焰呈湍流状态，火焰从圆锥形的层流状态转变为无规则的湍流状态。油盘点燃后在无风及各方向卷吸均衡的条件下会形成一个锥形的具有中心轴线的火焰形态，该形态决定了油盘火距中空玻璃表面距离的不同，热辐射强度不同。在实验过程中，当火源处于发展阶段时，由于玻璃以及油盘所处空间，火源对空气的卷吸并不均匀，火焰会偏向空气卷

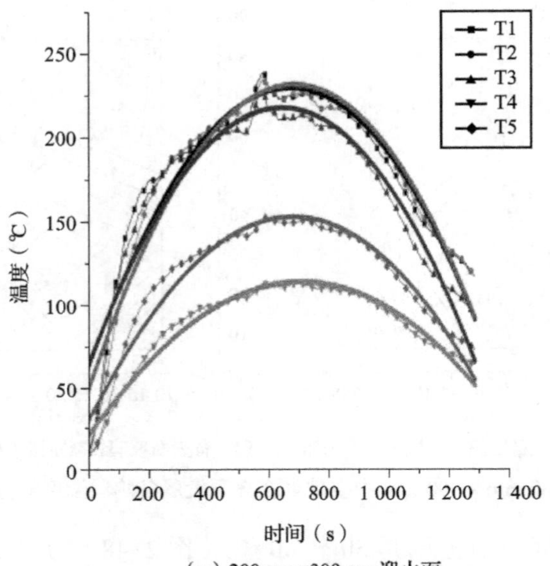

（a）200 mm×300 mm迎火面

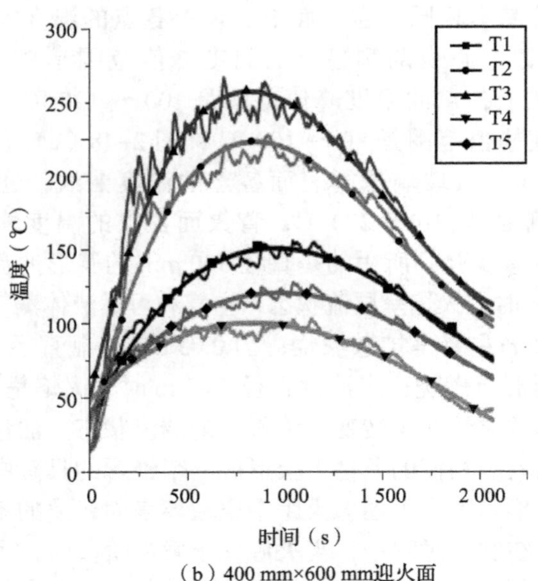

（b）400 mm×600 mm迎火面

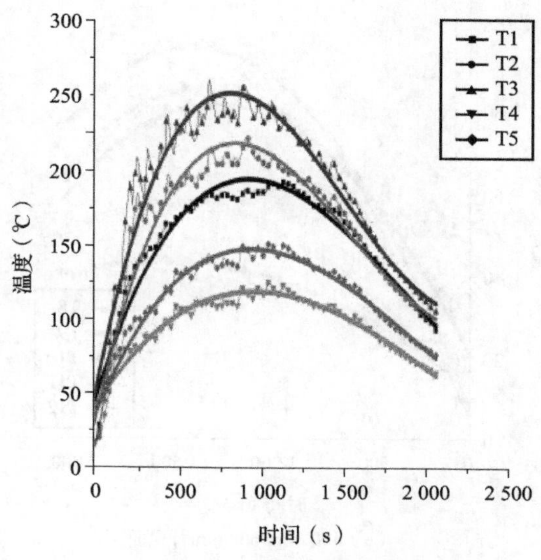

（c）600 mm×900 mm迎火面

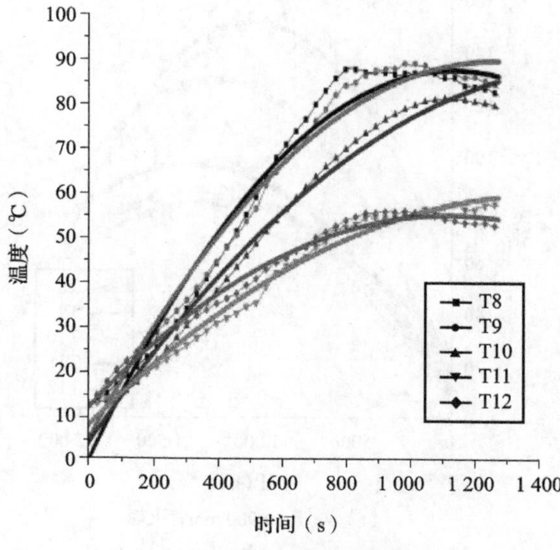

（d）200 mm×300 mm 背火面

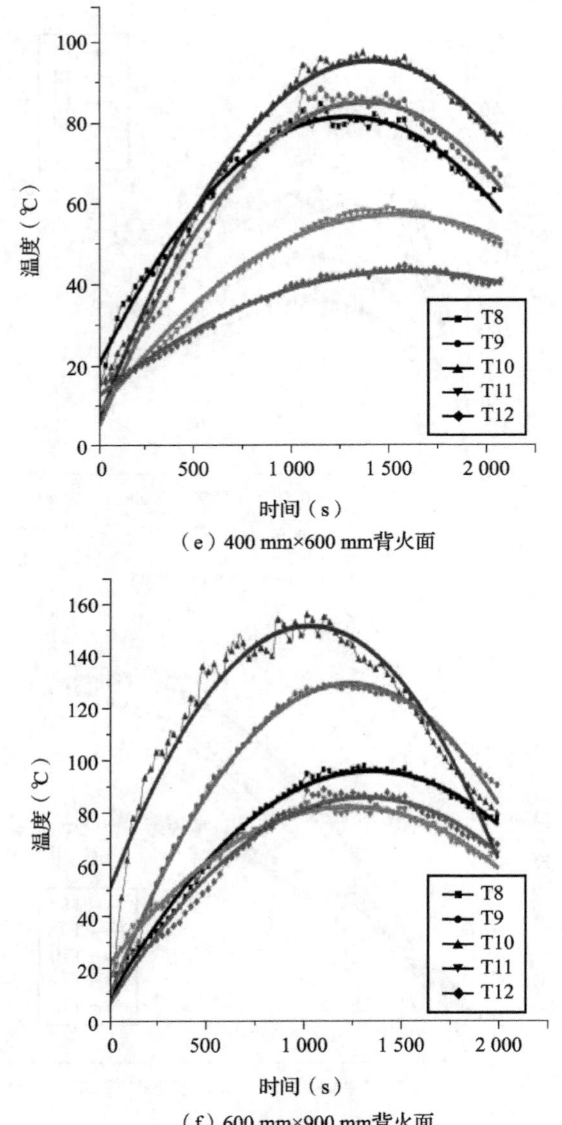

（e）400 mm×600 mm背火面

（f）600 mm×900 mm背火面

图 2-48　不同尺寸玻璃暴露表面温度变化趋势及拟合图

吸量大的一侧，这会导致该侧的温度较高，而另一侧的温度增长较为缓慢，达到的峰值也较低。迎火面玻璃上所布置的热电偶中距火源较近的是T1、T2、T3，较远的是T4、T5、T6和T7。火焰对于中空玻璃表面的辐射强度会随距火源距离的不同而不同，玻璃平面上各点所接受到的热量也不同，因此探测到的温度数据存在差异。不同实验条件下暴露表面各测点的温度的拟合结果见表2–12。从图表中可以看出迎火面玻璃暴露表面温度符合三次函数的走向，背火面玻璃暴露表面温度符合二次函数的走向。

表 2–12　　　暴露表面温度拟合表

迎火面拟合公式：$T = A_1x + A_2x^2 + A_3x^3 + B$

玻璃尺寸（mm^2）	测点	A_1	A_2	A_3	B	拟合度
200 × 300	T1	0.713	-8.04×10^{-4}	2.28×10^{-7}	42.29	0.94
	T2	0.762	-8.48×10^{-4}	2.41×10^{-7}	27.46	0.97
	T3	0.705	-8.26×10^{-4}	2.39×10^{-7}	42.41	0.96
	T4	0.36	-3.74×10^{-4}	9.81×10^{-8}	14.05	0.98
	T5	0.50	-5.48×10^{-4}	1.48×10^{-7}	18.15	0.97
400 × 600	T1	0.27	-1.92×10^{-4}	3.33×10^{-8}	35.29	0.97
	T2	0.52	-4.20×10^{-4}	9.00×10^{-8}	30.20	0.94
	T3	0.58	-4.82×10^{-4}	1.05×10^{-7}	48.42	0.94
	T4	0.14	-1.00×10^{-4}	1.53×10^{-8}	49.57	0.90
	T5	0.18	-1.21×10^{-4}	1.82×10^{-8}	41.29	0.94
600 × 900	T1	0.371	-2.66×10^{-4}	4.77×10^{-8}	44.89	0.96
	T2	0.52	-4.20×10^{-4}	9.00×10^{-8}	30.20	0.94
	T3	0.58	-4.82×10^{-4}	1.05×10^{-7}	48.42	0.94
	T4	0.18	-1.21×10^{-4}	1.82×10^{-8}	41.29	0.94
	T5	0.27	-1.92×10^{-4}	3.33×10^{-8}	35.29	0.97

续表

背火面拟合公式：$T = A_4x + A_5x^2 + B_1$					
玻璃尺寸（mm^2）	测点	A_4	A_5	B_1	拟合度
200 × 300	T1	0.15	−6.68	−0.07	0.97
	T2	0.13	−5.26	4.64	0.98
	T3	0.10	−3.23	3.92	0.99
	T4	0.07	−2.45	8.01	0.99
	T5	0.08	−3.38	11.92	0.99
400 × 600	T1	0.10	-3.77×10^{-5}	20.54	0.99
	T2	0.12	-4.32×10^{-5}	5.03	0.98
	T3	0.13	-4.54×10^{-5}	7.30	0.99
	T4	0.06	-2.09×10^{-5}	8.93	0.99
	T5	0.04	-1.23×10^{-5}	12.76	0.99
600 × 900	T1	0.13	-4.54×10^{-5}	7.30	0.99
	T2	0.19	-7.38×10^{-5}	8.38	0.99
	T3	0.19	-8.92×10^{-5}	49.79	0.93
	T4	0.10	-3.77×10^{-5}	20.54	0.99
	T5	0.12	-4.32×10^{-5}	5.04	0.98

2. 玻璃遮蔽表面温度

图 2–49 是油盘火作用下三种不同尺寸玻璃遮蔽表面的温度波动趋势图。迎火面温度高于背火面温度且两者转变趋势密切相关。由于迎火面各点受火源情况影响较大，会出现一侧温度高于另一侧的情况，而且导致背火面也出现相同情况。整体上来说，除个别点外，各测点在火源发展阶段和衰减阶段变化都较为平缓，实验过程中的温度峰值范围是 60 ～ 125 ℃。值得注意的是，尺寸为 600 mm × 900 mm 的玻璃 T7 点温度明显高于其他三点，这是因为在

该尺寸条件下，T6、T7、T13、T14 点所在的高度和火焰高度基本平齐。间歇火焰区受外界环境条件的影响较大，在实验室的条件下火源会略向 T7 侧偏移。与相同工况下玻璃表面温度进行对比可以发现，由于框架的遮蔽作用，玻璃被遮蔽部分的温度峰值和表面温升速率均比暴露部分低。

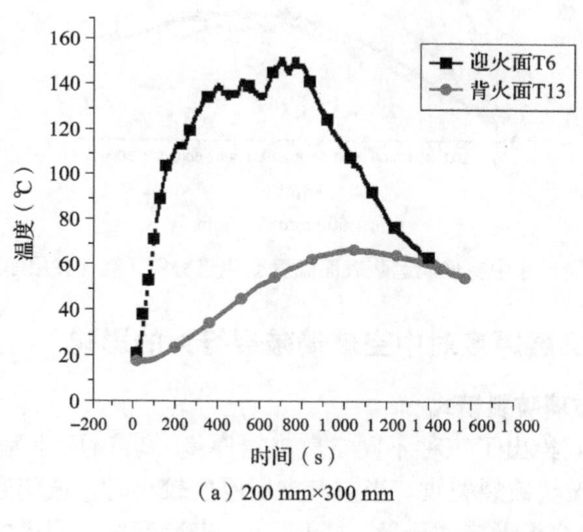

（a）200 mm×300 mm

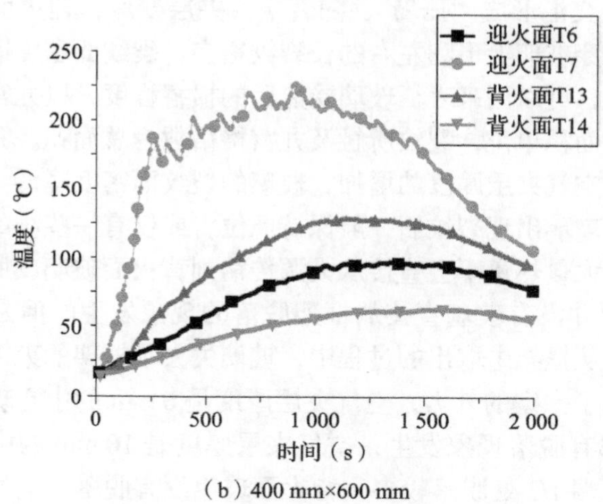

（b）400 mm×600 mm

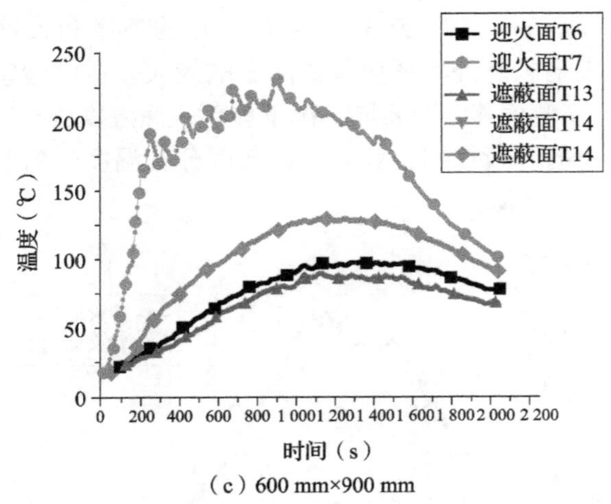

（c）600 mm×900 mm

图 2-49　不同尺寸中空玻璃遮蔽表面温度变化趋势图（空气夹层厚度：12 mm）

三、空气夹层厚度对中空玻璃破裂行为的影响

（一）玻璃破裂模式

图 2-50 给出了三种不同空气夹层厚度，玻璃尺寸为 600 mm × 900 mm 的玻璃破裂裂纹。当空气夹层厚度较小时，玻璃迎火面出现较多短裂纹交汇形成“孤岛”，随着空气夹层变厚，迎火面短裂纹数量降低，贯穿玻璃上下和左右的长裂纹增多。裂纹面密度即单位面积上的裂纹数，可以用来表征玻璃受热后的损害程度，以九宫格的每一小格为一个面积单位，裂纹所触及九宫格格数为总面积。我们可以观察到，随着空气夹层厚度的增加，玻璃的裂纹面密度降低。因为有框架的束缚，玻璃出现裂纹后一般保持原位，或仅有一些小的缝隙，未发生脱落，大量热量不会直接从火源传输到背火面玻璃，所以在整体实验过程中并没有玻璃直接从框架脱落的现象发生。但是当实验结束，将玻璃从框架中取出的过程中，玻璃失去了框架的束缚，再加上取出也受到了一定的外力，空气夹层厚度是 6 mm 的中空玻璃迎火面和背火面都有脱落现象发生；空气夹层厚度是 10 mm 的中空玻璃迎火面靠近下端 1/3 处脱落较多，背火面玻璃没有脱落；空气夹层厚度

为 12 mm 的中空玻璃的迎火面只有极其细小的玻璃碎片脱落。

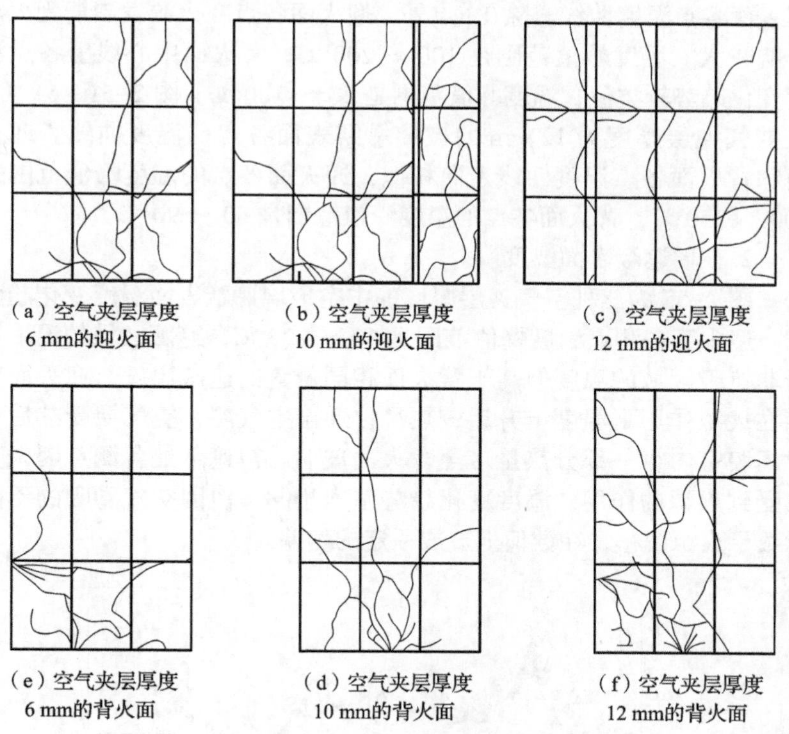

图 2-50　不同空气夹层厚度的中空玻璃破裂裂纹图

（二）玻璃表面温度随时间变化情况

1. 玻璃暴露表面温度

图 2-51 为三种空气夹层厚度的中空玻璃暴露表面温度变化趋势图。图 2-51（a）、（b）是空气夹层厚度为 6 mm 的玻璃暴露表面各点温度曲线。迎火面中心线上各点温度波动较大，各测点温度峰值范围为 150 ～ 250 ℃，中心线两侧各点相对中心线各点温度受火源影响较小，温度上下浮动频率较小，温度峰值范围为 50 ～ 100 ℃，背火面各点虽温度变化趋势相似，但峰值相差较多，中心线上各点的温度峰值范围为 70 ～ 130 ℃，中心线两侧的温度峰值约为

30 ～ 50 ℃。图 2–51（c)、(d）是空气夹层厚度为 10 mm 的玻璃暴露表面各点温度曲线。除 T3 点外，迎火面各点在火源发展期受火源影响较大，温度峰值范围是 100 ～ 200 ℃，背火面中心线上各点温度变化趋势较类似，温度峰值范围是 40 ～ 100 ℃。图 2–51（e)、(f）是空气夹层厚度为 12 mm 的玻璃暴露表面各点的温度曲线。迎火面和背火面各点温度曲线走向相似，迎火面各点的温度峰值范围是 100 ～ 250 ℃，背火面各点的温度峰值范围是 50 ～ 90 ℃。

2. 玻璃遮蔽表面温度

图 2–52 为三种空气夹层厚度的中空玻璃遮蔽表面温度变化趋势图。迎火面各测点温度峰值范围是 30 ～ 225 ℃，遮蔽区域的温度低于非遮蔽区域的温度但高于背火面相同位置的遮蔽温度。迎火面玻璃在火源作用下温度上升后，热量传递至空气层，空气层受热后在封闭腔室内将一部分热量带至背火面玻璃。被遮蔽处各测点因未直接受到火源的作用，温度变化趋势基本相同，但因空气卷吸的不同导致了火源偏移，在数值上造成一定的偏差。

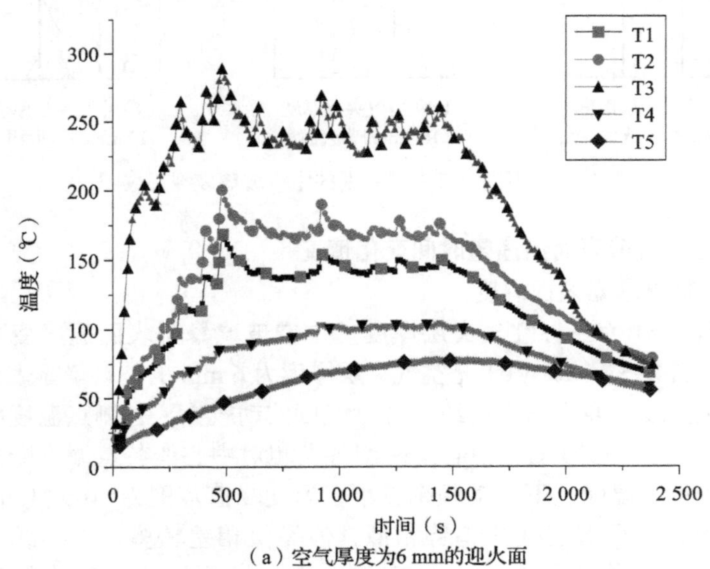

（a）空气厚度为6 mm的迎火面

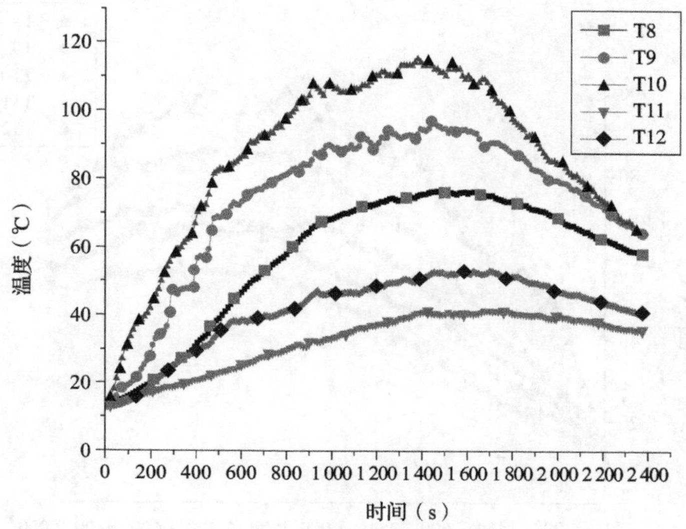

（b）空气厚度为6 mm的背火面

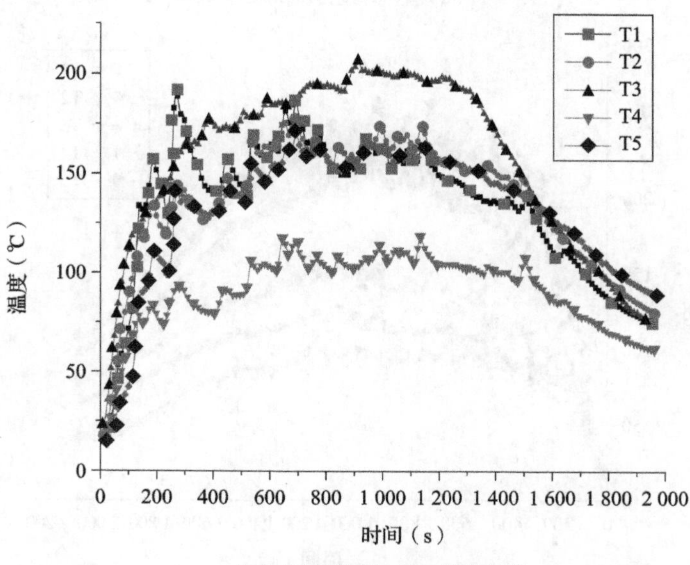

（c）空气厚度为10 mm的迎火面

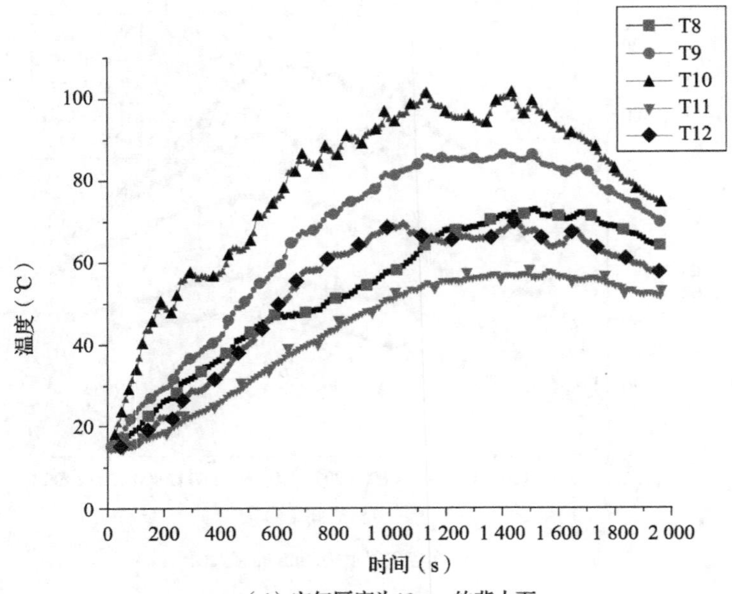

（d）空气厚度为10 mm的背火面

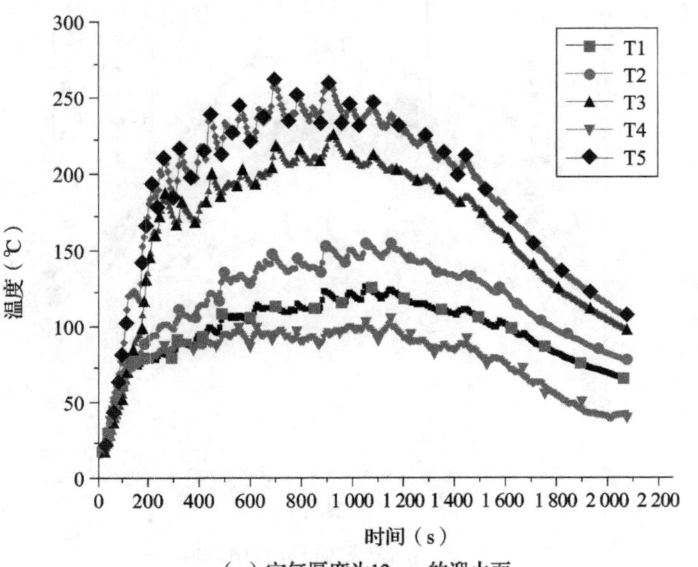

（e）空气厚度为12 mm的迎火面

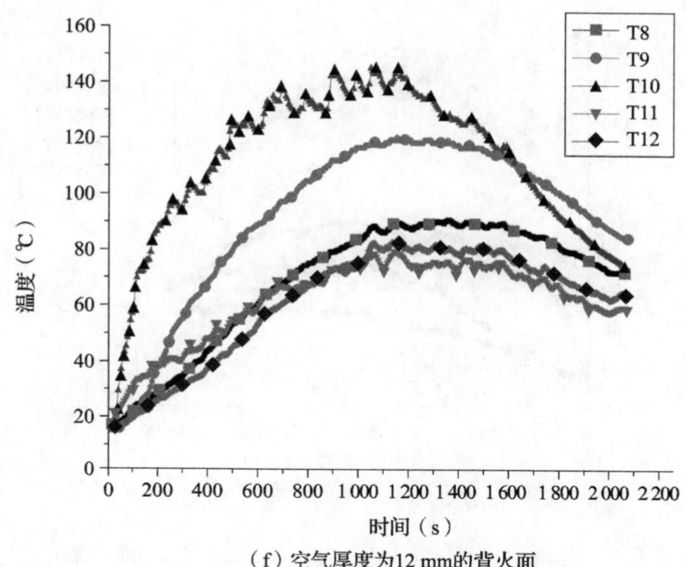

（f）空气厚度为12 mm的背火面

图 2-51　中空玻璃暴露表面温度分布（玻璃尺寸：600 mm × 900 mm）

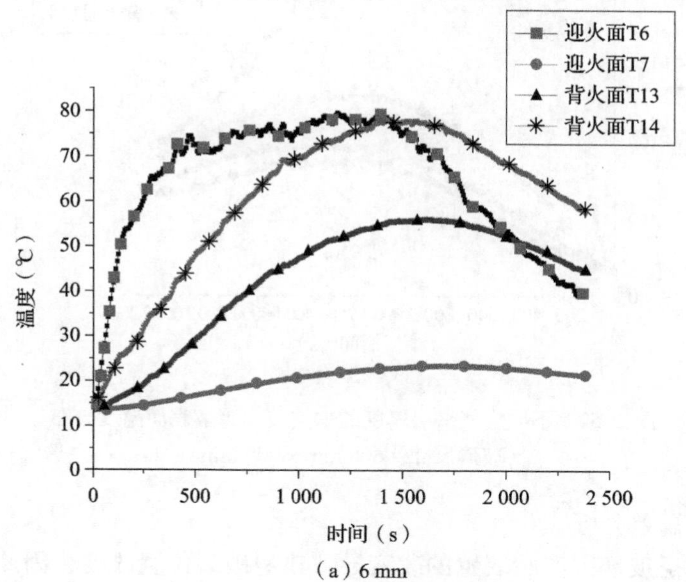

（a）6 mm

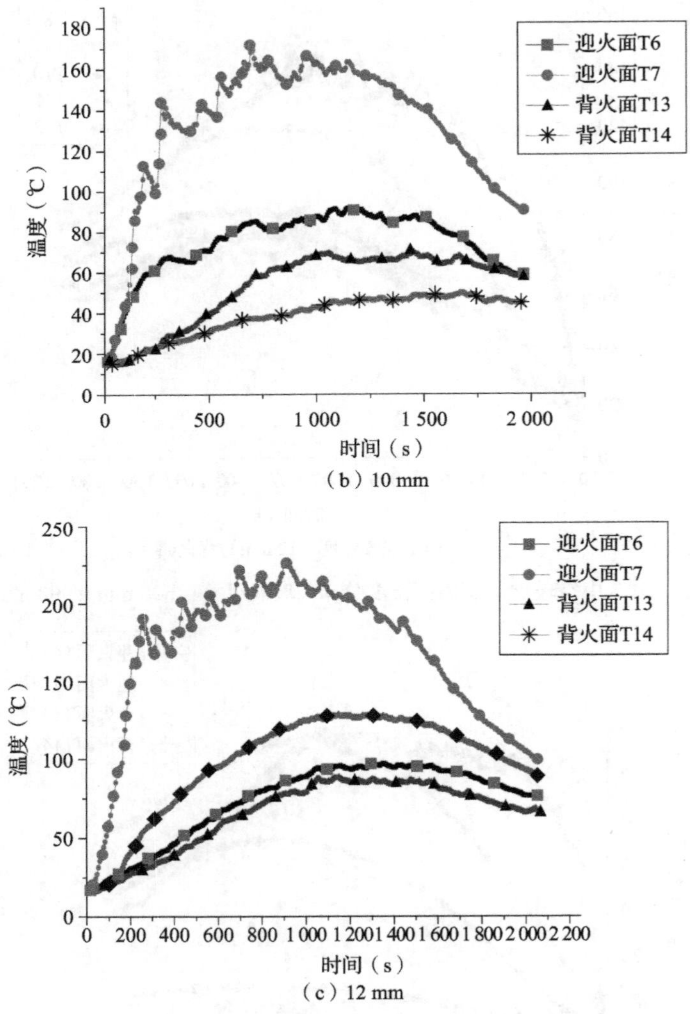

图 2-52　不同空气夹层厚度的中空玻璃遮蔽表面温度分布

（玻璃尺寸：600 mm × 900 mm）

3. 温差分析

中空玻璃因实验装置的改变导致典型破裂位置改变，因此这里重新对典型位置进行标注以便更好地探究玻璃破裂特征，中空玻璃温差定义如图 2-53 所示。

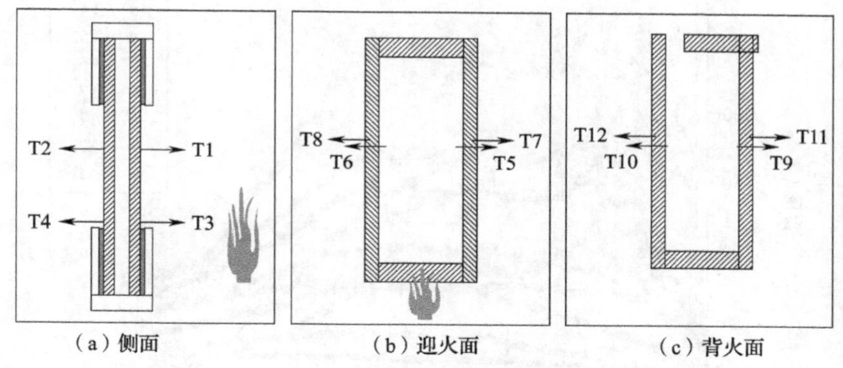

（a）侧面　（b）迎火面　（c）背火面

图 2-53　中空玻璃温差定义图

T_1、T_2 分别是中空玻璃迎火面和背火面中心点温度，T_3、T_4 分别是中空玻璃迎火面和背火面底端边沿位置温度，T_5、T_6 分别是中空玻璃迎火面边沿位置的暴露表面温度，T_7、T_8 分别是中空玻璃迎火面边缘位置的遮蔽温度，T_9、T_{10} 分别是玻璃背火面边缘位置的暴露温度，T_{11}、T_{12} 分别是玻璃背火面边缘位置的遮蔽温度。ΔT_1、ΔT_2 分别是迎火面和背火面中心点之间以及底端边缘位置之间的温差，ΔT_3 是迎火面遮蔽位置和暴露位置之间的平均温差，ΔT_4 是背火面遮蔽位置和暴露位置之间的平均温差。

$$\Delta T_1 = T_1 - T_2 \tag{2.10}$$

$$\Delta T_2 = T_3 - T_4 \tag{2.11}$$

$$\Delta T_3 = \frac{(T_5 - T_7) + (T_6 - T_8)}{2} \tag{2.12}$$

$$\Delta T_4 = \frac{(T_9 - T_{10}) + (T_{11} - T_{12})}{2} \tag{2.13}$$

图 2-54 是不同空气夹层厚度的中空玻璃首次破裂时温差随时间变化图。

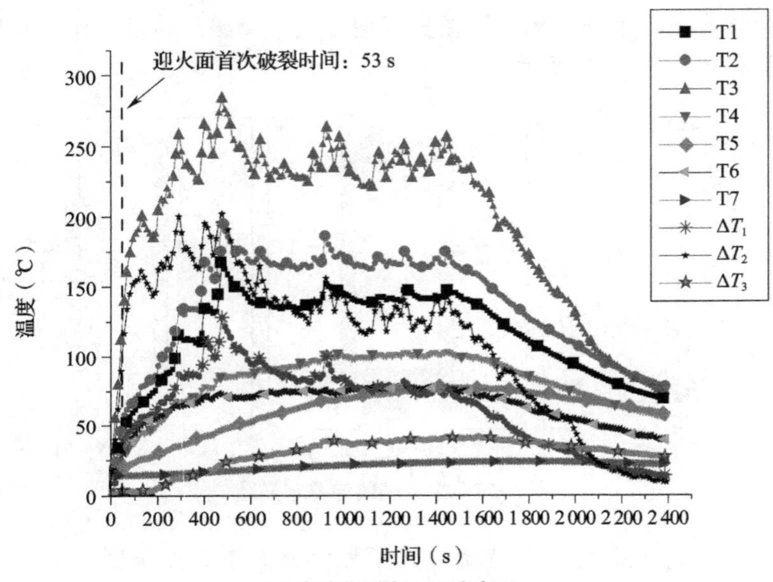

（a）空气夹层厚度6 mm迎火面

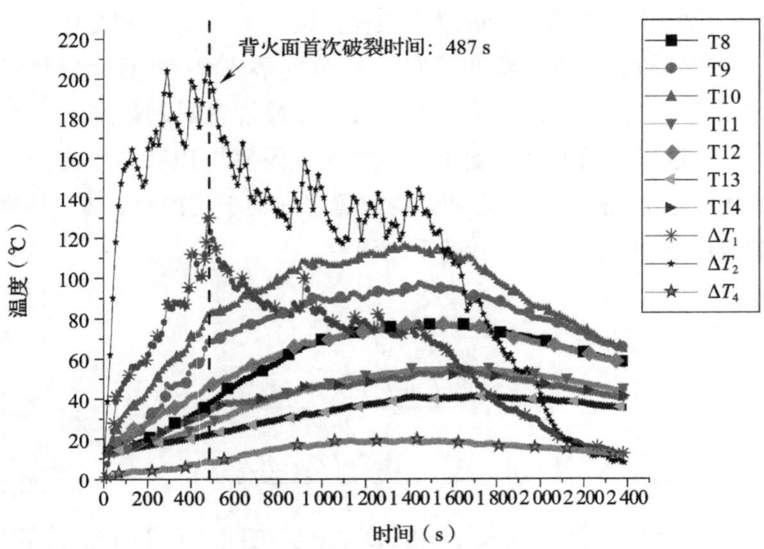

（b）空气夹层厚度6 mm背火面

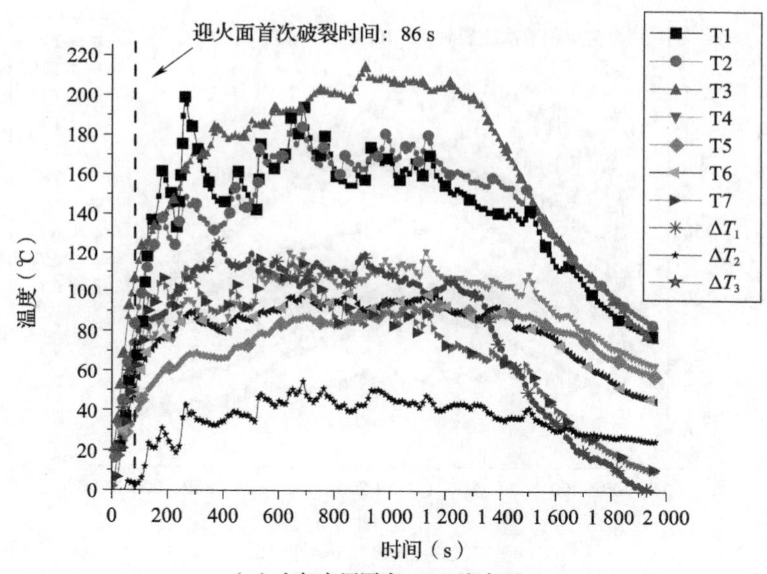

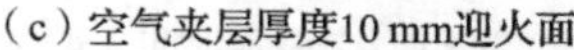
（c）空气夹层厚度10 mm迎火面

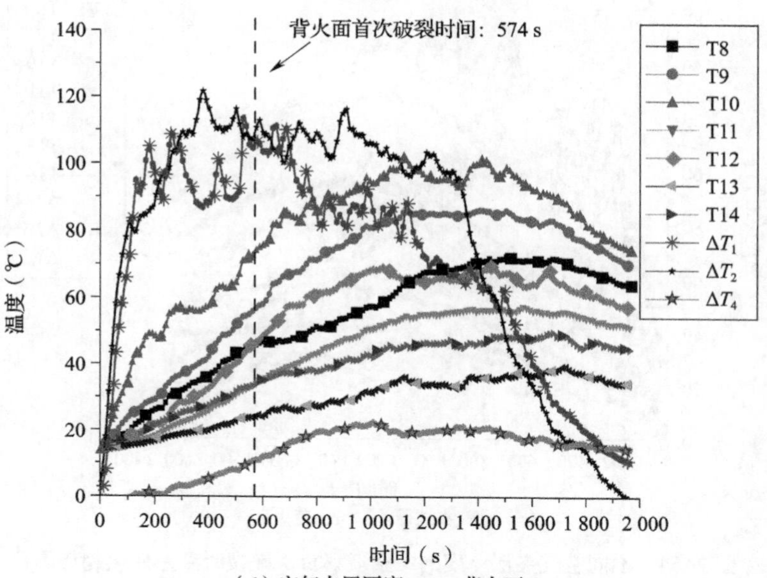

（d）空气夹层厚度10 mm背火面

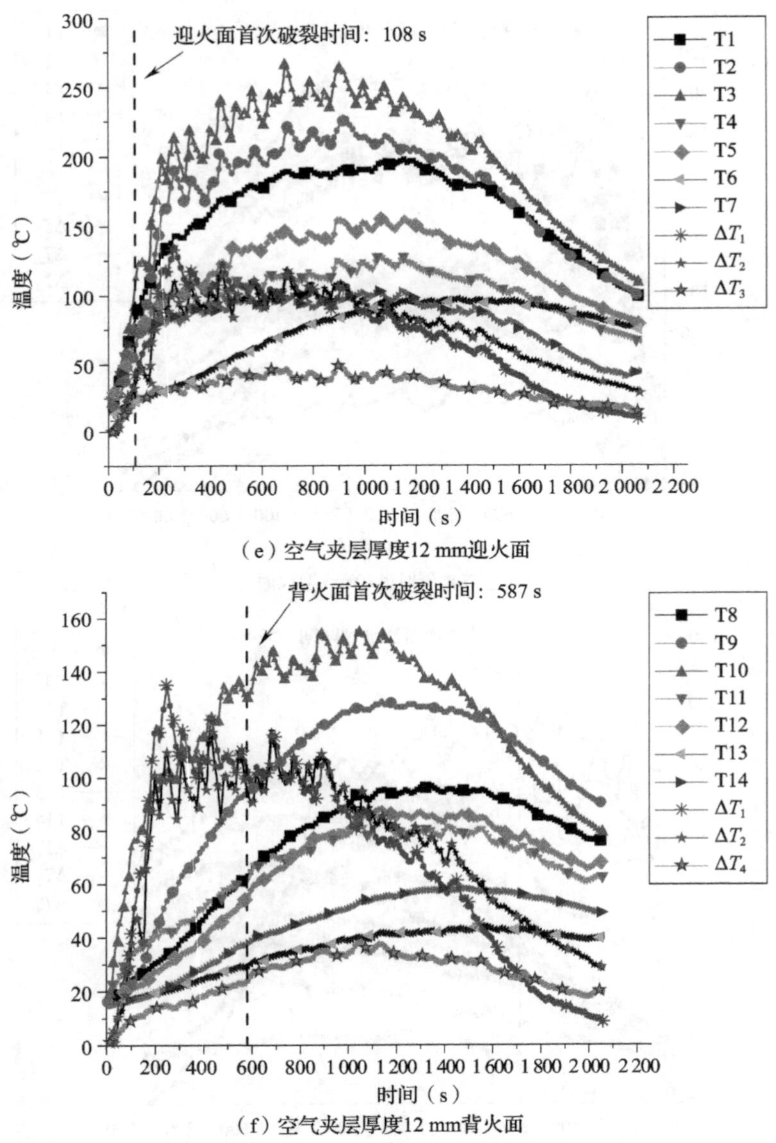

（e）空气夹层厚度12 mm迎火面

（f）空气夹层厚度12 mm背火面

图 2-54　不同空气夹层厚度的中空玻璃首次破裂时温差变化趋势图

（玻璃尺寸：600 mm × 900 mm）

表 2-13 给出了三种工况下玻璃破裂时温差统计表。空气夹层厚度为 6 mm 时，中空玻璃迎火面中心点温差 ΔT_1 范围是 33 ～ 38 ℃，均值 $\overline{\Delta T_1}$ 是 32 ℃，底部温差 ΔT_2 范围是 80 ～ 106 ℃，均值 $\overline{\Delta T_2}$ 是 93 ℃，被遮蔽点和暴露点温差 ΔT_3 范围是 3 ～ 8 ℃，均值 $\overline{\Delta T_3}$ 是 6 ℃；背火面中心点温差 ΔT_1 范围是 104 ～ 109 ℃，均值 $\overline{\Delta T_1}$ 是 106 ℃，底部温差 ΔT_2 范围是 102 ～ 110 ℃，均值 $\overline{\Delta T_2}$ 是 106 ℃；被遮蔽点和暴露点温差 ΔT_4 范围是 7 ～ 12 ℃，均值 $\overline{\Delta T_4}$ 是 9 ℃。空气夹层厚度为 10 mm 时，中空玻璃迎火面中心点温差 ΔT_1 范围是 45 ～ 58 ℃，均值 $\overline{\Delta T_1}$ 是 51 ℃，底部温差 ΔT_2 范围是 100 ～ 108 ℃，均值 $\overline{\Delta T_2}$ 是 104 ℃，被遮蔽点和暴露点温差 ΔT_3 范围是 17 ～ 22 ℃，均值 $\overline{\Delta T_3}$ 是 20 ℃；背火面中心点温差 ΔT_1 范围是 106 ～ 116 ℃，均值 $\overline{\Delta T_1}$ 是 111 ℃，底部温差 ΔT_2 范围是 104 ～ 114 ℃，均值 $\overline{\Delta T_2}$ 是 109 ℃，被遮蔽点和暴露点温差 ΔT_4 范围是 11 ～ 14 ℃，均值 $\overline{\Delta T_4}$ 是 12 ℃。空气夹层厚度为 12 mm 时，中空玻璃迎火面中心点温差 ΔT_1 范围是 58 ～ 68 ℃，均值 $\overline{\Delta T_1}$ 是 63 ℃，底部温差 ΔT_2 范围是 109 ～ 121 ℃，均值 $\overline{\Delta T_2}$ 是 116 ℃，被遮蔽点和暴露点温差 ΔT_3 范围是 18 ～ 25 ℃，均值 $\overline{\Delta T_3}$ 是 22 ℃；背火面中心点温差 ΔT_1 范围是 104 ～ 118 ℃，均值 $\overline{\Delta T_1}$ 是 112 ℃，底部温差 ΔT_2 范围是 98 ～ 106 ℃，均值 $\overline{\Delta T_2}$ 是 102 ℃，被遮蔽点和暴露点温差 ΔT_4 范围是 27 ～ 32 ℃，均值 $\overline{\Delta T_4}$ 是 29 ℃。从上述数据可以看出玻璃破裂时的温差随空气夹层变厚而增大。从文献资料可知，对于中空玻璃，其传热系数随空气夹层变厚而减小。中空玻璃空气层有较大热阻是因为在热传导状态下空气的传热系数比较小，当空气层厚度增加时，腔内空气流动速度逐渐增大，当厚度增加到 18 mm 时，空气夹层由热传导向热对流转变，导热能力增大。本实验中空气夹层在 6 ～ 12 mm 可看作热传导。

表 2-13　　　　玻璃破裂时温差统计

空气夹层厚度（mm）	实验编号	迎火面玻璃首次破裂温差（℃）						背火面玻璃首次破裂温差（℃）					
		ΔT_1	$\overline{\Delta T_1}$	ΔT_2	$\overline{\Delta T_2}$	ΔT_3	$\overline{\Delta T_3}$	ΔT_1	$\overline{\Delta T_1}$	ΔT_2	$\overline{\Delta T_2}$	ΔT_4	$\overline{\Delta T_4}$
6	Y19	33	32	106	93	3	6	106	106	110	106	9	9
	Y20	24		80		8		109		105		12	
	Y21	38		94		6		104		102		7	
10	Y22	58	51	108	104	17	20	106	111	104	109	11	12
	Y23	45		103		20		111		109		14	
	Y24	50		100		22		116		114		12	
12	Y25	58	63	117	116	18	22	104	112	106	102	28	29
	Y26	68		109		25		115		98		32	
	Y27	62		121		23		118		103		27	

中空玻璃物理模型如图 2-55 所示，根据傅里叶定律：

$$q_x = \mathrm{k}\frac{\Delta T}{L} \tag{2.14}$$

q_x：热流密度，W/m²；

k：传热系数，W/(m²·K)；

$\Delta T = T_1 - T_2$，℃；

L：玻璃厚度，m。

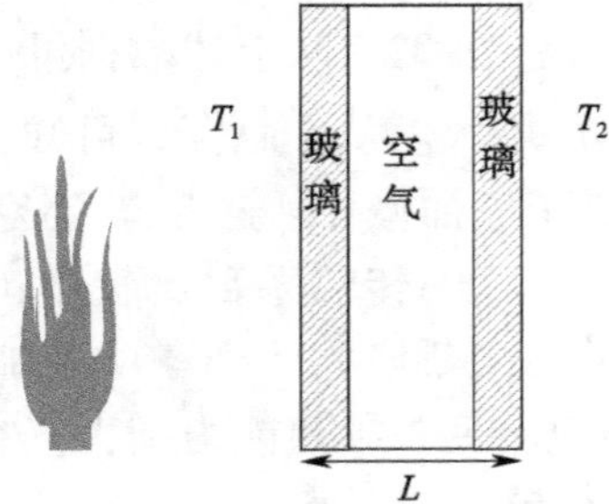

图 2-55　中空玻璃物理模型简图

根据所查资料，中空玻璃传热系数见表 2-14。空气夹层变厚，传热系数减小，玻璃厚度增大，火源相同，玻璃尺寸相同，热流密度减小，温差增大。

表 2-14　　中空玻璃传热系数

玻璃规格	6 mm+6 mm+6 mm	6 mm+10 mm+6 mm	6 mm+12 mm+6 mm
传热系数［$W/(m^2 \cdot K)$］	3.5	3	2.8

（三）玻璃首次破裂时间

三种不同空气夹层厚度的中空玻璃破裂时间见表 2-15。由表可知，中空玻璃的空气夹层厚度是 12 mm 时，迎火面首次破裂平均时间是 137 s，高于空气夹层厚度为 6 mm 中空玻璃的 63 s 和 10 mm 中空玻璃的 104 s，背火面玻璃首次破裂的平均时间为 650 s，高于 6 mm 中空玻璃的 542 s 和 10 mm 中空玻璃的 606 s。与前文相同，引入 $\overline{t_b}-\overline{t_y}$ 表示背火面玻璃首次破裂平均时间与迎火面玻璃首次破裂平均时间差，空气夹层厚度为 12 mm 中空玻璃的 $\overline{t_b}-\overline{t_y}$ 值为 513 s，大于 6 mm 中空玻璃的 479 s 和 10 mm 中空玻璃的 502 s。

表 2-15　　600 mm × 900 mm 中空玻璃破裂时间参数

空气夹层厚度（mm）	实验编号	迎火面玻璃首次破裂时间 t_y（s）	背火面玻璃首次破裂时间 t_b（s）	迎火面玻璃首次破裂平均时间 $\overline{t_y}$（s）	背火面玻璃首次破裂平均时间 $\overline{t_b}$（s）	$\overline{t_b}-\overline{t_y}$（s）
6	Y19	53	487	63	542	479
	Y20	65	531			
	Y21	72	608			
10	Y22	86	574	104	606	502
	Y23	124	652			
	Y24	103	594			
12	Y25	108	587	137	650	513
	Y26	188	772			
	Y27	115	591			

图 2-56 给出了三种尺寸中空玻璃的首次破裂时间与空气夹层厚度关系图。图 2-57 为中空玻璃各测点首次破裂温度和空气夹层厚度关系曲线。从图中可以看出，尺寸为 200 mm × 300 mm 的玻璃背火面未出现裂纹，其余尺寸的玻璃首次破裂时间随空气夹层厚度的增大呈增大的趋势。因背火面破裂时间晚，背火面破裂时温差均高于迎火面温差。因为温度和温差的大小取决于升温速率和时间，为更

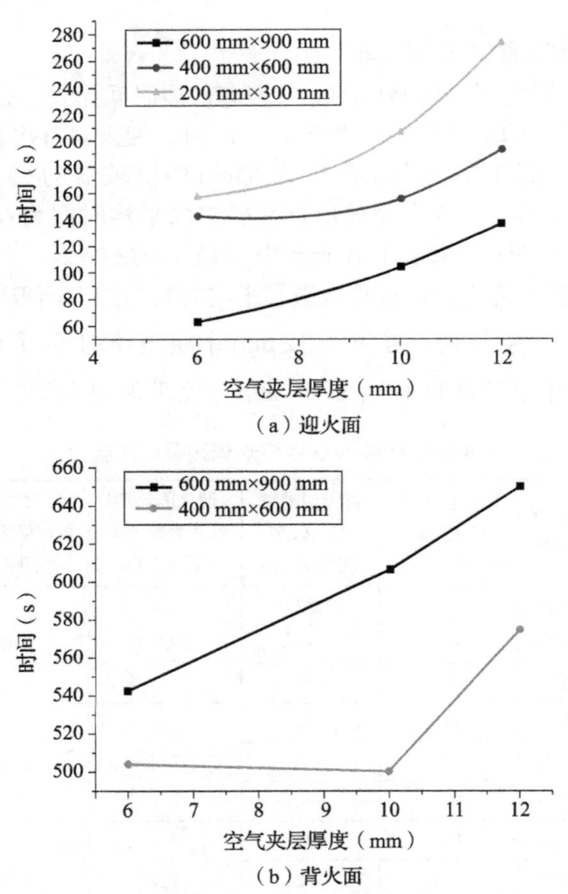

图 2-56　中空玻璃首次破裂时间与空气夹层厚度的关系

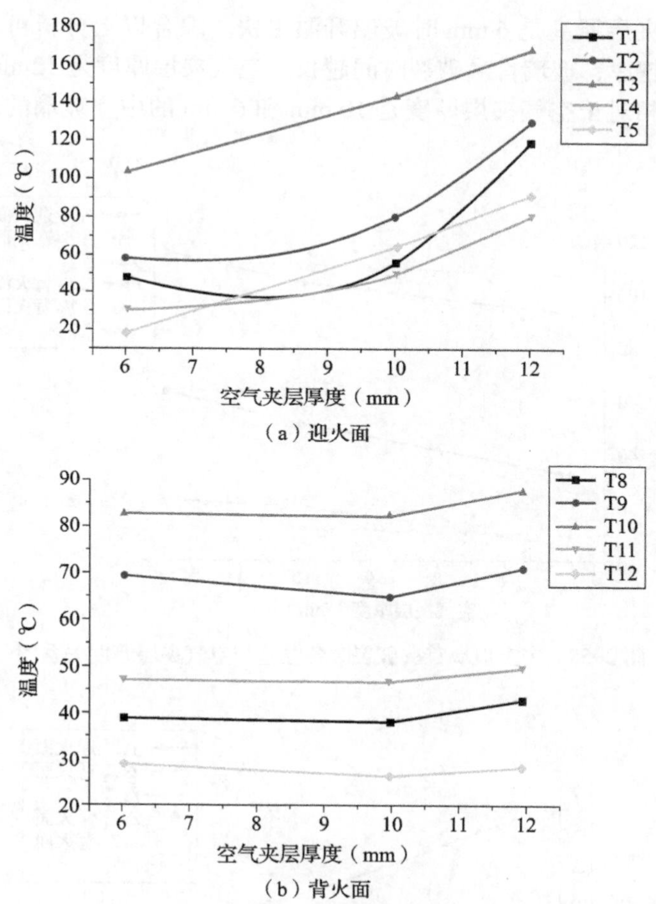

（a）迎火面

（b）背火面

图 2-57　中空玻璃首次破裂温度与空气夹层厚度关系图

深入地研究不同空气夹层厚度对玻璃破裂的影响，分别给出了玻璃迎火面和背火面首次破裂前表面温度及特征点温差升温速率变化趋势图，如图 2-58 ～图 2-60 所示。玻璃首次破裂的升温速率等于首次破裂时各点温度除以破裂时间。由图中可知，迎火面升温速率基本一致，这是由于玻璃厚度未发生变化，背火面升温速率随空气夹层变厚而降低，这种现象表明空气夹层厚度较薄时热传导较快，因此空气夹层厚度是 6 mm 时玻璃升温更快。综合以上分析可知，空气夹层越厚，玻璃首次破裂时间越长。空气夹层厚度是 12 mm 的中空玻璃相对于空气夹层厚度是 10 mm 和 6 mm 的中空玻璃的耐火性能更好。

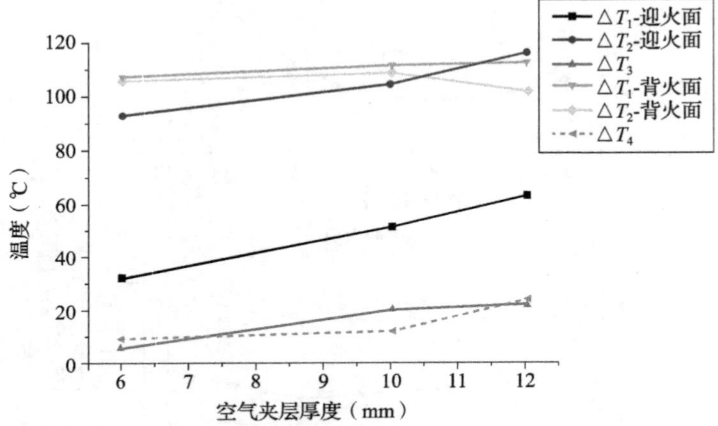

图 2-58　中空玻璃首次破裂时各温差与空气夹层厚度关系图

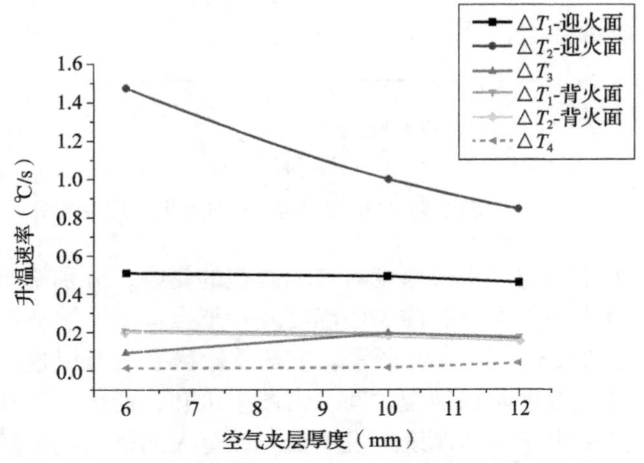

图 2-59　中空玻璃首次破裂时各温差升温速率与空气夹层厚度关系图

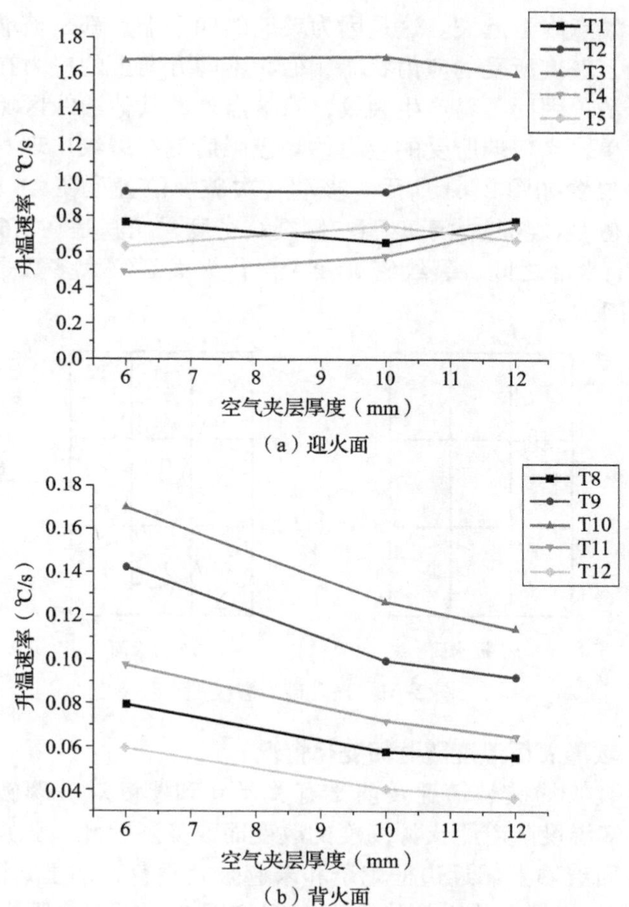

图 2-60　中空玻璃首次破裂时各测点升温速率与空气夹层厚度关系图

四、距火源不同高度对中空玻璃破裂行为的影响

（一）玻璃破裂模式

以尺寸 600 mm × 900 mm，空气夹层厚度为 12 mm 的中空玻璃为研究对象，玻璃迎火面大多从底端边缘处开裂，背火面玻璃首次在左右两侧被遮蔽边缘处开裂，然后向其他区域扩展，但均未从玻

璃的四个端点附近起裂。这是因为玻璃的四个端点都是玻璃两条边的交汇处，玻璃所受的应力状态相似，不同方向上的应力在合成后会相互抵消，因而不易产生裂纹，除端点外的其他边缘区域应力状态较为简单，当玻璃所受的应力达到极限后就有裂纹出现。玻璃表面的裂纹位置如图 2-61 所示，玻璃首次破裂位置是在 A8 区底边，迎火面右侧裂纹密度大于玻璃左侧裂纹密度，尤其是在 A6 下半部至 A9 的上半部之间，裂纹密度较大，背火面裂纹大多数是在 A13 和 A16 相接处。

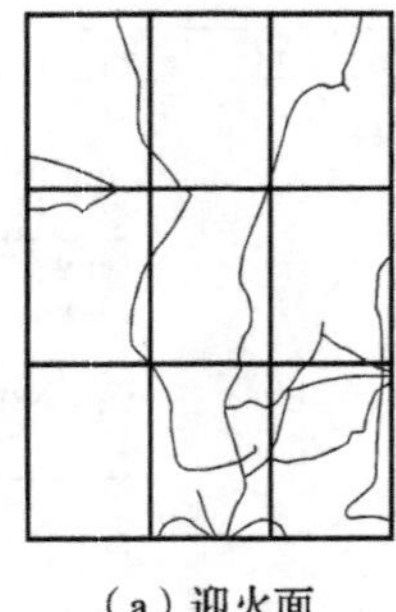

（a）迎火面

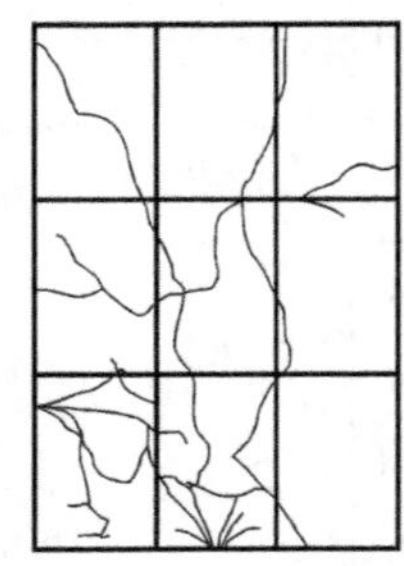

（b）背火面

图 2-61　玻璃破裂裂纹图

（二）玻璃表面温度随时间变化情况

通过裂纹的破裂情况及前文有关尺寸和厚度对玻璃破裂的分析，可得知温度随着距火源高度的改变而改变。因此，分别在迎火面和背火面玻璃上靠近边框遮蔽和未遮蔽处垂直方向上每隔 18 cm 布置一个热电偶，具体的热电偶布置如图 2-5 所示。距火源不同高度的玻璃表面温度波动情况如图 2-62 所示。玻璃迎火面暴露表面各测点温度峰值范围是 140 ～ 180 ℃，遮蔽表面各测点温度峰值范围是 70 ～ 100 ℃，玻璃背火面暴露表面各测点温度峰值范围是 50 ～ 90 ℃，遮蔽表面各测点温度峰值范围是 20 ～ 40 ℃。各测点温度走向相同，迎火面在着火初期升温迅速，大约在 500 s 后达到峰值，温度峰值 T3>T4>T2>T1>T7>T8>T6>T5，背火面温度增长较为平缓，温度峰值 T11>T12>T10>T15>T16>T14>T13>T9。

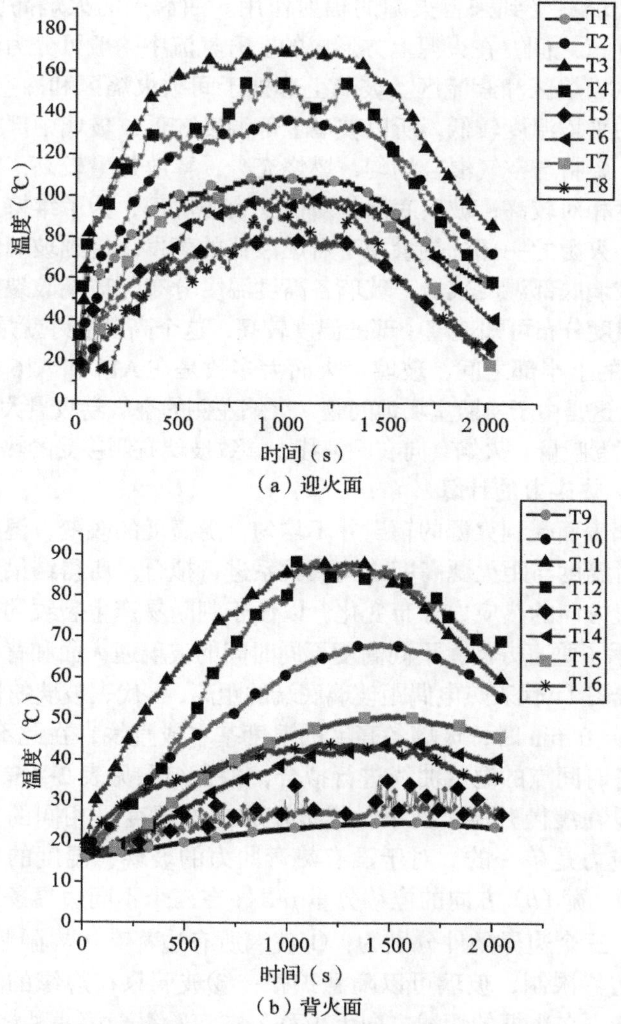

（a）迎火面

（b）背火面

图 2-62　玻璃距火源不同高度表面温度分布图

根据室内火灾双区域模型，失火空间分为上层相对较热的烟气层和下层相对较冷的空气层。由于本实验场地空间较大，玻璃处于冷空气层中，热烟气层较高，角系数较小，因而受到热辐射较少，可忽略不计，玻璃只受到来自火源的辐射作用。油盘火的火焰高度一般在0.7～0.9 m之间，在火源上方形成的上升气流中一般可分为连续火焰区、间歇火焰区和紊流区。玻璃上部处于间歇火焰区和冷空气层区，且火焰的平均温度较低，所以玻璃上部温度较低；玻璃中部处于连续火焰区，燃料与空气混合均匀，燃烧充分，释放热量较高，因而玻璃中部温度相对较高；玻璃底部相对位于火源底部，为了维持火焰的稳定燃烧，火源的一部分热量用于可燃液体的蒸发，传到玻璃的热量减少，故玻璃底部温度较低。玻璃各高度温度分布与玻璃破裂模式相符合，由温度分布可知玻璃中部的温度较高，这个高度恰好就是A6下半部至A9的上半部之间，玻璃背火面大多数是在A13和A16相接处首次破裂，这是由于实验室场地问题，火焰左侧的空气卷吸量大于火焰右侧的空气卷吸量，火焰会向右侧偏移，导致玻璃右侧接受的热量更多。

（三）热应力的计算

玻璃表面受到火源的辐射并不均匀，随高度的改变，温度的变化较大。对温度与距火源高度之间的关系进行拟合。所得结果用于分析玻璃垂直方向的热应力分布变化，以便于判断易产生裂纹的部位。图2–63展示了垂直方向上不同高度不同时间的玻璃迎火面和背火面温度变化曲线图（y代表热电偶距玻璃底端的距离，x代表玻璃的长度）。

当$t=0$ min时，玻璃各高度的温度基本成直线，在此不做拟合，对其余各时间点的温度曲线进行拟合，拟合结果见表2–16。

假设在缓慢升温情况下，沿玻璃方向的温度是相同的，单位长度的热应力是单一的。对于没有热弯曲力的玻璃，温度的增长造成在长（a），宽（b）方向的位移分量μ，ν在三个不同边界条件下有不同公式。三个边界条件分别为：①玻璃所有边都有边界限制无位移；②没有边界限制，玻璃可以随意扩张；③玻璃只在边缘的垂直方向上有位移，在边框的切线方向无位移。本实验符合第一种情况：

$$\mu=\nu=0 \tag{2.15}$$

$$\sigma_a=\sigma_b=-\frac{\alpha \mathrm{E}}{1-\dfrac{y}{x}}T,\ \sigma_{xy}=0 \tag{2.16}$$

μ，ν：长、宽方向的位移分量，mm；

σ_a，σ_b：长、宽方向的热应力，Pa；

α：温度系数，l/℃；

E：玻璃弹性，kgf/cm^2；

T：温度，℃；

σ_{xy}：xy 平面上的面应力，Pa。

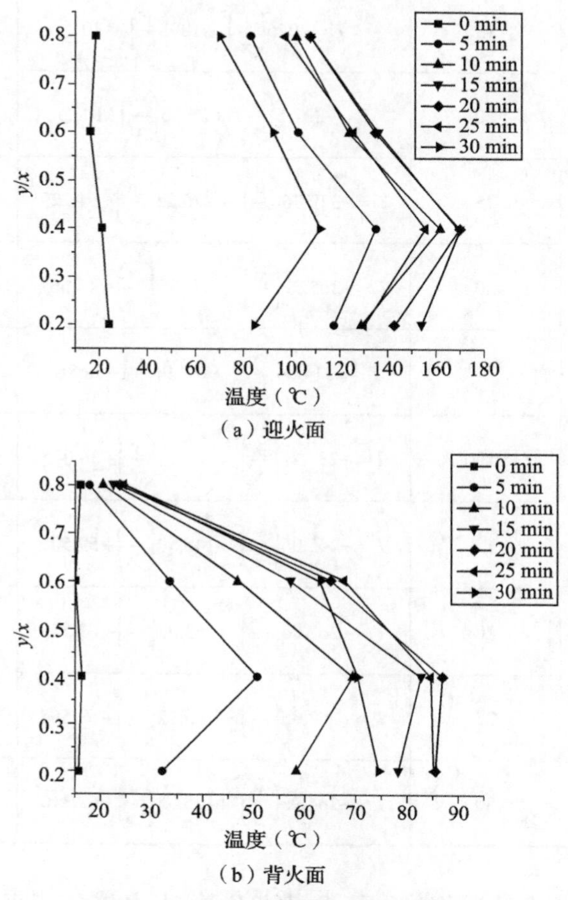

（a）迎火面

（b）背火面

图 2-63　高度与玻璃暴露温度之间的关系

表 2-16　　拟合结果

	时间 t（min）	公式	拟合度
迎火面	5	$T=-228.54\left(\frac{y}{x}\right)^2+160.69\left(\frac{y}{x}\right)+98.076$	0.87
	10	$T=-343.75\left(\frac{y}{x}\right)^2+284.25\left(\frac{y}{x}\right)+90.25$	0.89
	15	$T=-275\left(\frac{y}{x}\right)^2+189\left(\frac{y}{x}\right)+130$	0.92
	20	$T=-337.5\left(\frac{y}{x}\right)^2+267.5\left(\frac{y}{x}\right)+106.5$	0.89
	25	$T=-339.76\left(\frac{y}{x}\right)^2+276.22\left(\frac{y}{x}\right)+91.229$	0.90
	30	$T=-305.52\left(\frac{y}{x}\right)^2+274.29\left(\frac{y}{x}\right)+44.567$	0.89
背火面	5	$T=-214.94\left(\frac{y}{x}\right)^2+184.9\left(\frac{y}{x}\right)+5.6887$	0.88
	10	$T=-234.25\left(\frac{y}{x}\right)^2+166.21\left(\frac{y}{x}\right)+36.005$	0.97
	15	$T=-245.06\left(\frac{y}{x}\right)^2+148.59\left(\frac{y}{x}\right)+59.501$	0.99
	20	$T=-267.06\left(\frac{y}{x}\right)^2+163.92\left(\frac{y}{x}\right)+63.565$	0.99
	25	$T=-267.06\left(\frac{y}{x}\right)^2+163.92\left(\frac{y}{x}\right)+63.565$	0.99
	30	$T=-264.93\left(\frac{y}{x}\right)^2+165.55\left(\frac{y}{x}\right)+62.316$	0.99

将 $\alpha=9.5\times10^{-6}\mathrm{K}^{-1}$， $\mathrm{E}=7\times10^{10}$ Pa 代入上述公式求得热应力，

如图 2–64 所示。由图可以看出，在迎火面玻璃上，随着距火源高度的增加，玻璃的热应力也随之增加，在背火面玻璃上，$y/x = 0.4$ 时，玻璃能承受的热应力最小，容易破裂，能承受的温度较低。

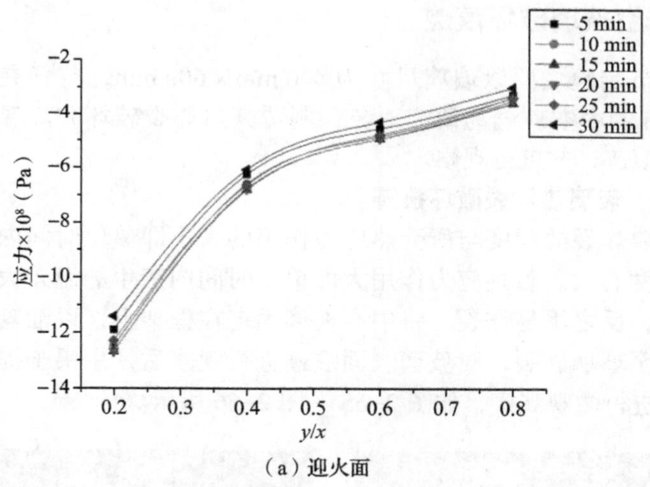

（a）迎火面

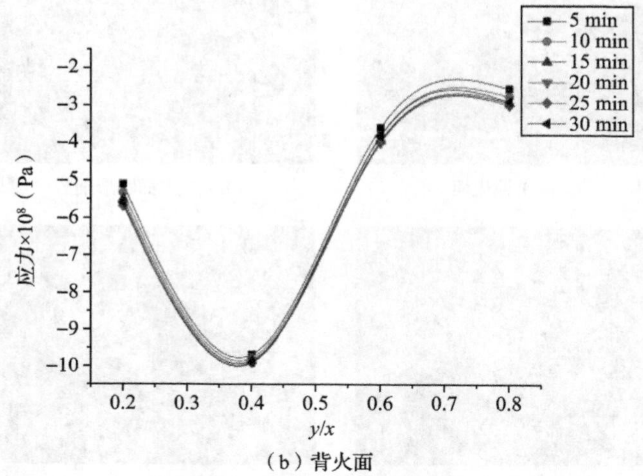

（b）背火面

图 2–64　距火源高度与中空玻璃暴露表面热应力之间的关系

综上所述，距火源的高度对玻璃首次破裂各项参数有一定影响。迎火面距火源较近，所能承受的热应力较小，容易破裂；背火面玻璃上 y/x 值在 0.4 左右时，能承受的热应力最小，最容易破裂。

五、中空玻璃破坏痕迹

本节实验主要以玻璃尺寸为 400 mm × 600 mm，空气夹层厚度为 6 mm 的中空玻璃为研究对象，制造其热炸裂破坏和高温遇水炸裂破坏痕迹，并进行观察。

（一）玻璃热炸裂破坏痕迹

玻璃炸裂的程度与所受热应力作用的大小即单位时间内温度变化的程度有关。若热应力作用大即单位时间内产生的温差大，玻璃易炸裂，反之不易炸裂。将中空玻璃固定在框架上，以油盘火为热源加热至玻璃破裂，对玻璃表面痕迹进行观察后，用镊子提取玻璃碎片，进行微观观察，如图 2–65 ～图 2–66 所示。

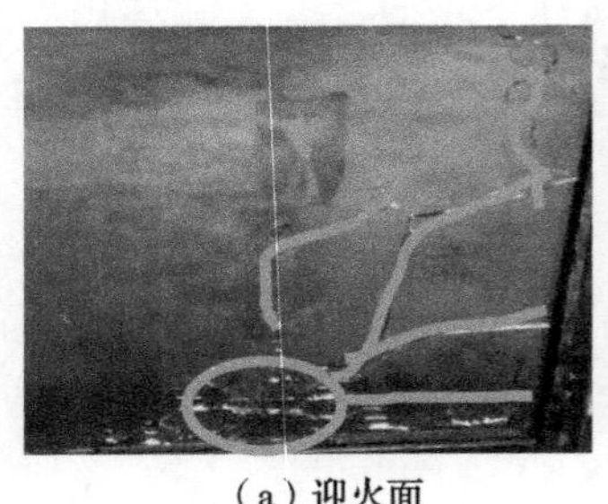

（a）迎火面

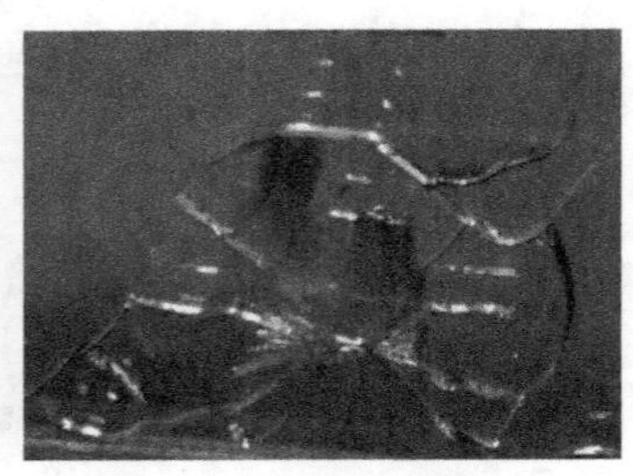

（b）迎火面圆形细节

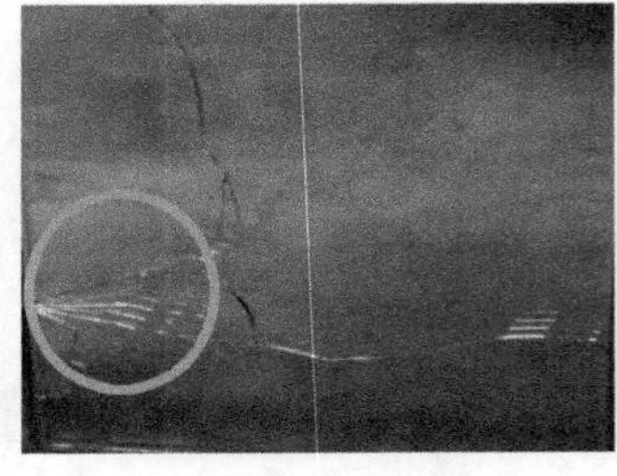

（c）背火面

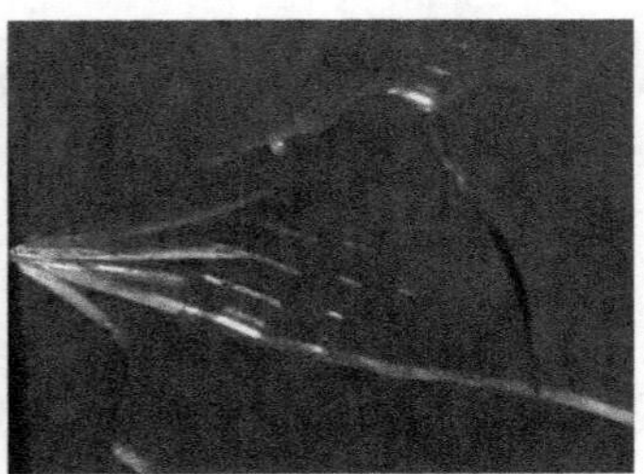

（d）背火面圆形细节

图 2–65　中空玻璃热炸裂破坏痕迹

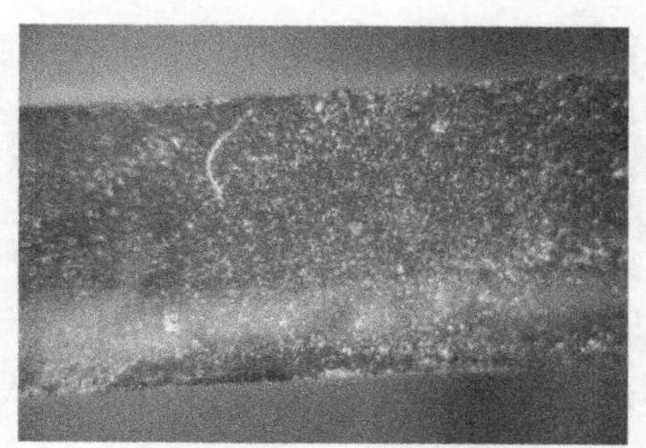

图 2-66　玻璃断口形貌

迎火面玻璃在油盘火作用下“自裂”，裂纹从玻璃的边缘处开始，玻璃表面无同心纹，形成的裂纹整体呈蝌蚪状，“蝌蚪头部”为玻璃表面温度较高的部分，裂纹密度放射性地向边界延伸。背火面裂纹从边缘处开始呈树枝状放射性裂纹。放射性裂纹短直密集，无同心纹，裂纹断口光滑，断面上未出现弓形纹。因玻璃在实验中未发生脱落，未对玻璃碎片进行观察，实验结果见表 2-17。

表 2-17　　中空玻璃热炸裂破坏痕迹实验结果

	裂纹形貌	裂纹断口	弓形纹
迎火面	蝌蚪状，龟裂纹	光滑	无
背火面	树枝状放射性裂纹	光滑	无

玻璃在油盘火作用下，会在其表面产生温度梯度。因玻璃框架为矩形，在边界处的温度梯度分布会发生改变，热应力的分布也会随温度梯度的变化而变化，温度高的条件下是张应力，温度低的条件下是压应力。一般情况下，张应力在垂直于玻璃最小几何截面方向最大，当张应力值超过玻璃的抗拉强度极限，玻璃就会沿最小几何截面方向炸裂，因张应力沿等温线分布，温度场改变，应力方向也会发生改变。因此在非均匀热作用下形成的裂纹，不仅具有明显的方向，还具有复杂的形态。

（二）玻璃高温遇水破坏痕迹

油盘火分为发展、稳定燃烧和衰减三个阶段，分别在这三个阶段对迎火面和背火面玻璃以直流水和喷雾水的形式进行冷却。因在三个阶段对背火面进行射水冷却均未出现任何裂纹，所以不对背火面玻璃进行分析。背火面没有出现裂纹有以下几个可能：当油盘火处于发展阶段，背火面玻璃温度较低，对其进行喷水未能形成较大的温差，从而产生较大的应力；当油盘火处于稳定燃烧阶段和衰减阶段，根据前边的实验结果可知背火面最高温度大概在 100 ℃左右，温差产生的应力未达到极限值。

1. 直流水冷却玻璃破坏痕迹

用直流水对玻璃冷却的破坏痕迹如图 2-67 所示。油盘火发展阶段，只在冷却水落点处呈稀疏的前裂纹，几乎无贯穿性裂纹出现，停止射水后不再有新的裂纹生成。油盘火稳定燃烧阶段和衰减阶段，玻璃裂纹形态相似。射水加深裂纹，在原先热炸裂裂纹基础上延伸

（a）油盘火发展阶段（1.5 min）

（b）发展阶段圆形区域细节图

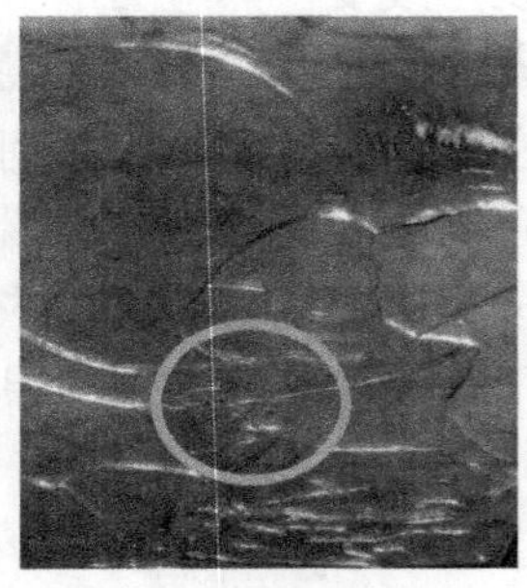
（c）油盘火稳定燃烧阶段（10 min）

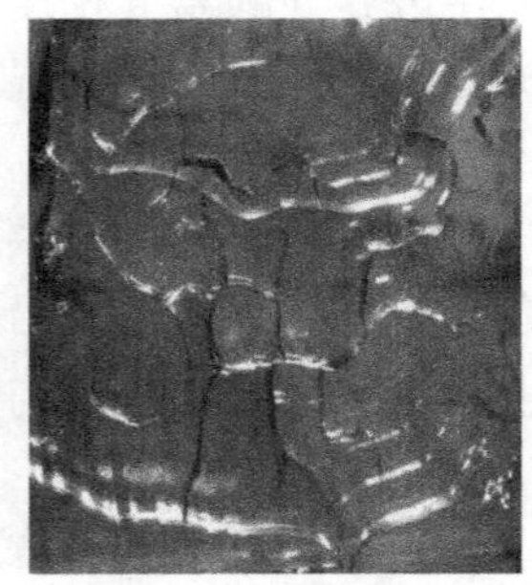
（d）稳定燃烧阶段圆形区域细节图

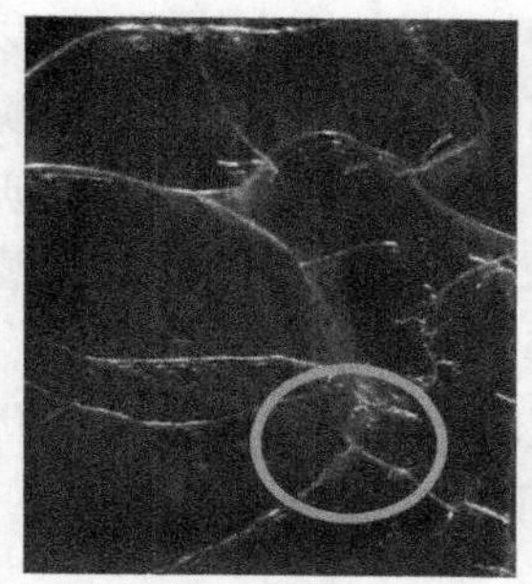

（e）油盘火衰减阶段（25 min）

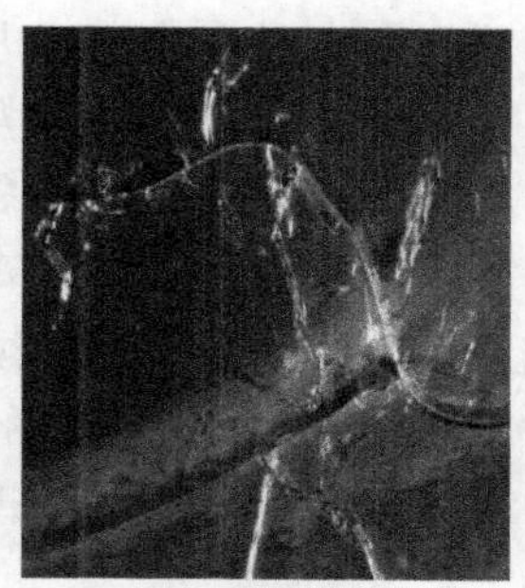

（f）衰减阶段圆形区域细节图

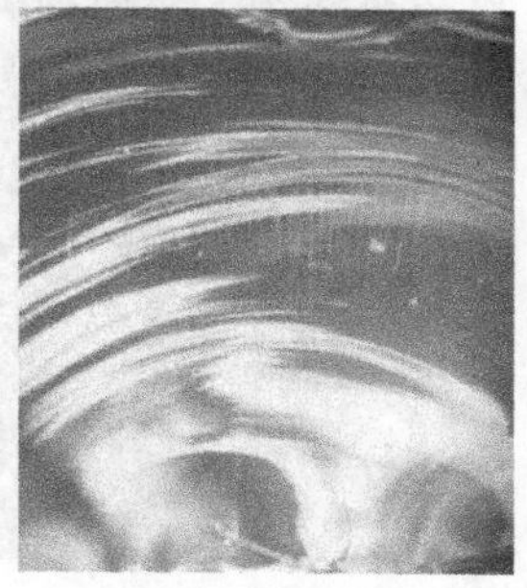

（g）贝壳纹

（h）玻璃断口形貌

图 2-67　直流水作用下中空玻璃破坏痕迹

细小裂纹，有较多龟裂纹出现且在裂纹结点处有凹贝纹，玻璃表面未出现白化，玻璃碎片边缘多为圆曲状，玻璃的断口不平整，无弓形纹出现，在碎片的某一边会出现 C 形纹，实验结果总结见表 2-18。

表 2-18　　直流水作用下中空玻璃破坏痕迹实验结果

	放射状裂纹	龟裂纹	贝壳纹	方格纹	C 形纹	断口形貌
直流水	无	有	有，但较少	无	非每边都有	不光滑，但无碎齿状裂痕

2. 喷雾水冷却玻璃破坏痕迹

用喷雾水对玻璃冷却的破坏痕迹如图 2-68 所示。在油盘火发展阶段，用喷雾水对玻璃表面进行冷却，因玻璃无裂纹，所以未拍摄照片。在油盘火稳定燃烧阶段，玻璃首次破裂后对其用喷雾水进行冷却，玻璃表面裂纹较少，多为单层裂纹，在裂纹密集处玻璃颜色变白，如图 2-68（b）。在油盘火衰减阶段，玻璃表面出现密集网状细小浅裂纹，裂纹无规则，纹路粗细相等，玻璃整体发白，出现多层裂纹和浅圆片裂纹，发白的玻璃区域与火焰形状相近，因此也可以通过观察玻璃发白区域得知玻璃表面温度较高区域。

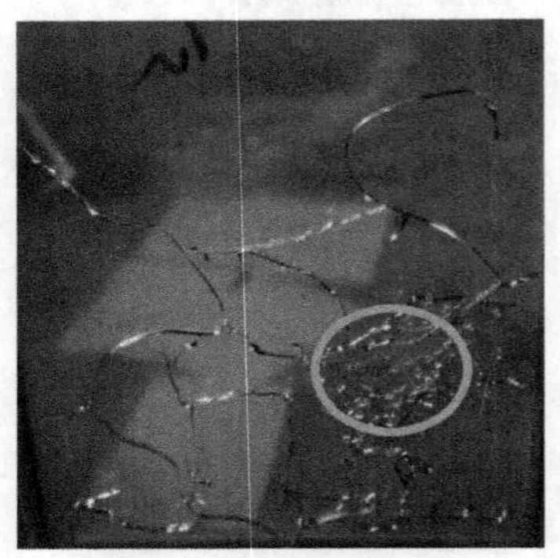
（a）油盘火稳定燃烧阶段（10 min）

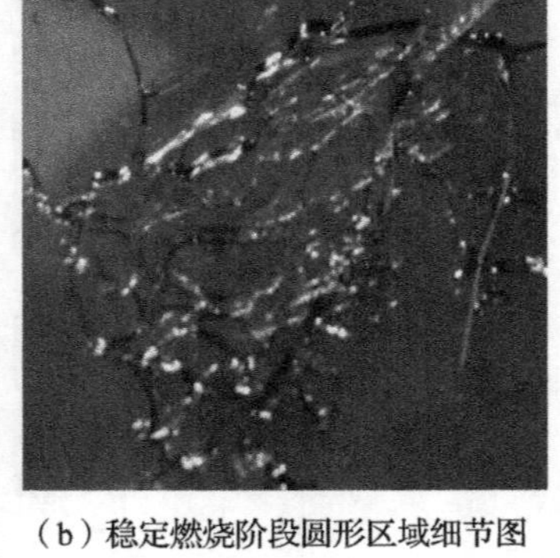
（b）稳定燃烧阶段圆形区域细节图

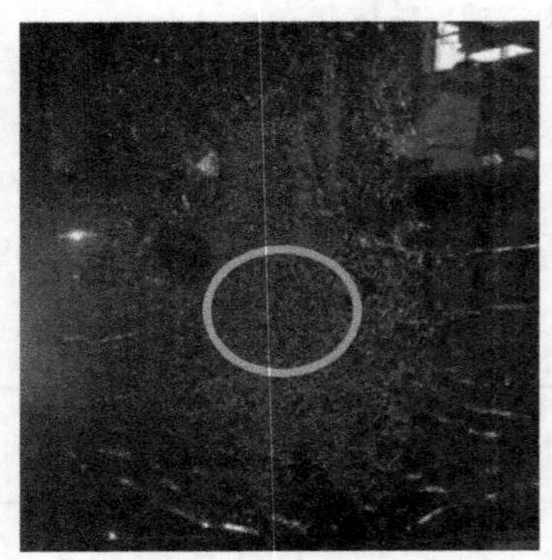
（c）油盘火衰减阶段（25 min）

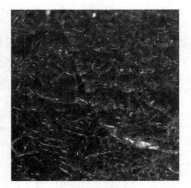

（d）衰减阶段圆形区域细节图

图 2-68　喷雾水作用下中空玻璃破坏痕迹

选取小块的玻璃碎片放置在体式显微镜下观察，可以发现，玻璃表面的裂纹呈细小网格状，为多层重叠的浅裂纹，裂纹结点处有贝壳纹。裂纹密集区的断口不光滑，在靠近迎火面的一边出现较浅的碎齿状裂纹，在裂纹稀疏区的断口相对光滑，有C形纹，且C形纹均匀分布，如图2-69所示，实验结果见表2-19。

（a）方格纹

（b）贝壳纹

（c）碎齿状裂纹

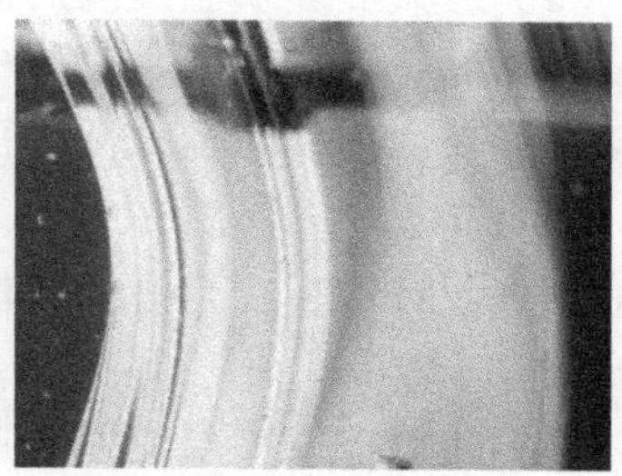

（d）C形纹

图2-69　喷雾水作用下中空玻璃破坏痕迹

表2-19　　喷雾水作用下玻璃破坏痕迹实验结果

	放射状裂纹	龟裂纹	贝壳纹	方格纹	C形纹	断口形貌
喷雾水	无	很少	有，很多	密集	碎片每边都有	不光滑，在靠近迎火面一端有碎齿状裂纹

综上所述，非均匀受热条件下且受热温度较低时，喷雾水的小水珠在玻璃表面会进行热交换，到达沸点就沸腾，形成浅圆片裂纹；直流水的柱状水对玻璃的压强较大，会加深玻璃表面裂纹。

六、小结

针对空气夹层厚度为 6 mm、10 mm、12 mm，玻璃尺寸为 200 mm × 300 mm、400 mm × 600 mm 和 600 mm × 900 mm 的中空玻璃，探究其在油盘火作用下的破裂行为及痕迹。实验分为 9 种工况，共 27 组实验。测量了玻璃破裂模式、玻璃暴露表面温度、玻璃遮蔽表面温度和玻璃首次破裂时间等参数，探究了这些参数与影响因素之间的关系，分析了玻璃破裂痕迹，得到以下结论：

（1）本实验装置中，由于实验场地问题，中空玻璃处于火灾环境的冷气层。迎火面玻璃大多从底端边缘处开裂，背火面玻璃最初在左右两侧被遮蔽边缘开裂，然后向其他区域扩展，但裂纹均未从玻璃的四个端点附近开裂。

（2）迎火面玻璃温度与时间符合三次函数的走向，背火面玻璃温度与时间符合二次函数的走向。首次破裂时间随玻璃尺寸的变大而减小。首次破裂时迎火面表面温度与油盘直径和玻璃宽度比符合 $y = ae^{bx}$ 形式。在相同条件下，玻璃尺寸越小其耐火性能越好，在今后的防火设计中，在合理的范围内应尽量选择小尺寸玻璃代替大尺寸玻璃。

（3）随着空气夹层变厚，迎火面短裂纹数量减少，贯穿玻璃上下和左右的长裂纹增多，裂纹面密度降低。玻璃首次破裂时间和破裂时各温差随着空气夹层变厚而增大。空气夹层厚度为 12 mm 的中空玻璃相对于空气夹层厚度为 9 mm 和 6 mm 的中空玻璃有更好的耐火性能。

（4）迎火面和背火面上距离玻璃底端 36 cm 处温度最高，背火面温度增长较为平缓，暴露表面的温度普遍高于遮蔽表面温度。迎火面距火源最近处所能承受的热应力较小，容易破裂；背火面玻璃上热电偶距玻璃底端的距离 / 玻璃长度的值在 0.4 左右时，能承受的热应力最小，最容易破裂。迎火面大多从底端边缘处开始破裂，背火面大多数从左右两侧被遮蔽边缘开始破裂。迎火面首次破裂位置是在 A8 底边，迎火面右侧裂纹密度大于玻璃左侧裂纹密度，背火面则多在 A13 和 A16 相接处开裂。

（5）热炸裂作用下，迎火面玻璃裂纹整体呈蝌蚪状，“蝌蚪头部”为玻璃表面温度较高的部分，裂纹密度大，向边界呈放射状分布，背火面裂纹呈短直密集树枝状，裂纹断口光滑，无弓形纹。直流水冷却作用下，玻璃表面呈龟裂纹，在裂纹结点处有贝壳纹，玻璃碎片边缘多为圆曲状，断口不平整，无弓形纹出现，在碎片一边会出现 C 形纹；喷雾水冷却作用下，玻璃发白且呈现密集无规则细小多层浅圆片裂纹，裂纹密集区的断口不光滑，在靠近迎火面的一边出现很多碎齿状裂纹，但深度较浅，在裂纹稀疏区的断口相对光滑，有均匀分布的 C 形纹。

第三章　火灾环境下车用玻璃的破裂行为及痕迹特征研究

第一节　实验设计

一、实验材料

（1）车用玻璃

实验中采用的玻璃均由全盛玻璃有限公司提供，主要有两类：一类是 400 mm × 600 mm 的钢化玻璃，厚度为 5 mm；二类是 400 mm × 600 mm 的夹层玻璃，厚度为 2.5 mm + A + 2.5 mm［A 为 PVB 胶片（一种半透明膜片）的厚度，0.76 mm］。

（2）玻璃框架

玻璃框架总高度为 930 mm、总宽度为 450 mm，玻璃框架内沿高度为 600 mm、宽度为 400 mm，下边缘内沿距离地面 300 mm，每条边框可为玻璃提供的遮蔽空间为 10 mm。玻璃框架示意图及实物图如图 3–1 所示。

（3）油盘

根据钢化玻璃及夹层玻璃的长宽尺寸，本实验中选用了直径分别为 300 mm、400 mm、500 mm 三种不同型号的圆形油盘，实物图如图 3–2 所示。

（4）火源

本实验中火源燃料采用零号柴油（均为中国人民警察大学油库

提供)。燃料用量的大小是根据预实验结果确定的。

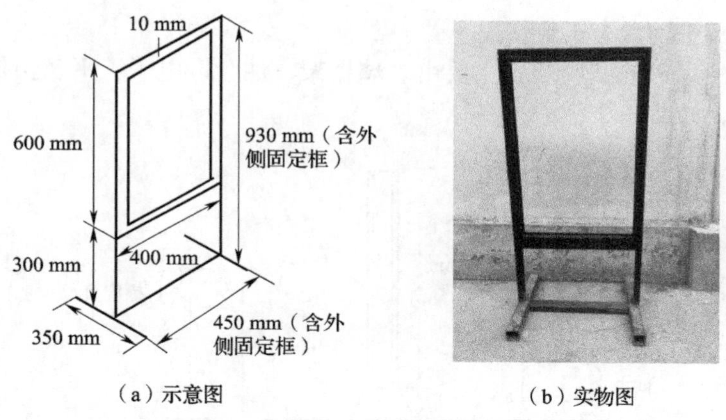

（a）示意图　　（b）实物图

图 3-1　玻璃框架

图 3-2　油盘实物图

预实验时，燃料用量初步设定为 1.5 kg，油盘边缘与玻璃表面的距离从 300 mm 开始，依次减少 50 mm。预实验过程中，当二者距离为 100 mm 时，燃料在燃烧过程中会出现越过玻璃框架下边缘，作用到玻璃背火面的现象，因此，确定火源距离最小为 150 mm；而后，燃料用量逐步增加至油盘能够承受的燃料最大用量 2.5 kg。综合上述考虑，最终确定燃料的用量为 2.5 kg，火源距离最小为 150 mm。

二、实验装置及仪器

（1）油盘火实验装置

油盘火的实验装置主要由玻璃框架、油盘、电子天平及摄像机构成，如图 3–3 所示。

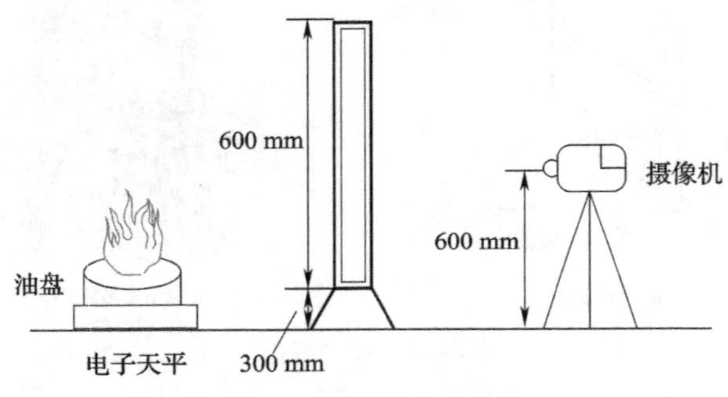

图 3–3　油盘火实验装置

（2）玻璃辐射实验台

玻璃辐射实验台主要由炉体、热辐射板、程序控温系统及玻璃框架组成。该实验台由安徽省合肥信安科技有限公司设计制作，是作为热辐射火源为玻璃提供热量的实验装置，如图 3–4 所示。玻璃框架有 400 mm × 600 mm 和 200 mm × 300 mm 两种，本实验中采用的是 400 mm × 600 mm 的框架，每条边框可为玻璃提供的遮蔽空间为 10 mm。

（a）炉体、热辐射板及玻璃框架

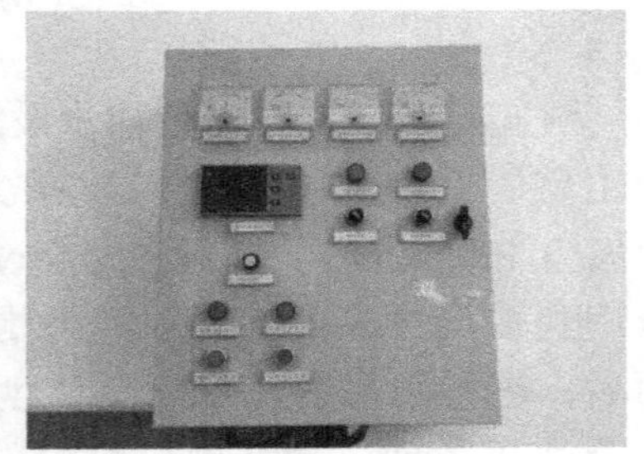

（b）程序控温系统

图 3–4　玻璃辐射实验台装置

（3）体式显微镜

本实验中采用上海东方光学仪器有限公司生产的 XTL-340 体式显微镜对玻璃断口的宏观形貌进行观察。

（4）扫描电子显微镜

本实验中采用日立 TM3030 Plus 台式扫描电子显微镜对本实验中玻璃断口的微观形貌进行观察。

三、实验设计

1. 车用玻璃破裂行为实验

利用油盘火实验装置与玻璃辐射实验台，模拟不同条件下的火灾场景，利用控制变量法，分别对尺寸为 400 mm × 600 mm 的钢化玻璃、夹层玻璃进行玻璃破裂模拟试验。

（1）利用油盘火，改变油盘直径，分别为 300 mm、400 mm、500 mm，研究不同火源功率对玻璃破裂行为的影响。

（2）利用油盘火，改变油盘与玻璃表面的距离，分别为 150 mm、200 mm、250 mm，研究不同火源距离对玻璃破裂行为的影响。

（3）改变热辐射升温速率，分别为 5 ℃/min、10 ℃/min、15 ℃/min，研究不同升温速率对玻璃破裂行为的影响。

（4）利用油盘火，一组实验采用镀膜玻璃，另一组则采用无镀膜的正常玻璃，研究不同火源位置对玻璃破裂行为的影响。

（5）分别用油盘火与热辐射作为火源，研究不同火源形式对玻璃破裂行为的影响。

实验中，在玻璃的迎火面、背火面各布置 7 个 K 型贴片式热电偶（其中，5 个布置在暴露表面，2 个布置在遮蔽表面），记录玻璃表面温度随时间的变化；在距离背火面中央 50 mm 处布置一个水冷辐射热流计，记录透过玻璃背火面的热通量随时间的变化。热电偶及水冷辐射热流计与 Fluke 2638A 数据采集仪相连，从实验开始至结束时止，每隔 10 s 记录一次数据。图 3-5 中所示为热电偶及水冷辐射热流计实物及布置方法。

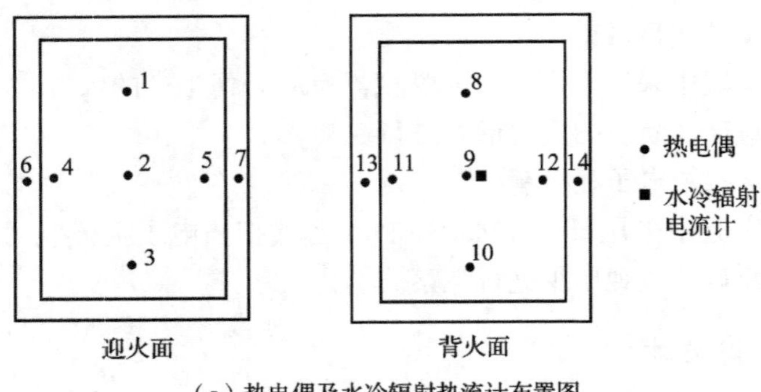

（a）热电偶及水冷辐射热流计布置图

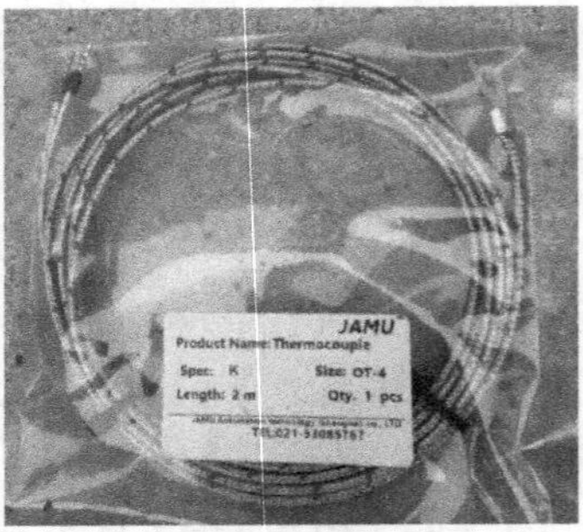

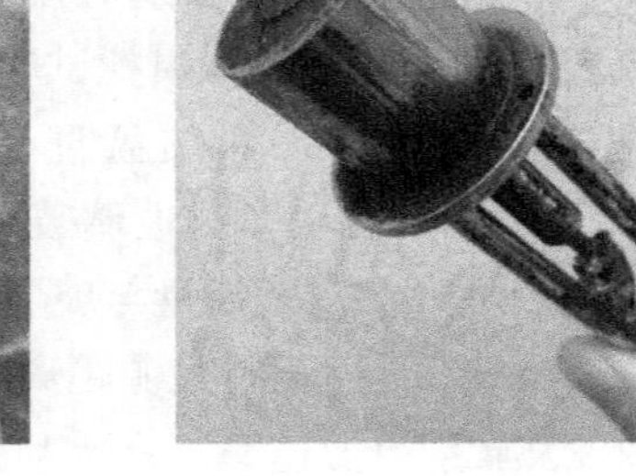

（b）K 型贴片式热电偶　　（c）水冷辐射热流计

图 3-5　热电偶及水冷辐射热流计实物及布置方法

通过测量玻璃表面温度、透过背火面的热通量、首次破裂时间、破裂时的温度等参数，分析各种因素对玻璃破裂行为的影响。每个工况至少进行三次重复实验，实验过程中，利用摄像机、照相机、热电偶、辐射热流计等装置，实时收集实验中的各项参数，并进行分析。

2. 车用玻璃破裂痕迹特征实验

利用玻璃辐射实验台及玻璃机械破坏实验装置，制作玻璃在机械破坏、热炸裂、高温遇水炸裂等情况下的破裂痕迹，运用宏观鉴别法与微观形貌法对玻璃破裂痕迹进行观察、检验和分析，总结归纳其特征规律，得到特征图谱。

（1）设计重锤冲击实验，对玻璃进行机械破坏。实验时，分别改变玻璃放置方式（水平放置、竖直放置）以及重锤下落高度，使重锤击打玻璃中心，得到玻璃碎片，再进行观察。

（2）利用第一步实验中五种不同的热炸裂方式得到的玻璃碎片，分别进行观察。

（3）利用玻璃辐射实验台，分别改变水流形式（不施加水雾、施加直流水、施加喷雾水）、加热温度（终止温度分别为 400 ℃、600 ℃、800 ℃）和保温时间（10 min、20 min、30 min）。实验时，除规定不施加水雾和施加直流水的实验外，其他实验均施加喷雾水，对最终得到的高温遇水炸裂的玻璃碎片进行观察。

3. 实体火灾实验

为了对比实体火灾条件下与实验室条件下车用玻璃破裂行为及痕迹的异同，进行模拟汽车火灾实验。假定起火部位为车辆前部偏左侧，待火势蔓延至车体中部偏后位置实施灭火，一侧使用喷雾水，另一侧使用直流水。利用摄像机对实验全程进行录像。

实验过程中，在 6 块玻璃上分别布置热电偶，测量玻璃表面温度，同时记录各块玻璃的首次破裂时间、破裂时的温度等参数。实验结束后，对玻璃碎片进行拍照，并提取不同部位的碎片进行微观形貌观察。最后，针对实体汽车火灾实验得到的结果，对比分析实际汽车火灾与实验室条件下车用玻璃破裂行为及痕迹特征的异同。

第二节　车用玻璃破裂行为研究

一、火源功率对车用玻璃破裂行为的影响

火源功率的大小与油盘尺寸有着直接的关系。因此，要研究火源功率对于车用玻璃破裂行为的影响，就需要通过改变油盘的直径来达到。本组实验中，分别采用直径为 300 mm、400 mm、500 mm 的油盘，其他实验条件保持不变，具体实验工况见表 3–1。

表 3–1 实验工况

玻璃种类	实验编号	油盘直径（mm）	火源距离（mm）	燃料用量（kg）
钢化玻璃	H1	300	150	2.5
	H2	400	150	2.5
	H3	500	150	2.5
夹层玻璃	H4	300	150	2.5
	H5	400	150	2.5
	H6	500	150	2.5

（一）火源功率与油盘尺寸的关系

火源功率，即油盘的热释放速率，可通过公式 $HRR=\chi\cdot\dot{m}\cdot\Delta H_c$ 计算得出。式中，HRR 为热释放速率，单位 kW；χ 为燃烧效率因子，取 0.939；$\dot{m}$ 为质量损失速率，单位 kg/s，实验中通过电子天平测得；ΔH_c 为燃料的燃烧热，单位 MJ/kg，柴油的燃烧热为 44.06 MJ/kg。式中只有 $\dot{m}$ 一个变量，且该变量与油盘的尺寸相关，油盘尺寸越大，燃料燃烧时蒸发的面积越大，单位时间内消耗的燃料量就越多，即 $\dot{m}$ 越大，油盘的热释放速率就越大。

图 3–6 所示分别是三种尺寸的油盘热释放速率曲线。图中曲线的走势大致相同，在油盘被点燃的初期，单位时间内参与燃烧的柴油量较少，热释放速率较低；随着单位时间内参与燃烧的柴油量逐渐增多，热释放速率增加，达到稳定阶段，燃料及中间产物参与燃烧，大量放热；当油盘内的燃料量减少到一定程度后，不足以支撑油盘稳定燃烧，火焰开始衰减，热释放速率急剧减少至 0。

直径 300 mm 的油盘稳定燃烧的热释放速率为 30 ～ 90 kW，平均热释放速率为 41 kW；直径 400 mm 的油盘稳定燃烧的热释放速率为 60 ～ 110 kW，平均热释放速率为 79 kW；直径 500 mm 的油盘稳定燃烧的热释放速率为 100 ～ 240 kW，平均热释放速率为 138 kW。

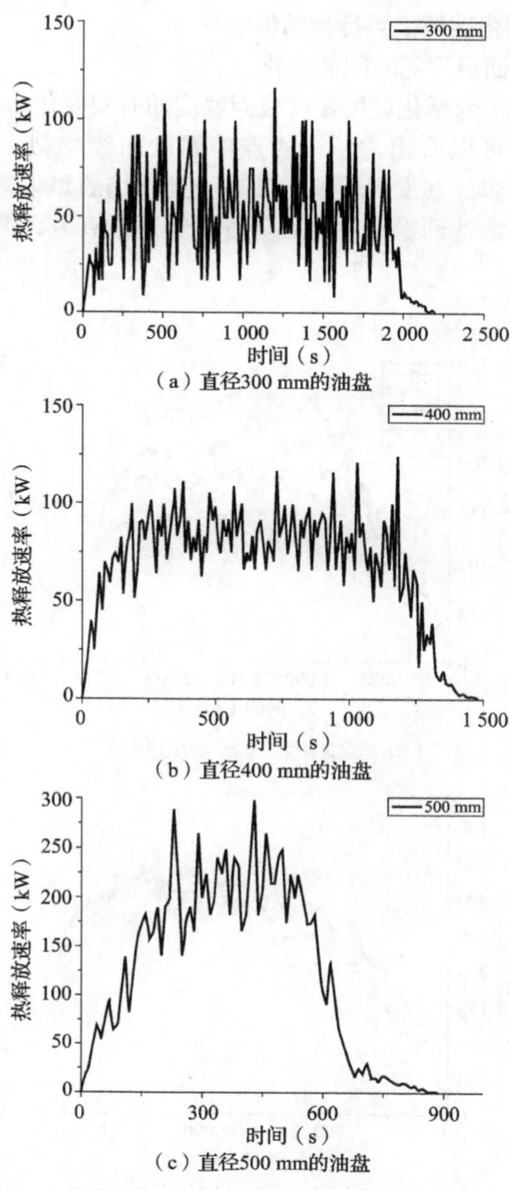

（a）直径300 mm的油盘

（b）直径400 mm的油盘

（c）直径500 mm的油盘

图 3-6 三种油盘的热释放速率曲线

（二）对钢化玻璃破裂行为的影响

1. 玻璃表面温度随时间的变化

图 3–7 所示为钢化玻璃暴露表面温度随时间变化曲线。

由图 3–7 可以看出，各个测点的温度曲线相似。在油盘被点燃的初期，火势处在发展阶段，玻璃受到火焰的热辐射作用，温度开始上升，逐渐达到稳定，之后随着火势逐渐衰减，温度开始迅速下降。

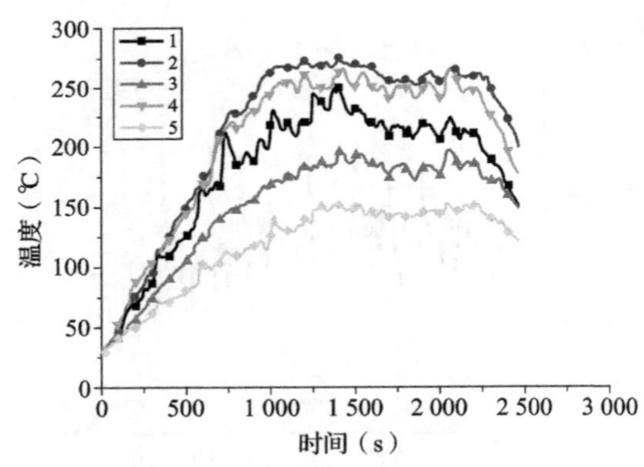

（a）油盘直径为300 mm时的迎火面

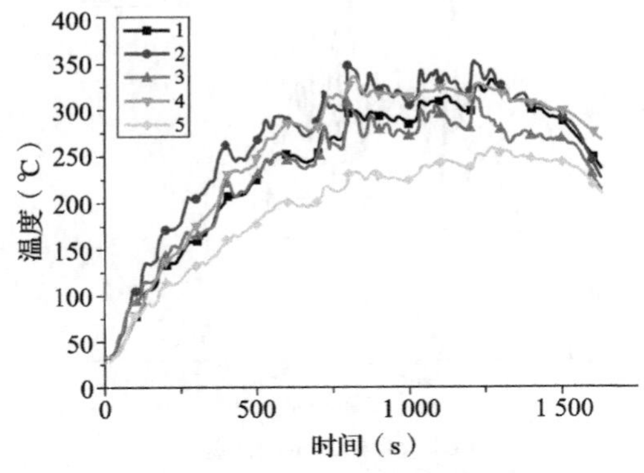

（b）油盘直径为400 mm时的迎火面

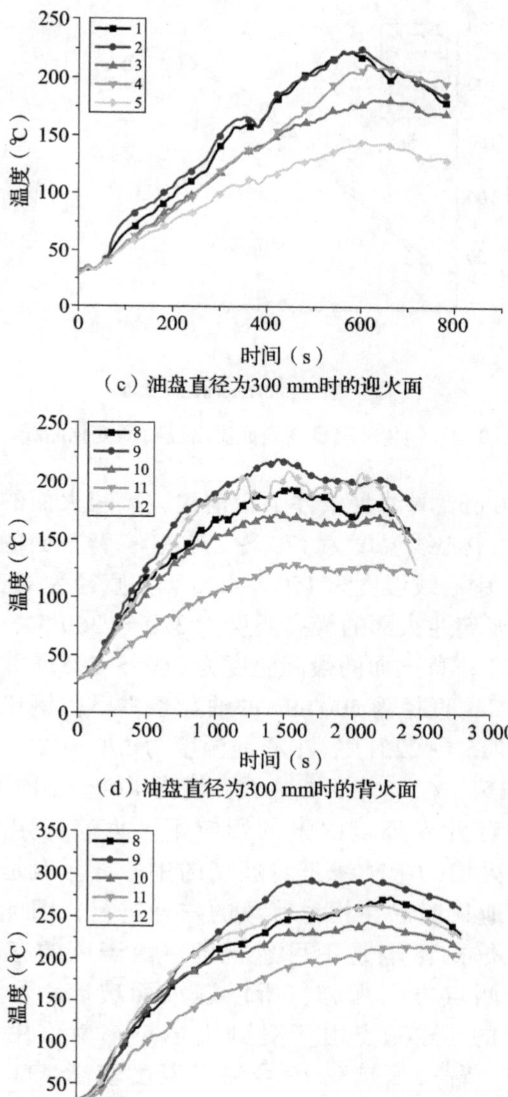

（c）油盘直径为300 mm时的迎火面

（d）油盘直径为300 mm时的背火面

（e）油盘直径为400 mm时的背火面

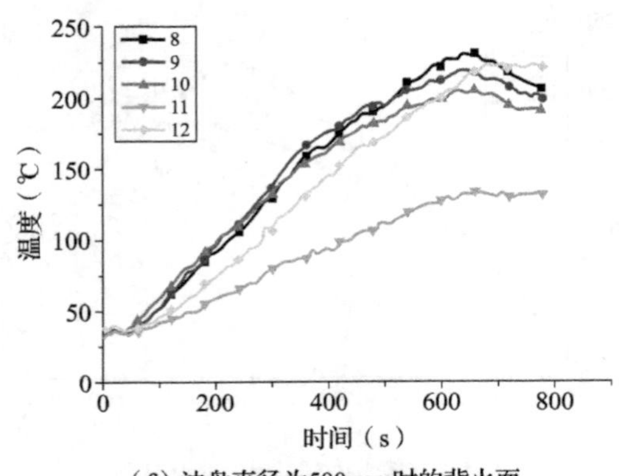

（f）油盘直径为500 mm时的背火面

图 3-7　钢化玻璃暴露表面温度随时间变化曲线

直径为 300 mm 的油盘条件下，钢化玻璃迎火面的最高温度为 250 ～ 280 ℃，中心线温度为 170 ～ 280 ℃；背火面的最高温度为 190 ～ 220 ℃，中心线温度为 150 ～ 220 ℃。直径为 400 mm 的油盘条件下，钢化玻璃迎火面的最高温度为 320 ～ 360 ℃，中心线温度为 270 ～ 360 ℃；背火面的最高温度为 260 ～ 295 ℃，中心线温度为 210 ～ 295 ℃。直径为 500 mm 的油盘条件下，钢化玻璃迎火面的最高温度为 215 ～ 225 ℃，中心线温度为 170 ～ 225 ℃；背火面的最高温度为 195 ～ 205 ℃，中心线温度为 170 ～ 205 ℃。

如果在没有外界环境因素的影响下，火焰稳定燃烧时的形态应为锥形，火焰的中轴线正对玻璃的中心线。但是，由于条件所限，实验场地只能选在相对背风的户外进行，因此，在实验过程中，风对火焰的影响是不可忽视的。由于风的存在，火焰的形态会向 4 号测点方向偏移，所以迎火面玻璃 4 号测点温度相对较高，对侧的 5 号测点由于受到火焰热辐射作用少，温度相对较低；同样，背火面玻璃 12 号测点温度较高，11 号测点温度较低。

图 3-8 所示为不同火源功率下钢化玻璃暴露表面最高温度随时间变化曲线。

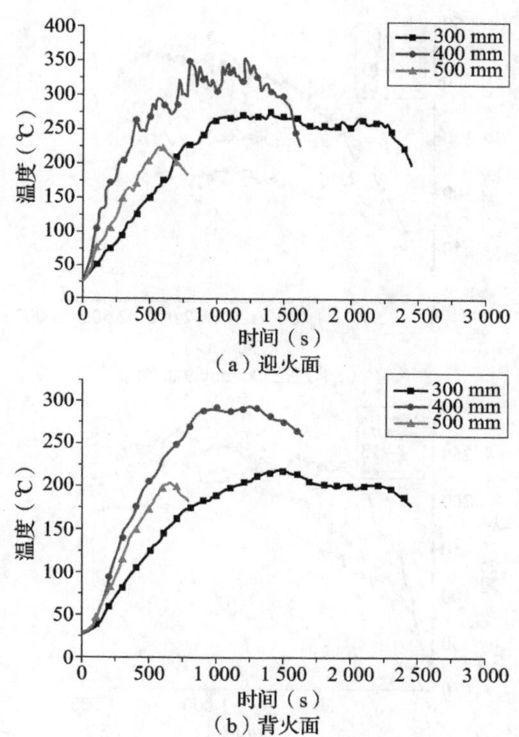

（a）迎火面

（b）背火面

图 3-8　不同火源功率下钢化玻璃暴露表面最高温度随时间变化曲线

由图 3-8 可以看出，直径 400 mm 油盘条件下，玻璃迎火面与背火面的最高温度明显高于直径 300 mm 油盘条件下玻璃迎火面与背火面的最高温度。但是，直径 500 mm 油盘条件下，玻璃迎火面与背火面的最高温度却低于直径 400 mm 油盘条件下玻璃迎火面与背火面的最高温度。这是由于直径 500 mm 油盘的火源功率在三者中最大，在燃料用量相等的情况下，燃料量不足以维持到稳定燃烧阶段，火焰就会熄灭。因此，玻璃表面的温度还未达到平台期就开始下降，也没有出现稳定的最大值，实验中玻璃表面的最高温度并不能代表此类实验条件下应达到的最高温度。

图 3-9 所示为钢化玻璃遮蔽表面温度随时间曲线变化。

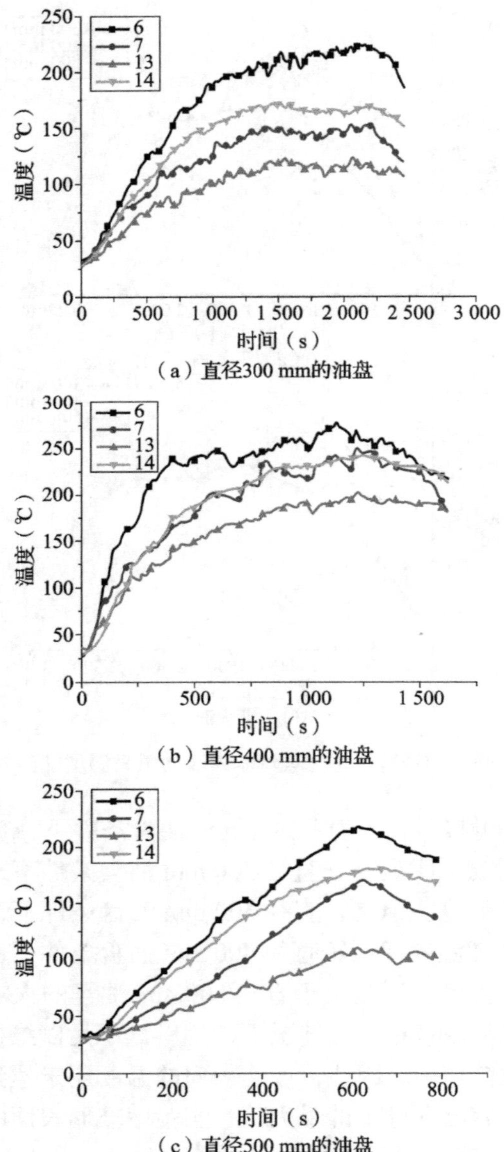

（a）直径300 mm的油盘

（b）直径400 mm的油盘

（c）直径500 mm的油盘

图 3-9　钢化玻璃遮蔽表面温度随时间变化曲线

由图 3-9 可知，迎火面的遮蔽表面温度高于对应点背火面的遮蔽表面温度，二者的温度变化趋势大致相同。由于实验过程中，火焰会向一侧偏移，所以 6 号、14 号测点的温度会高于 7 号、13 号测点。总体来看，各测点温度曲线变化平稳，直径为 300 mm 的油盘条件下，玻璃遮蔽表面最高温度为 120 ～ 225 ℃；直径为 400 mm 的油盘条件下，玻璃遮蔽表面最高温度为 190 ～ 280 ℃；直径为 500 mm 的油盘条件下，玻璃遮蔽表面最高温度为 105 ～ 220 ℃。由于玻璃框架的遮蔽作用，在相同工况下，遮蔽表面各测点的最高温度低于暴露表面各测点的最高温度。

2. 透过背火面的热通量随时间的变化

图 3-10 所示为不同火源功率下透过背火面的热通量随时间变化曲线。从图 3-10 中可以看出，三种实验工况下热通量的变化规律基本相同，在油盘被点燃后，热通量逐渐上升，达到稳定阶段并出现峰值，而后随着火焰衰减，热通量迅速下降。

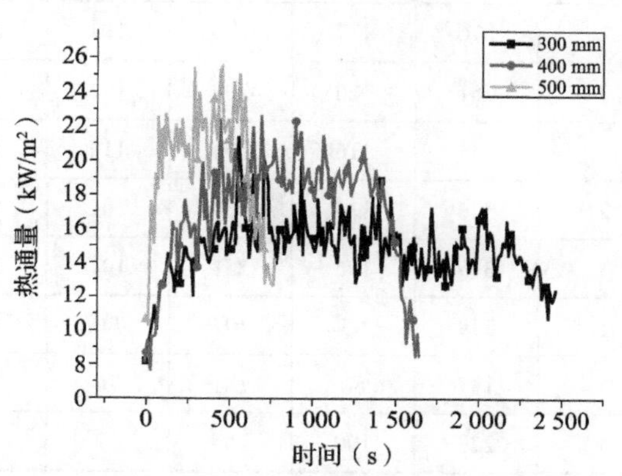

图 3-10　不同火源功率下透过背火面的热通量随时间变化曲线

直径 300 mm 油盘条件下，热通量峰值在 14 ～ 20 kW/m^2 之间；直径 400 mm 油盘条件下，热通量峰值在 16 ～ 23 kW/m^2 之间；直径 500 mm 油盘条件下，热通量峰值在 18 ～ 26 kW/m^2 之间。

通过对比不同火源功率下热通量峰值，不难发现，随着火源功率的增大，透过玻璃背火面的热通量峰值也在不断增大，钢化玻璃可以承受 26 kW/m^2 的热通量而不破裂。虽然直径 500 mm 油盘条件下，玻璃表面温度没有达到稳定的最大值，但是热通量达到了稳定，这就从侧面说明了：在直径 500 mm 油盘条件下，如果让油盘燃烧足够长的时间，玻璃表面的最高温度是可以达到稳定的，且高于直径 400 mm 油盘条件下玻璃表面的最高温度。

3. 玻璃表面最高温度及温差

H1、H2、H3 三种工况中，钢化玻璃均未发生热炸裂，因此，无法比较首次破裂时间，只能对玻璃的最高温度及最大温差进行对比分析。表 3–2 为不同火源功率下玻璃表面温度及温差参数。

表 3–2　　不同火源功率下玻璃表面温度及温差参数

实验编号	实验次数	T_1（℃）	ΔT_1（℃）	T_2（℃）	ΔT_2（℃）	ΔT_3（℃）	$\overline{\Delta T_3}$（℃）
H1	1	245	124	176	82	151	156
	2	276	127	220	103	162	
	3	261	120	209	104	156	
H2	1	354	116	294	110	171	168
	2	326	115	269	107	164	
	3	319	106	251	101	169	
H3	1	219	95	197	86	108	105
	2	197	80	181	76	92	
	3	223	109	204	97	116	

表 3–2 中，T_1 为迎火面玻璃最高温度，ΔT_1 为迎火面玻璃最大温差（即迎火面玻璃最高与最低温度之差），T_2 为背火面玻璃最高温度，ΔT_2 为背火面玻璃最大温差（即迎火面玻璃最高与最低温度之差），ΔT_3 为玻璃表面最大温差（即迎火面玻璃最高温度与背火面玻璃最低温度之差），$\overline{\Delta T_3}$ 为三次实验的玻璃表面最大温差平

均值。

从表 3-2 中可以得知，直径 300 mm 油盘条件下，玻璃表面平均最大温差为 156 ℃；直径 400 mm 油盘条件下，玻璃表面平均最大温差为 168 ℃，高于直径 300 mm 油盘时的温差；直径 500 mm 油盘条件下，玻璃表面平均最大温差为 105 ℃，低于前两种实验工况。由于直径 500 mm 油盘条件下，温度没有达到稳定的最大值，因此没有对比价值。由前两种工况，可以得出结论：火源功率越大，玻璃表面的平均最大温差越大，钢化玻璃可以承受 170 ℃左右的温差而不破裂。

4. 高辐射热通量条件下钢化玻璃的破裂行为

由于在 H1、H2、H3 中，钢化玻璃均未发生破裂，因此，采用大型油盘继续对其进行加热，观察其在高辐射热通量条件下是否能发生破裂，并分析玻璃表面温度、温差及首次破裂时间等参数。具体实验条件为：油盘直径 2.4 m，火源与玻璃表面的距离 150 mm，燃料用量 80 L。三次实验中钢化玻璃有两次发生了热炸裂，具体破裂参数见表 3-3。

表 3-3　　高辐射热通量条件下钢化玻璃破裂参数

实验次数	破裂时间（s）	最高温度（℃）	迎火面与背火面最大温差（℃）	最大升温速率（℃/s）
1	126	218	166	1.73
2	—	284	103	0.65
3	145	245	173	1.69

实验过程中，发现钢化玻璃热炸裂非常迅速，从开始破裂至完全脱落仅用时 0.6 s，图 3-11 所示为钢化玻璃热炸裂的整个过程。虽然在该实验条件下，钢化玻璃破裂时的最大温差也约为 170 ℃，但其整体的升温速率非常快，这说明玻璃破裂不仅与同时刻玻璃表面的温差有关，也与其整体的升温速率有关，当升温速率高于 1.6 ℃/s 时，玻璃会发生破裂。

（a）0 s 开始脱落　　（b）0.1 s 顶端脱落

（c）0.3 s 脱落 50%　　（d）0.6 s 完全脱落

图 3-11　钢化玻璃热炸裂过程

从点火至发生破裂，玻璃表面各个测点温度随时间变化曲线如图 3-12 所示。从油盘被点燃时起，至钢化玻璃破裂时止，各个测点的温度一直处于快速上升的趋势。迎火面暴露表面最高温度为 134 ℃，遮蔽表面最高温度为 218 ℃；背火面暴露表面最高温度为 109 ℃，遮蔽表面最高温度为 95 ℃。

通过对比分析发现：在高辐射热通量条件下，温度曲线的斜率明显高于工况 H1、H2、H3 温度曲线的斜率，说明高辐射热通量条件下玻璃的升温速率很快，从侧面证明了升温速率对玻璃破裂具有一定的影响。

（三）对夹层玻璃破裂行为的影响

1. 玻璃表面温度随时间的变化

图 3-13 所示为夹层玻璃暴露表面温度随时间变化曲线。

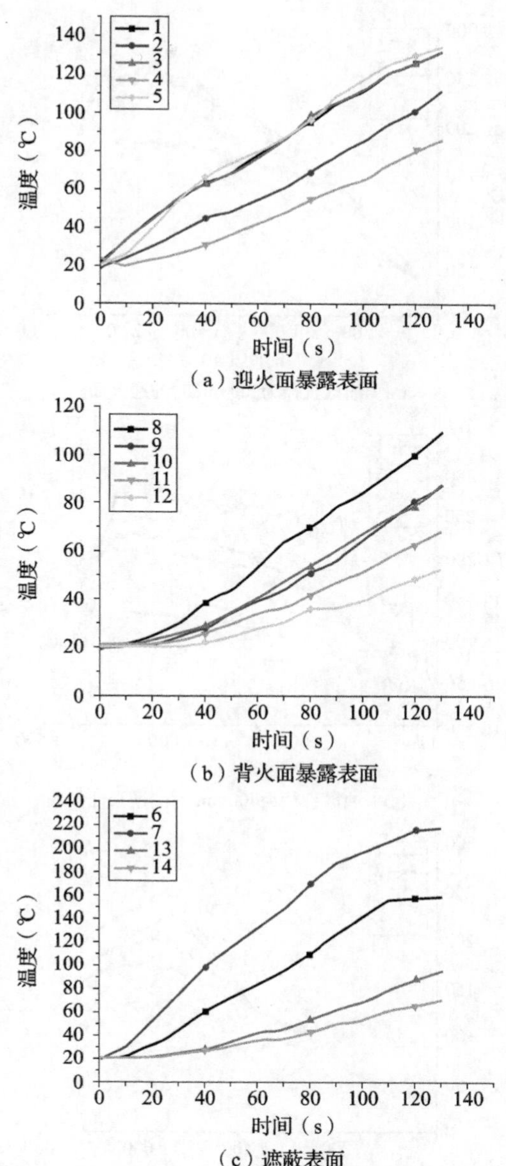

图 3-12　高辐射热通量条件下钢化玻璃表面温度随时间变化曲线

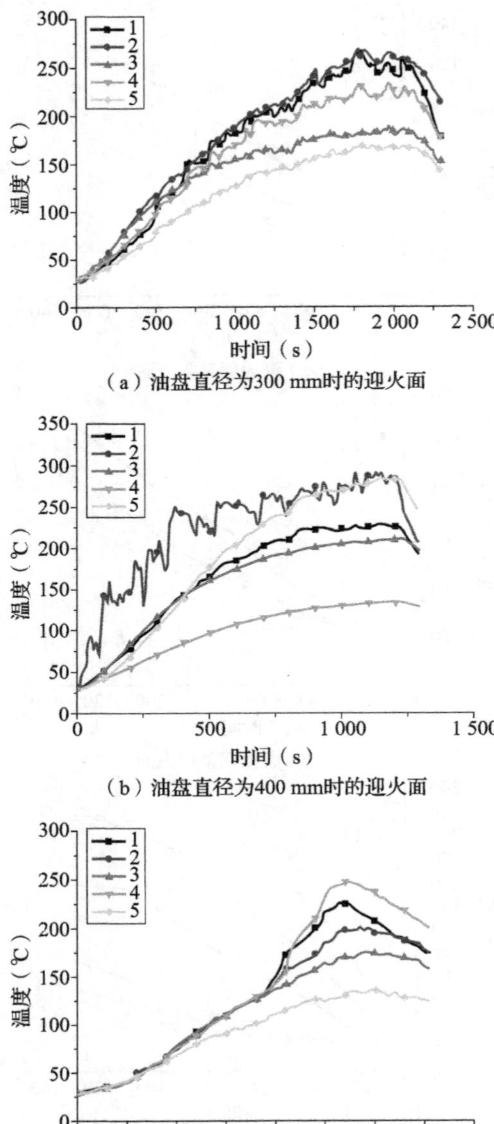

（a）油盘直径为300 mm时的迎火面

（b）油盘直径为400 mm时的迎火面

（c）油盘直径为500 mm时的迎火面

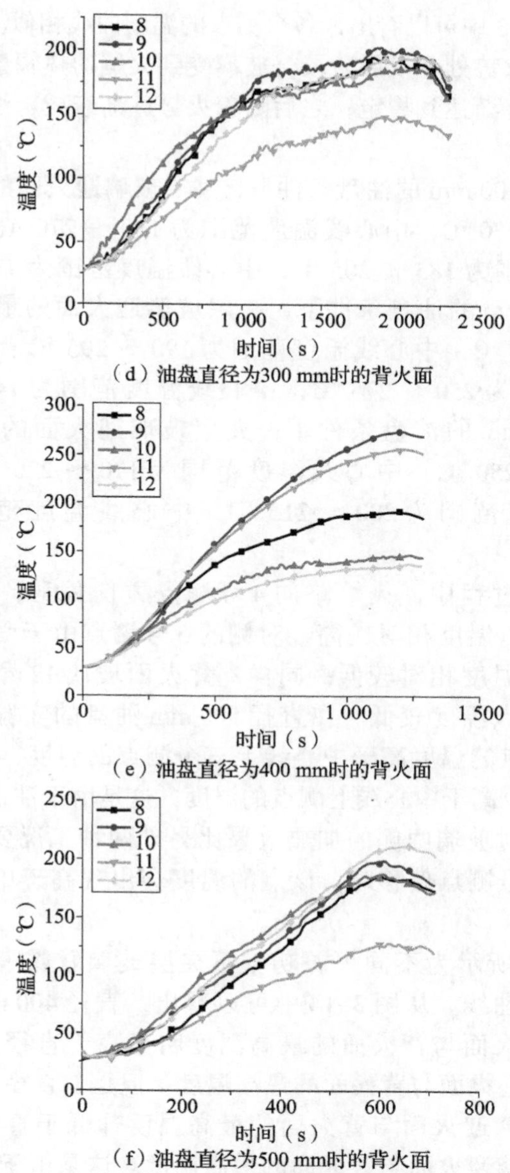

（d）油盘直径为300 mm时的背火面

（e）油盘直径为400 mm时的背火面

（f）油盘直径为500 mm时的背火面

图 3-13　夹层玻璃暴露表面温度随时间变化曲线

从图 3-13 中可以看出，各个测点的温度曲线相似。在油盘被点燃的初期，火势处在发展阶段，玻璃受到火焰的热辐射作用，温度开始上升，逐渐达到稳定，之后随着火势逐渐衰减，温度开始迅速下降。

直径为 300 mm 的油盘条件下，夹层玻璃迎火面的最高温度范围为 240 ～ 270 ℃，中心线温度范围为 180 ～ 270 ℃；背火面的最高温度范围为 185 ～ 205 ℃，中心线温度范围为 170 ～ 205 ℃。直径为 400 mm 的油盘条件下，夹层玻璃迎火面的最高温度范围为 260 ～ 295 ℃，中心线温度范围为 190 ～ 295 ℃；背火面的最高温度范围为 250 ～ 275 ℃，中心线温度范围为 140 ～ 275 ℃。直径为 500 mm 的油盘条件下，夹层玻璃迎火面的最高温度范围为 240 ～ 250 ℃，中心线温度范围为 170 ～ 220 ℃；背火面的最高温度范围为 200 ～ 215 ℃，中心线温度范围为 180 ～ 200 ℃。

在实验过程中，火焰略向 4 号测点方向偏移，所以迎火面玻璃 4 号测点温度相对较高，对侧的 5 号测点由于受到火焰热辐射作用少，温度相对较低；同样，背火面玻璃 12 号测点温度较高，11 号测点温度较低。在直径 500 mm 油盘的实验工况中，迎火面 4 号测点的温度高于中心线上三个测点的温度，背火面 12 号测点的温度也高于中心线上测点的温度，这是由于油盘直径大于玻璃的宽度，对玻璃两侧的加热效果比另外两种工况要好，所以当火焰略向 4 号测点偏移时，该点的温度会出现高于中心线温度的现象。

图 3-14 所示为不同火源功率下夹层玻璃暴露表面最高温度随时间变化曲线。从图 3-14 中可以看出，直径 400 mm 油盘条件下，玻璃迎火面与背火面的最高温度明显高于直径 300 mm 油盘条件下玻璃迎火面与背火面的最高温度；但是，直径 500 mm 油盘条件下，玻璃迎火面与背火面的最高温度却低于直径 400 mm 油盘条件下玻璃迎火面与背火面的最高温度。这是由于直径 500 mm 油盘的火源功率在三者中最大，在燃料用量相等的情况下，燃料

量不足以维持到稳定阶段，火焰就会熄灭。因此，玻璃表面的温度还未达到平台期就开始下降，也没有出现稳定的最大值，实验中玻璃表面的最高温度并不能代表此类实验条件下应达到的最高温度。

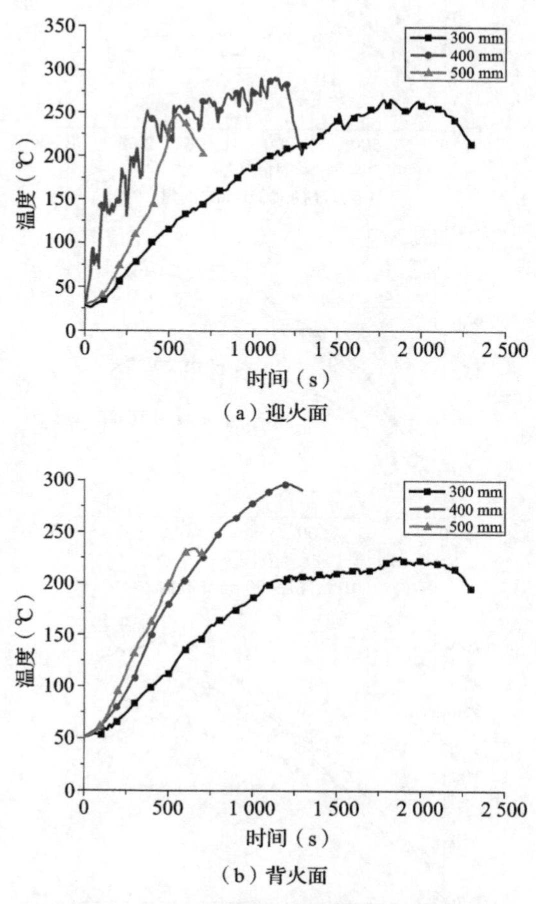

图 3-14 不同火源功率下夹层玻璃暴露表面最高温度随时间变化曲线

图 3-15 所示为夹层玻璃遮蔽表面温度随时间变化曲线。

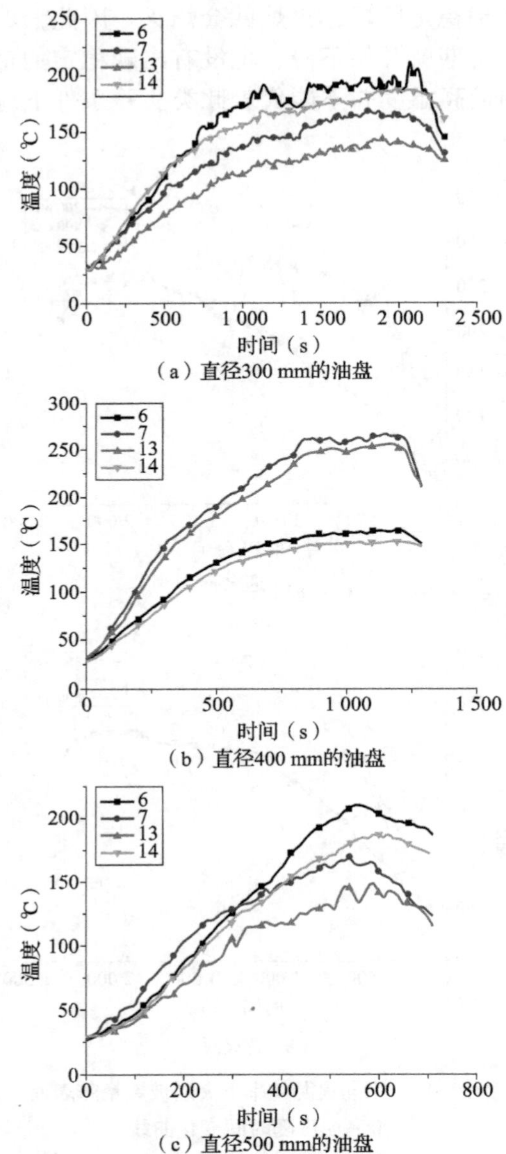

（a）直径300 mm的油盘

（b）直径400 mm的油盘

（c）直径500 mm的油盘

图 3-15　夹层玻璃遮蔽表面温度随时间变化曲线

从图 3–15 中可以看出，迎火面的遮蔽表面温度高于对应点背火面的遮蔽表面温度，二者的温度变化趋势大致相同，各测点温度曲线变化平稳。直径为 300 mm 的油盘条件下，玻璃遮蔽表面最高温度范围为 120 ～ 225 ℃；直径为 400 mm 的油盘条件下，玻璃遮蔽表面最高温度范围为 180 ～ 270 ℃，且两侧的温差比较明显，这是由于 7 号测点、13 号测点可能受到了来自玻璃框架的热辐射作用，故温度上升明显；直径为 500 mm 的油盘条件下，玻璃遮蔽表面最高温度范围为 105 ～ 220 ℃。由于玻璃框架的遮蔽作用，在相同工况下遮蔽表面各测点的最高温度及升温速率均低于暴露表面各测点。

2. 透过背火面的热通量随时间的变化

图 3–16 所示为不同火源功率下透过背火面的热通量随时间变化曲线。从图 3–16 中可以看出，三种实验工况下，热通量的变化规律基本相同。油盘点燃后，热通量逐渐上升，然后达到稳定阶段，出现峰值，后期随着火焰衰减，热通量迅速下降。

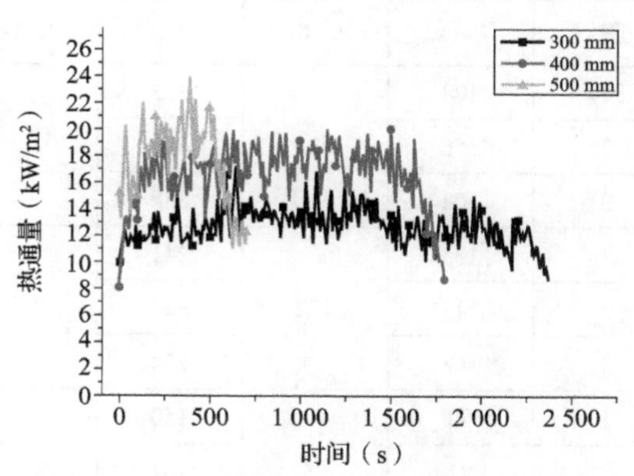

图 3–16 不同火源功率下透过背火面的热通量随时间变化曲线

直径 300 mm 油盘条件下，热通量峰值在 14 ～ 18 kW/m^2 之间；直径 400 mm 油盘条件下，热通量峰值在 18 ～ 23 kW/m^2 之间；直径 500 mm 油盘条件下，热通量峰值在 21 ～ 26 kW/m^2 之间。

通过对比不同火源功率条件下热通量峰值，可以看出：随着火源功率的增大，透过玻璃背火面的热通量峰值也在不断增大，夹层玻璃受到的热通量在达到 11 kW/m^2 左右时即可发生破裂。虽然直径 500 mm 油盘条件下，玻璃表面温度没有达到稳定的最大值，但是热通量达到了稳定，这就从侧面说明了：直径 500 mm 油盘对玻璃表面的热辐射作用比另两种油盘的热辐射作用强，假设让油盘燃烧足够长的时间，那么玻璃表面的最高温度是可以达到稳定的，且高于直径 400 mm 油盘条件下玻璃表面的最高温度。

3. 玻璃首次破裂时间、温差及破裂位置

表 3–4 为不同火源功率下夹层玻璃首次破裂时间参数。定义迎火面首次破裂时间为 t_y，迎火面首次破裂平均时间为 $\overline{t_y}$，背火面首次破裂时间为 t_b，背火面首次破裂平均时间为 $\overline{t_b}$。为避免误差，引入背火面与迎火面首次破裂平均时间差，定义为 $\overline{t_b}-\overline{t_y}$。

表 3–4　　不同火源功率下夹层玻璃首次破裂时间参数

实验编号	实验次数	t_y（s）	$\overline{t_y}$（s）	t_b（s）	$\overline{t_b}$（s）	$\overline{t_b}-\overline{t_y}$（s）
H4	1	108	222	333	386	164
	2	356		498		
	3	202		328		
H5	1	135	172	241	263	91
	2	212		324		
	3	168		224		
H6	1	90	85	150	143	58
	2	71		132		
	3	93		146		

由表 3–4 可知，直径 300 mm 油盘条件下，迎火面首次破裂平均时间为 222 s，高于直径 400 mm 油盘条件下的 172 s，高于直径

500 mm 油盘条件下的 85 s；直径 300 mm 油盘条件下，背火面首次破裂平均时间为 386 s，高于直径 400 mm 油盘条件下的 263 s，高于直径 500 mm 油盘条件下的 143 s；直径 300 mm 油盘条件下，背火面与迎火面首次破裂平均时间差为 164 s，高于直径 400 mm 油盘条件下的 91 s，高于直径 500 mm 油盘条件下的 58 s。

可以得出结论：背火面玻璃破裂时间较迎火面有一定的延迟，且火源功率越大，玻璃破裂越迅速。

图 3-17 所示为夹层玻璃表面最大温差随时间变化曲线。

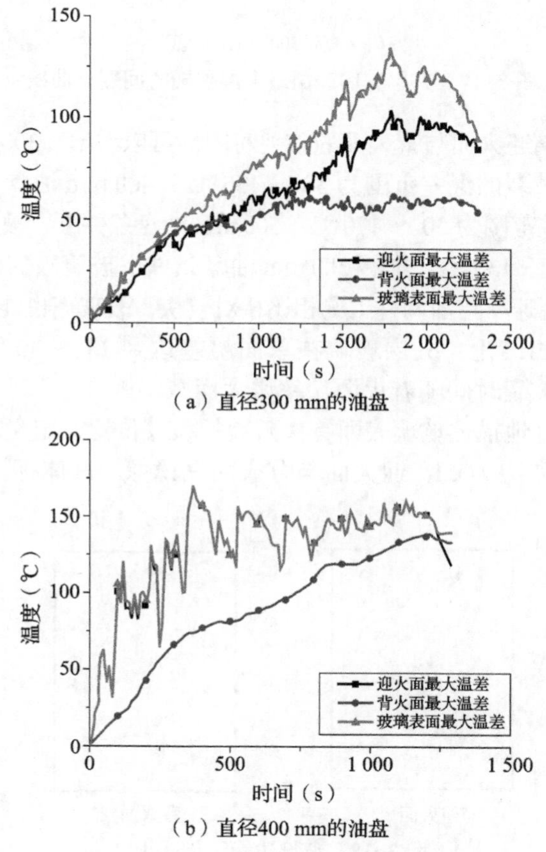

（a）直径300 mm的油盘

（b）直径400 mm的油盘

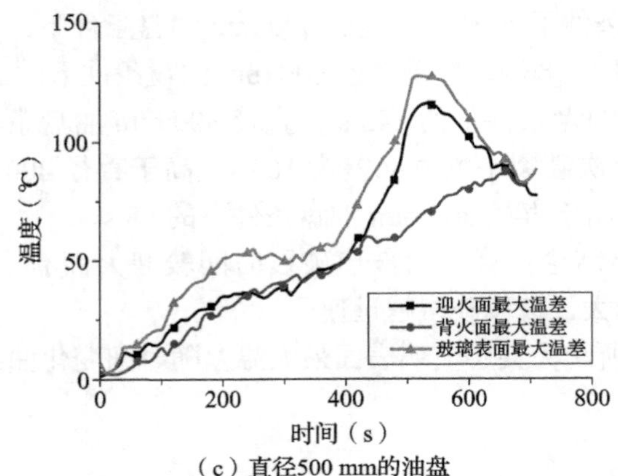

（c）直径500 mm的油盘

图 3-17　夹层玻璃表面最大温差随时间变化曲线

结合玻璃迎火面与背火面的破裂时间，可以看出，300 mm 油盘条件下，玻璃破裂的温差范围为 30 ～ 135 ℃；400 mm 油盘条件下，玻璃破裂的温差范围为 50 ～ 170 ℃；500 mm 油盘条件下，玻璃破裂的温差范围为 20 ～ 130 ℃。虽然 500 mm 油盘条件下玻璃破裂时的温差较小，但其升温速率与前两种工况相比相对较快，故玻璃也能发生破裂。

可以得出结论：夹层玻璃在单面温差达到 20 ～ 30 ℃时，即可发生破裂，破裂时间随着火源功率增大而减小。

为了更好地描述玻璃表面首次破裂的裂纹位置，定义玻璃迎火面左边为 ab，右边为 cd，迎火面与背火面呈镜像。具体标识如图 3-18 所示。

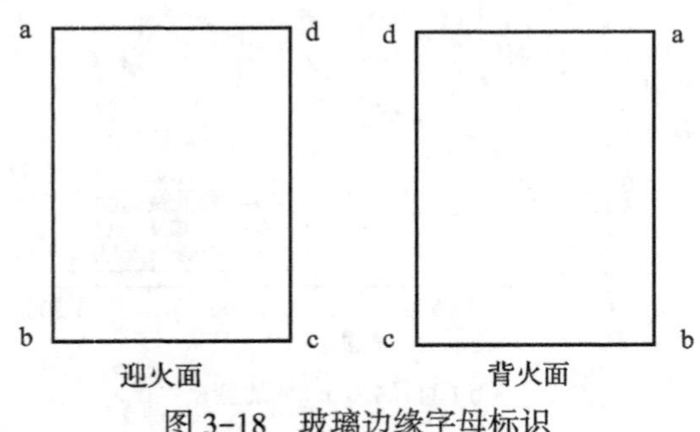

图 3-18　玻璃边缘字母标识

表 3–5 所示为不同火源功率条件下夹层玻璃首次破裂位置。从表 3–5 中可以看出，直径 300 mm、500 mm 油盘条件下，迎火面与背火面首次破裂的位置集中于两侧，直径 400 mm 油盘条件下，玻璃两面的首次破裂位置位于底边，且三种工况下玻璃破裂位置均没有产生在玻璃的四角。由于迎火面首次破裂后，热量会沿裂纹向背火面相应位置传递，因此，迎火面与背火面的首次破裂位置基本相同，大致处于玻璃边框的三分点处。

表 3–5　　不同火源功率条件下夹层玻璃首次破裂位置

实验编号	实验次数	迎火面		背火面	
		破裂边	破裂位置	破裂边	破裂位置
H4	1	ab	距 b 15.5 cm	ab	距 b 23.5 cm
	2	ab	距 b 11.0 cm	ad	距 a 12.0 cm
	3	ab	距 b 13.5 cm	ab	距 b 13.8 cm
H5	1	bc	距 b 12.5 cm	bc	距 b 12.3 cm
	2	bc	距 b 21.0 cm	bc	距 b 18.0 cm
	3	cd	距 c 18.8 cm	cd	距 c 35.0 cm
H6	1	ab	距 b 16.8 cm	ab	距 b 17.0 cm
	2	ab	距 b 11.0 cm	ab	距 b 11.3 cm
	3	ab	距 b 48.5 cm	ab	距 b 40.5 cm

4. 高辐射热通量条件下夹层玻璃的破裂行为

由于在工况 H4、H5、H6 中，夹层玻璃只有裂纹，没有发生脱落现象。同样，采用大型油盘继续对其进行加热，观察其在高辐射热通量条件下是否能发生脱落，并分析玻璃表面温度及首次破裂时间等参数。具体实验条件为：油盘直径 2.4 m，火源与玻璃表面的距离 150 mm，燃料用量 80 L。

图 3–19 所示为高辐射热通量条件下夹层玻璃表面温度随时间变化曲线。从图中看出，各个测点的温度走势基本一致，当油盘被点燃后，温度快速上升，直至最高温度，而后随着火势减弱温度逐渐下降，整个过程没有明显的平台期。迎火面暴露表面最高温度范围为 245 ～ 260 ℃，中心线最高温度在 215 ～ 260 ℃之间；背火面暴露表面最高温度范围为 235 ～ 245 ℃，中心线最高温度在

210 ~ 245 ℃之间；遮蔽表面最高温度在 185 ~ 230 ℃之间。

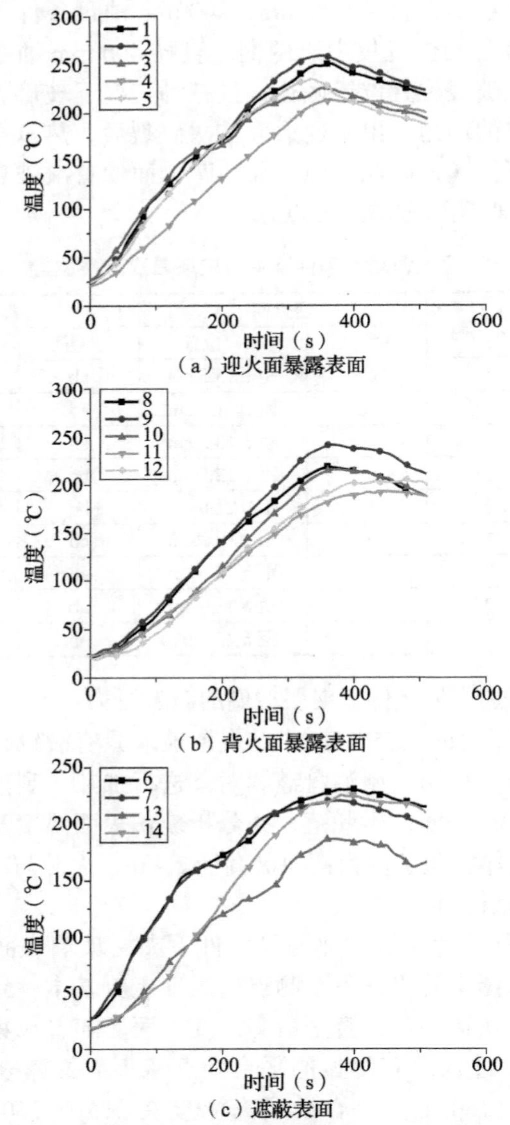

（a）迎火面暴露表面

（b）背火面暴露表面

（c）遮蔽表面

图 3-19　高辐射热通量条件下夹层玻璃表面温度随时间变化曲线

通过对比工况 H4、H5、H6 中的温度曲线，发现高辐射热通量条件下温度曲线斜率大于工况 H4、H5、H6，说明其升温速率明显高于工况 H4、H5、H6。

本组三次实验中，夹层玻璃有两次发生了脱落现象，这是由于在火源功率较大时，裂纹之间的缝隙变大，热烟气和燃烧产物会沿着缝隙进入到玻璃内层，附着在 PVB 薄膜上，使薄膜的粘连性下降，当附着物积累到一定量时，PVB 薄膜失去了对两面玻璃的粘连性，此时玻璃就会发生脱落。但是在低辐射热通量情况下，裂纹之间缝隙较小，进入内部的热烟气及燃烧产物较少，PVB 薄膜没有完全失去其粘连性，因此在低辐射热通量条件下夹层玻璃均没有发生脱落现象。表 3-6 与表 3-7 给出了夹层玻璃首次破裂及脱落时间，以及出现裂纹的位置与脱落面积比。

表 3-6　高辐射热通量条件下夹层玻璃首次破裂及脱落时间

实验次数	迎火面		背火面	
	首次破裂时间（s）	首次脱落时间（s）	首次破裂时间（s）	首次脱落时间（s）
1	20	119	22	165
2	8	120	11	100
3	16	—	20	—

表 3-7　高辐射热通量条件下夹层玻璃首次破裂位置及脱落面积比

实验次数	迎火面			背火面		
	破裂边	破裂位置	脱落面积比	破裂边	破裂位置	脱落面积比
1	cd	距 c 46.0 cm	10.13%	ab	距 b 21.5 cm	8.58%
2	cd	距 c 25.5 cm	1.34%	ab	距 b 17.0 cm	2.09%
3	cd	距 c 44.0 cm	—	ab	距 b 38.5 cm	—

通过表 3-6 可以发现，在高辐射热通量条件下，夹层玻璃的首次破裂时间非常短，均在 30 s 以内；背火面破裂时间与迎火面相比略有延迟，这是由于迎火面玻璃对背火面有一定的保护作用。但

是，两面玻璃脱落的时间没有必然联系，玻璃脱落的位置只是取决于玻璃裂纹的位置以及 PVB 薄膜对玻璃的粘连性大小，只要玻璃裂纹相互相连形成“孤岛”，且该处 PVB 薄膜失去了粘连性，此处的玻璃就会发生脱落。当然，如果迎火面玻璃发生脱落，此处原始的背火面玻璃变为迎火面，那么此处的玻璃发生脱落的可能性就会增大，脱落时间相对迎火面玻璃的脱落时间也会有一定的延迟。

图 3-20 所示为高辐射热通量条件下夹层玻璃表面最大温差随时间变化曲线。

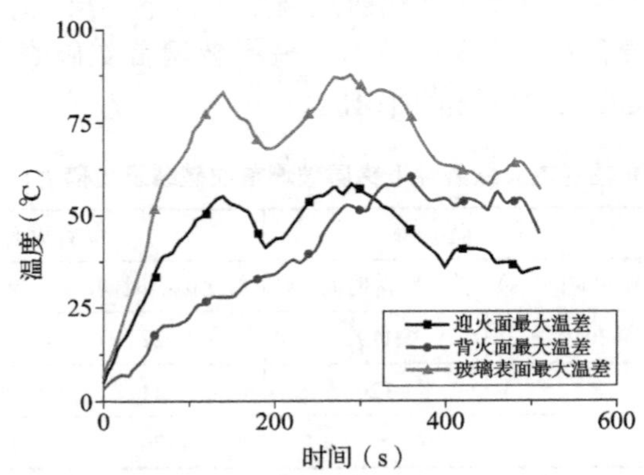

图 3-20　高辐射热通量条件下夹层玻璃表面最大温差随时间变化曲线

结合夹层玻璃首次破裂时间，从图 3-20 中可以看出夹层玻璃发生破裂的温差范围为 20 ～ 90 ℃。再综合工况 H4、H5、H6，可以得出结论：夹层玻璃在单面温差达到 20 ℃时即可发生破裂。

二、火源与玻璃表面的距离对车用玻璃破裂行为的影响

（一）对钢化玻璃破裂行为的影响

火源与玻璃表面距离的远近，可以影响火焰对玻璃表面的辐射强度。本组实验中，改变火源与玻璃表面距离，分别为 150 mm、200 mm、250 mm，其他实验条件保持不变。其中，两种玻璃在火

源距离 150 mm、油盘直径 400 mm 条件下的实验与第三章第二节中 H2、H5 相同，故采用第三章第二节中的实验编号。具体实验工况见表 3–8。

表 3–8　　　　　　实验工况

玻璃种类	实验编号	火源距离（mm）	油盘直径（mm）	燃料用量（kg）
钢化玻璃	H2	150	400	2.5
	H7	200	400	2.5
	H8	250	400	2.5
夹层玻璃	H5	150	400	2.5
	H9	200	400	2.5
	H10	250	400	2.5

1. 玻璃表面温度随时间的变化

图 3–21 为钢化玻璃暴露表面温度随时间变化曲线。从图 3–21 可以看出，各个测点的温度曲线相似。在油盘被点燃的初期，火势处在发展阶段，玻璃受到火焰的热辐射作用，温度开始上升，750 s 后逐渐达到稳定，而后随着火势逐渐衰减，1 300 s 后温度开始迅速下降。

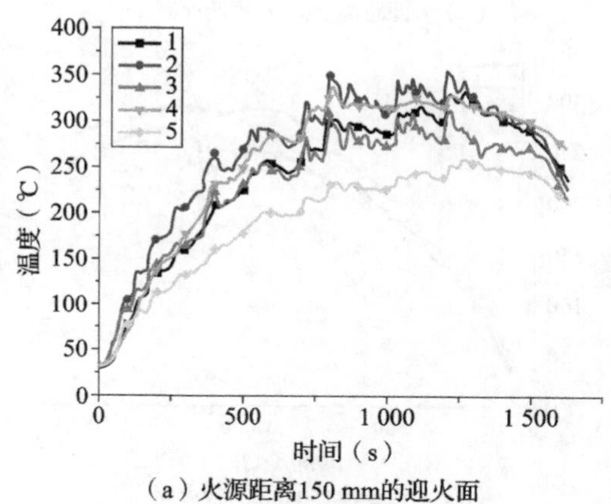

（a）火源距离150 mm的迎火面

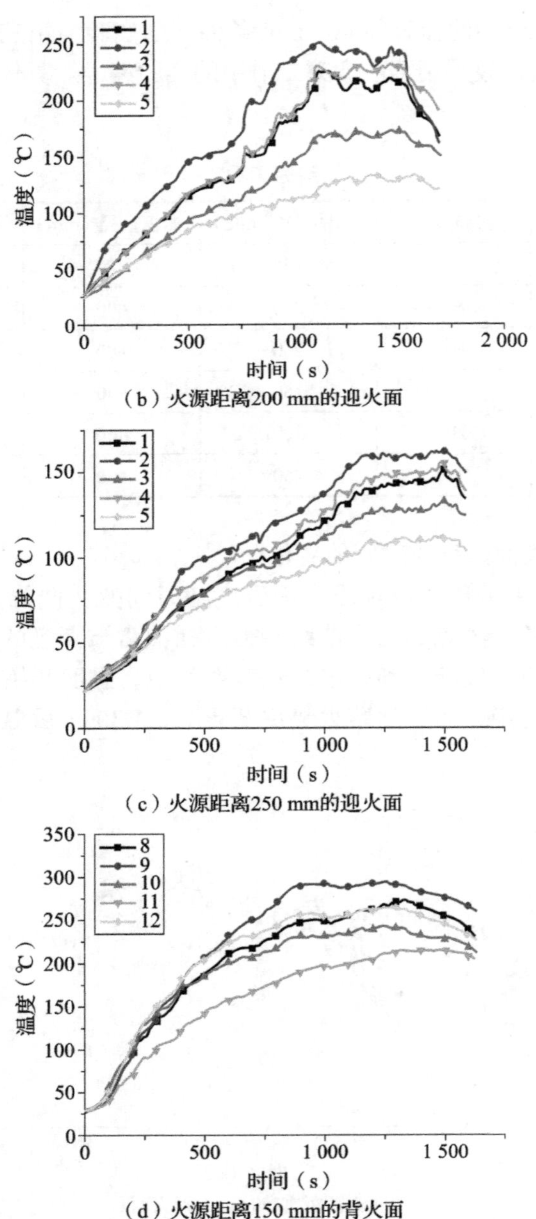

（b）火源距离200 mm的迎火面

（c）火源距离250 mm的迎火面

（d）火源距离150 mm的背火面

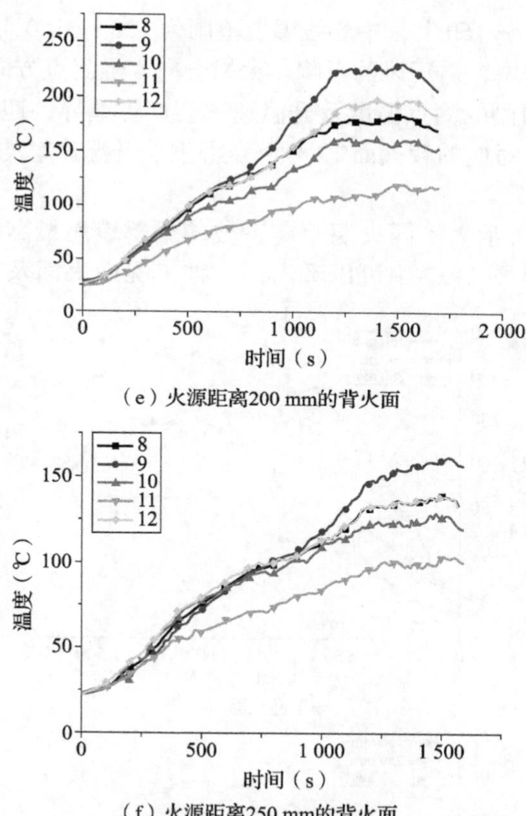

（e）火源距离200 mm的背火面

（f）火源距离250 mm的背火面

图 3-21　不同火源距离下钢化玻璃暴露表面温度随时间变化曲线

火源距离玻璃表面 150 mm 时，钢化玻璃迎火面的最高温度范围为 320 ～ 360 ℃，中心线温度范围为 270 ～ 360 ℃；背火面的最高温度范围为 260 ～ 295 ℃，中心线温度范围为 210 ～ 295 ℃。火源距离玻璃表面 200 mm 时，钢化玻璃迎火面的最高温度范围为 235 ～ 250 ℃，中心线温度范围为 160 ～ 250 ℃；背火面的最高温度范围为 210 ～ 230 ℃，中心线温度范围为 145 ～ 230 ℃。火源距离玻璃表面 250 mm 时，钢化玻璃迎火面的最高温度范围为 150 ～ 165 ℃，中心线温度范围为 120 ～ 165 ℃；背火面的最高温度范围为 150 ～ 160 ℃，中心线温度范围为 120 ～ 160 ℃。

实验过程中，由于风的影响，火焰会向 4 号测点方向发生偏移，所以，玻璃两侧的测点温度及升温速率会产生差异，迎火面的 4 号测点温度及其对应的背火面 12 号测点温度、升温速率均比 5 号、11 号测点高。

图 3-22 所示为不同火源距离下玻璃暴露表面最高温度随时间变化曲线。从图 3-22 中可以看出，三种工况迎火面及背火面的最

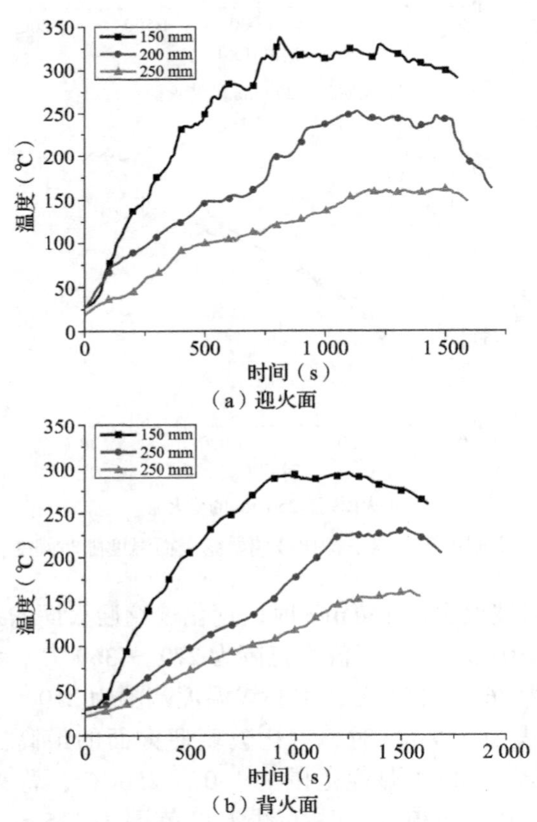

（a）迎火面

（b）背火面

图 3-22　不同火源距离下玻璃暴露表面最高温度随时间变化曲线

高温度区间差异明显，火源与玻璃表面距离 150 mm 时，玻璃表面达到的温度最高，其次是距离 200 mm 时，温度最低的是距离 250 mm 时。

可以得出结论：火源与玻璃表面的距离越近，玻璃表面达到的温度就越高。

图 3-23 所示为不同火源距离下钢化玻璃遮蔽表面温度随时间变化曲线。

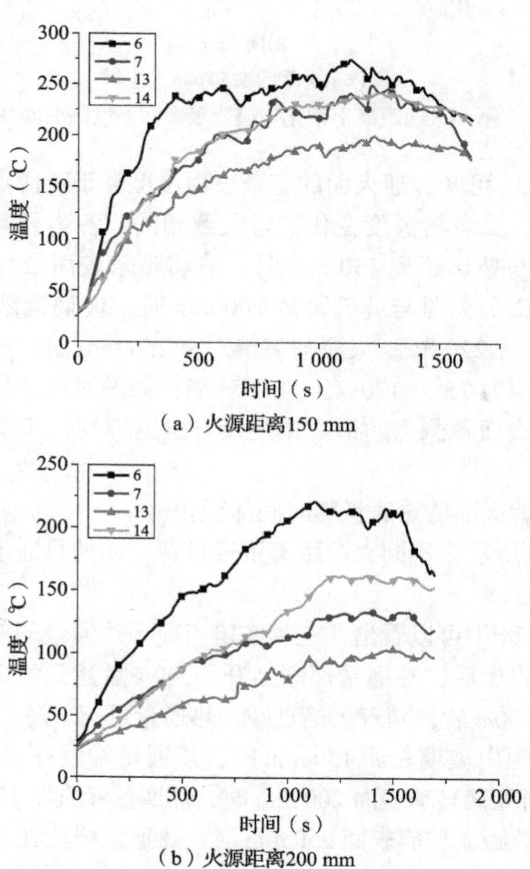

（a）火源距离150 mm

（b）火源距离200 mm

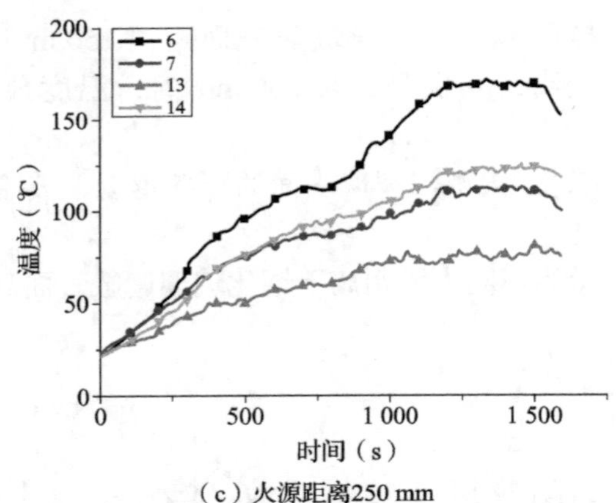

（c）火源距离250 mm

图 3–23　不同火源距离下钢化玻璃遮蔽表面温度随时间变化曲线

由图 3–23 可知，迎火面的遮蔽表面温度高于对应点背火面的遮蔽表面温度，二者的温度变化趋势大致相同，各测点温度曲线变化平稳。火源与玻璃距离 150 mm 时，玻璃遮蔽表面最高温度范围为 190 ～ 275 ℃；火源与玻璃距离 200 mm 时，玻璃遮蔽表面最高温度范围为 90 ～ 220 ℃；火源与玻璃距离 250 mm 时，玻璃遮蔽表面最高温度范围为 75 ～ 170 ℃。由于玻璃框架的遮蔽作用，在相同工况下，遮蔽表面各测点的最高温度及升温速率均低于暴露表面各测点的。

2. 透过背火面的热通量随时间的变化

图 3–24 所示为不同火源距离下透过背火面的热通量随时间变化曲线。

从图 3–24 中可以看出，三种实验工况下热通量的变化规律基本相同。油盘点燃后，热通量逐渐上升，300 s 后达到稳定阶段，出现峰值；在 1 300 s 后，随着火焰衰减，热通量迅速下降。

当火源距离玻璃表面 150 mm 时，热通量峰值在 18 ～ 23 kW/m^2 之间；当火源距离玻璃表面 200 mm 时，热通量峰值在 12 ～ 17 kW/m^2 之间；当火源距离玻璃表面 250 mm 时，热通量峰值在 9 ～ 13 kW/m^2 之间。

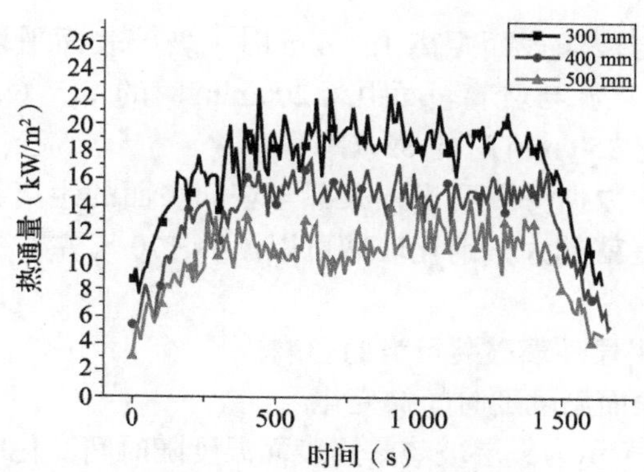

图 3–24 不同火源距离下透过背火面的热通量随时间变化曲线

通过对比不同火源距离条件下热通量的峰值，不难发现，火源与玻璃表面的距离越近，透过玻璃背火面的热通量越大，钢化玻璃可以承受 23 kW/m^2 的热通量而不发生破裂。

3. 玻璃表面最高温度及最大温差

由于 H2、H7、H8 三种工况中，钢化玻璃均未发生热炸裂，因此，无法比较首次破裂时间，只能对玻璃的最高温度及最大温差进行对比分析。表 3–9 为不同火源距离条件下玻璃表面温度及温差参数。

表 3–9　不同火源距离下玻璃表面温度及温差参数

实验编号	实验次数	T_1（℃）	ΔT_1（℃）	T_2（℃）	ΔT_2（℃）	ΔT_3（℃）	$\overline{\Delta T_3}$（℃）
H2	1	354	116	294	110	171	168
	2	326	115	269	107	164	
	3	319	106	251	101	169	
H7	1	251	133	231	133	161	155
	2	238	129	215	131	150	
	3	243	125	220	121	153	
H8	1	159	67	154	76	98	89
	2	162	54	161	85	87	
	3	154	59	152	80	82	

当火源与玻璃表面距离 150 mm 时，玻璃表面平均最大温差为 168 ℃，高于火源与玻璃表面距离 200 mm 时的 155 ℃，高于火源与玻璃表面距离 250 mm 时的 89 ℃。

通过表中数据可以看出，火源与玻璃表面的距离越近，玻璃表面的最大温差就越大，钢化玻璃可以承受 170 ℃左右的温差而不发生破裂。

（二）对夹层玻璃破裂行为的影响

1. 玻璃表面温度随时间的变化

图 3-25 所示为夹层玻璃暴露表面温度随时间变化曲线。

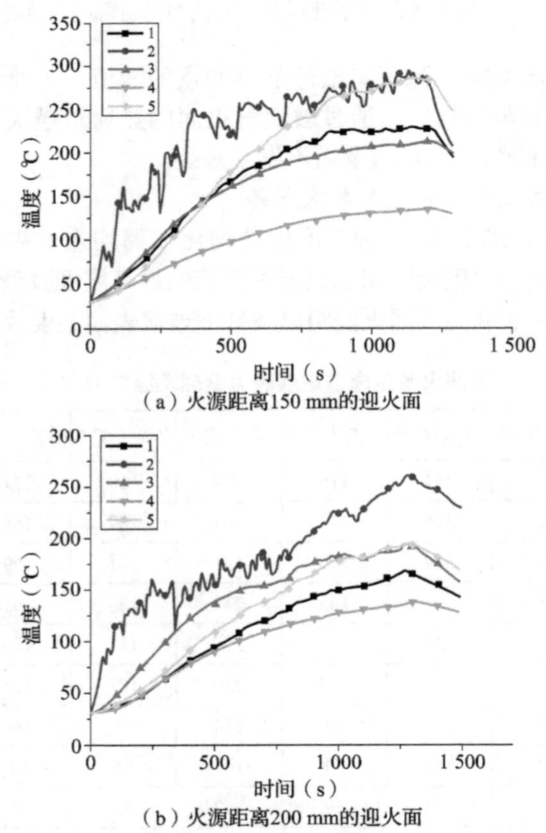

（a）火源距离150 mm的迎火面

（b）火源距离200 mm的迎火面

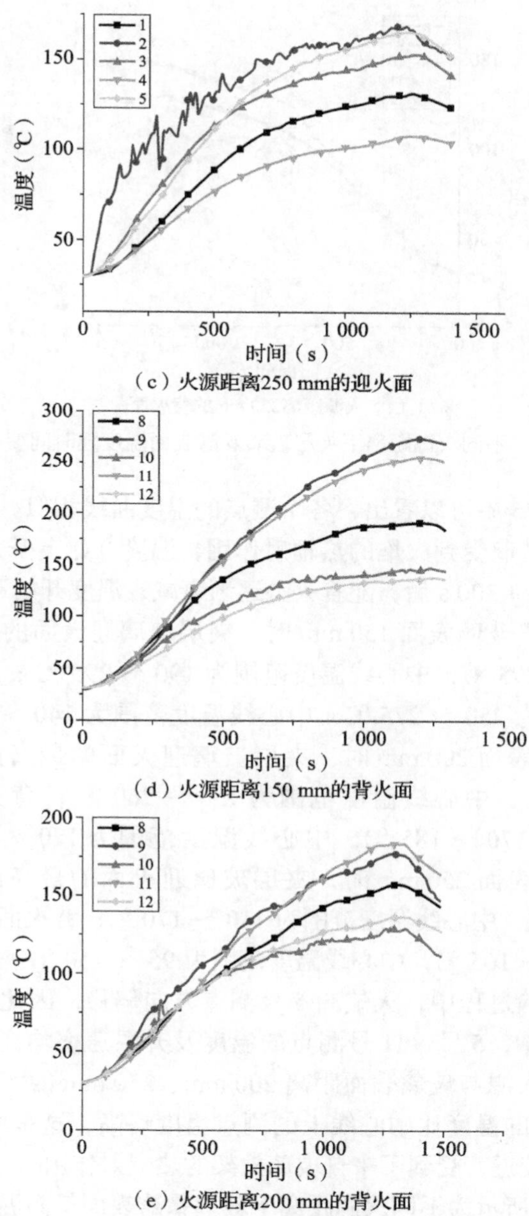

（c）火源距离250 mm的迎火面

（d）火源距离150 mm的背火面

（e）火源距离200 mm的背火面

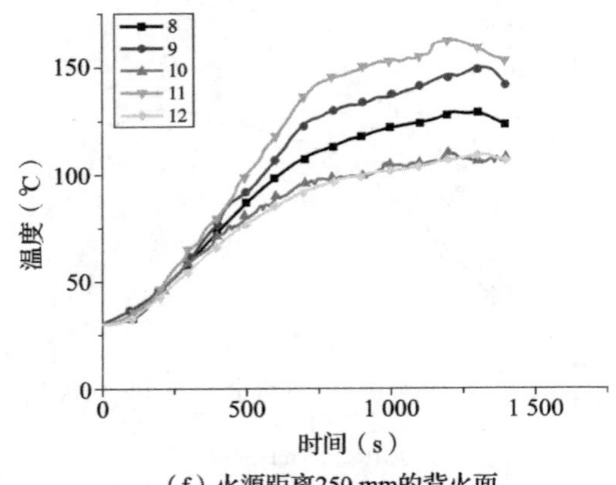

（f）火源距离250 mm的背火面

图 3-25　不同火源距离下夹层玻璃暴露表面温度随时间变化曲线

从图 3-25 中可以看出，各个测点的温度曲线相似。在油盘被点燃的初期，玻璃受到火焰的热辐射作用，温度开始上升，750 s 后逐渐达到稳定；1 300 s 后，随着火势逐渐衰减，温度开始迅速下降。

火源距离玻璃表面 150 mm 时，夹层玻璃迎火面的最高温度范围为 260 ～ 295 ℃，中心线温度范围为 190 ～ 295 ℃；背火面的最高温度范围为 250 ～ 275 ℃，中心线温度范围为 140 ～ 275 ℃。火源距离玻璃表面 200 mm 时，夹层玻璃迎火面的最高温度范围为 230 ～ 260 ℃，中心线温度范围为 150 ～ 260 ℃；背火面的最高温度范围为 170 ～ 185 ℃，中心线温度范围为 120 ～ 180 ℃。火源距离玻璃表面 250 mm 时，夹层玻璃迎火面的最高温度范围为 150 ～ 170 ℃，中心线温度范围为 110 ～ 170 ℃；背火面的最高温度范围为 140 ～ 165 ℃，中心线温度范围为 95 ～ 150 ℃。

本组实验过程中，火焰向 5 号测点方向偏移，因此，夹层玻璃两侧的测点中，5 号、11 号测点的温度及升温速率均高于 4 号、12 号测点。在火源与玻璃表面距离 200 mm、250 mm 的实验中，背火面 11 号测点的温度比中心线上的测点温度略高，这是由于 11 号距离玻璃框架较近，受到了来自玻璃框架的热辐射作用。

图 3-26 所示为不同火源距离下玻璃暴露表面最高温度随时间变

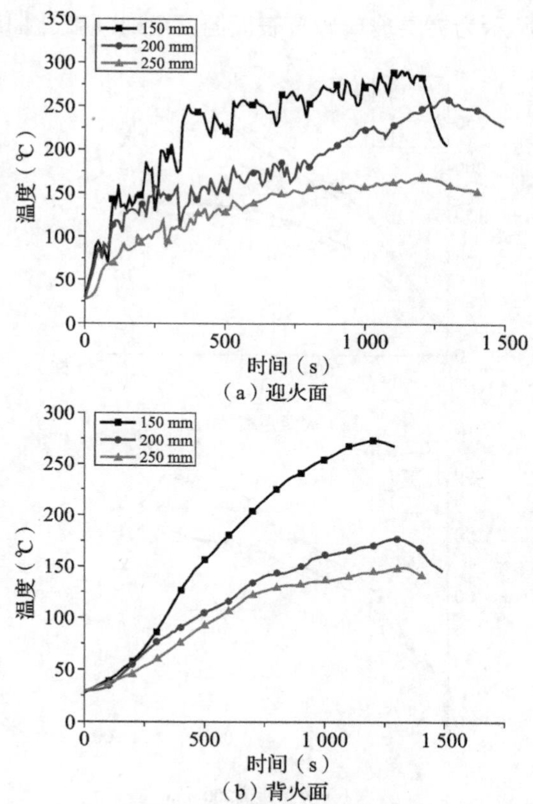

图 3–26　不同火源距离下玻璃暴露表面最高温度随时间变化曲线

化曲线。

从图 3–26 中可以看出，三种工况迎火面及背火面的最高温度区间差异明显，火源与玻璃表面距离 150 mm 时，玻璃表面达到的温度最高，升温速率最快；其次是距离 200 mm 时；温度及升温速率最低的是距离 250 mm 时。另外，迎火面三种工况下的升温速率均高于背火面的升温速率。

可以得出结论：火源与玻璃表面的距离越近，玻璃表面达到的温度就越高，升温速率越快。

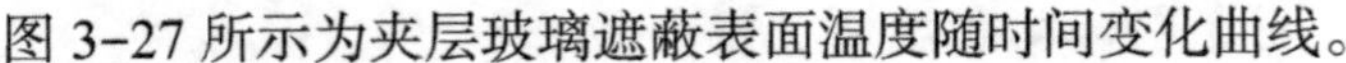

图 3-27 所示为夹层玻璃遮蔽表面温度随时间变化曲线。

（a）火源距离150 mm

（b）火源距离200 mm

（c）火源距离250 mm

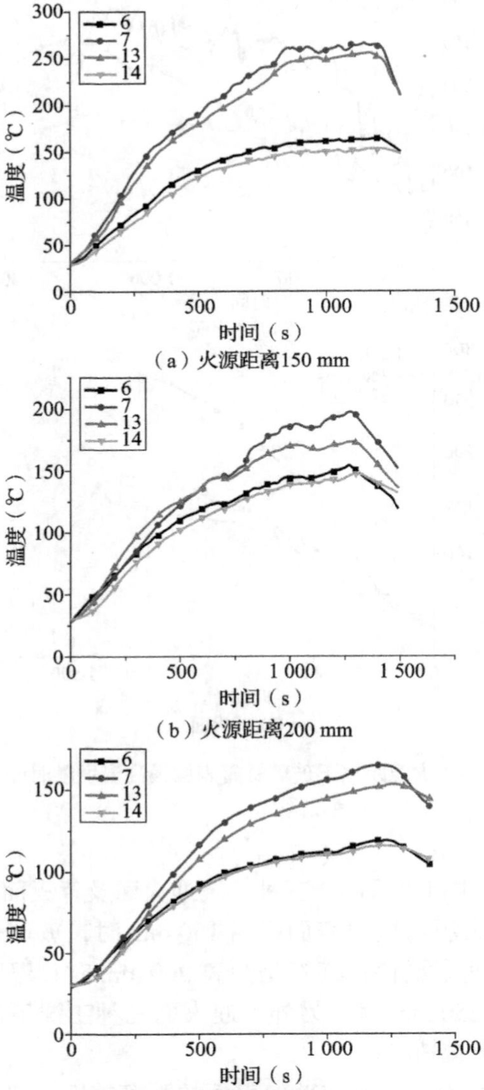

图 3-27　不同火源距离下夹层玻璃遮蔽表面温度随时间变化曲线

从图 3-27 中可以看出，迎火面的遮蔽表面温度高于对应点背火面的遮蔽表面温度，二者的温度变化趋势大致相同，各测点温度曲线变化平稳。

火源与玻璃距离 150 mm 时，玻璃遮蔽表面最高温度范围为 150 ～ 270 ℃；火源与玻璃距离 200 mm 时，玻璃遮蔽表面最高温度范围为 140 ～ 200 ℃；火源与玻璃距离 250 mm 时，玻璃遮蔽表面最高温度范围为 105 ～ 165 ℃。由于玻璃框架的遮蔽作用，在相同工况下，遮蔽表面各测点的最高温度及升温速率均低于暴露表面各测点。

2. 透过背火面的热通量随时间的变化

图 3-28 所示为不同火源功率下透过背火面的热通量随时间变化曲线。从图 3-28 可以看出，三种实验工况下热通量的变化规律基本相同。油盘点燃后，热通量逐渐上升，300 s 后达到稳定阶段，出现峰值；在 1 300 s 后，随着火焰衰减，热通量迅速下降。

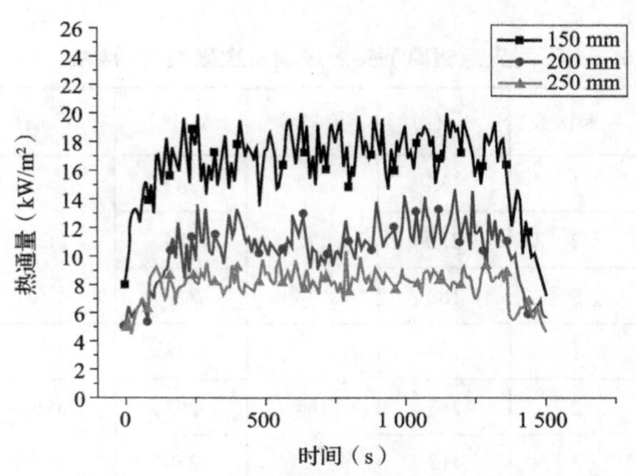

图 3-28　不同火源距离下透过玻璃背火面热通量随时间变化曲线

当火源距离玻璃表面 150 mm 时，热通量峰值在 15 ～ 20 kW/m^2 之间；当火源距离玻璃表面 200 mm 时，热通量峰值在 10 ～ 14 kW/m^2

之间；当火源距离玻璃表面 250 mm 时，热通量峰值在 6 ～ 10 kW/m^2 之间。

通过对比发现：火源与玻璃表面的距离越近，透过玻璃背火面的热通量越大，夹层玻璃受到的热通量达到 6 kW/m^2 左右时即可发生破裂。

与相同实验条件下钢化玻璃的热通量作对比，可以看出，透过钢化玻璃背火面的热通量要略高于透过夹层玻璃背火面的热通量，这是因为夹层玻璃的结构与钢化玻璃不同，其中间有一层 PVB 薄膜，热量纵向传递过程中会被这层薄膜吸收一部分，从而使透过背火面的热量减少。

3. 玻璃首次破裂时间及温差

分别对 H5、H9、H10 三种工况下的迎火面首次破裂时间、迎火面首次破裂平均时间，背火面首次破裂时间、背火面首次破裂平均时间及背火面与迎火面首次破裂平均时间差进行分析。具体时间参数见表 3-10。

表 3-10　不同火源距离下夹层玻璃首次破裂时间参数

实验编号	实验次数	t_y（s）	$\overline{t_y}$（s）	t_b（s）	$\overline{t_b}$（s）	$\overline{t_b}-\overline{t_y}$（s）
H5	1	135	172	241	263	91
	2	212		324		
	3	168		224		
H9	1	168	184	418	356	172
	2	268		293		
	3	118		358		
H10	1	392	257	586	515	258
	2	183		459		
	3	196		500		

由表 3–10 可知，火源与玻璃表面距离为 150 mm 时，迎火面首次破裂平均时间为 172 s，低于距离为 200 mm 时的 184 s，低于距离为 250 mm 时的 257 s；火源与玻璃表面距离为 150 mm 时，背火面首次破裂平均时间为 263 s，低于距离为 200 mm 时的 356 s，低于距离为 250 mm 时的 515 s；火源与玻璃表面距离为 150 mm 时，背火面与迎火面首次破裂平均时间差为 91 s，低于距离为 200 mm 时的 172 s，低于距离为 250 mm 时的 258 s。

可以得到结论：火源与玻璃表面距离越近，玻璃越容易破裂，且背火面破裂相对于迎火面破裂有一定的延迟。

图 3–29 所示为不同火源距离下夹层玻璃表面最大温差随时间变化曲线。

结合夹层玻璃迎火面与背火面的破裂时间，可以从图 3–29 中看出，在火源距离 150 mm 条件下，玻璃破裂的温差范围为 50 ～ 170 ℃；火源距离 200 mm 条件下，玻璃破裂的温差范围为 36 ～ 132 ℃；火源距离 250 mm 条件下，玻璃破裂的温差范围为 28 ～ 63 ℃。

由上可以得出结论：夹层玻璃在单面温差达到 30 ℃左右时，即可发生破裂，首次破裂时的温差随着火源功率增大而减小。

依旧采用标记玻璃边缘的方法，来记录夹层玻璃首次破裂的位置。表 3–11 给出了不同火源距离下夹层玻璃首次破裂位置。

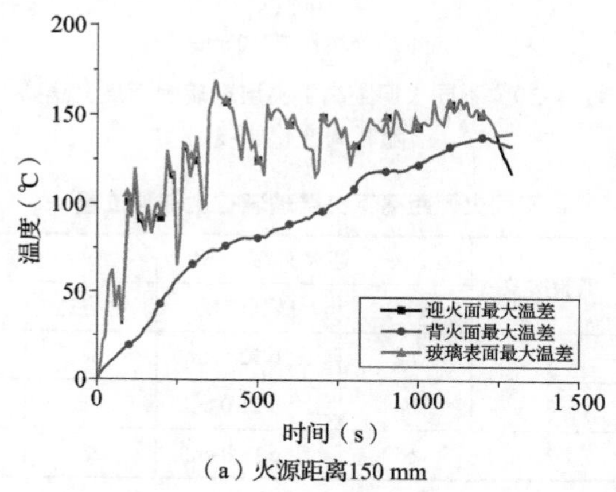

（a）火源距离150 mm

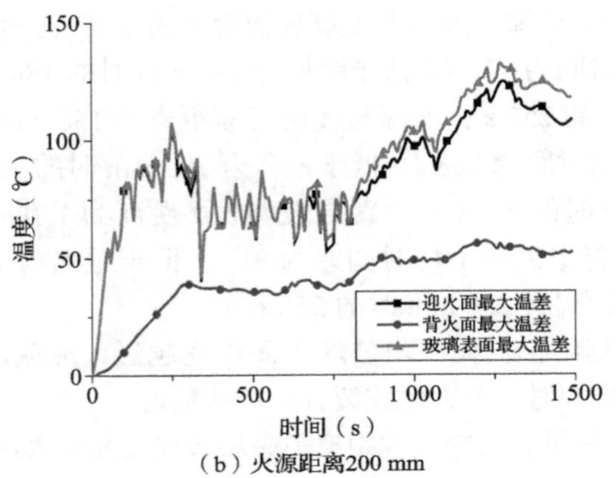

（b）火源距离200 mm

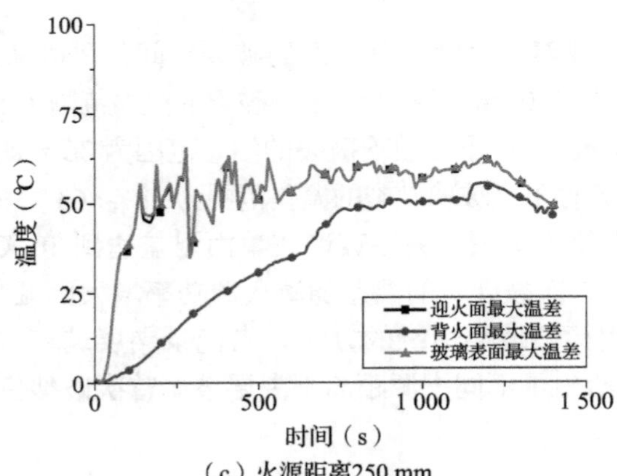

（c）火源距离250 mm

图 3-29　不同火源距离下夹层玻璃表面最大温差随时间变化曲线

表 3-11　　不同火源距离下夹层玻璃首次破裂位置

实验编号	实验次数	迎火面		背火面	
		破裂边	破裂位置	破裂边	破裂位置
H5	1	bc	距 b 12.5 cm	bc	距 b 12.3 cm
	2	bc	距 b 21.0 cm	bc	距 b 18.0 cm
	3	cd	距 c 18.8 cm	cd	距 c 35.0 cm

续表

实验编号	实验次数	迎火面		背火面	
		破裂边	破裂位置	破裂边	破裂位置
H9	1	bc	距 b 16.5 cm	bc	距 b 16.7 cm
	2	bc	距 b 33.0 cm	bc	距 b 27.0 cm
	3	bc	距 b 33.0 cm	bc	距 b 20.2 cm
H10	1	cd	距 c 19.0 cm	cd	距 c 20.0 cm
	2	bc	距 b 25.3 cm	cd	距 c 14.5 cm
	3	cd	距 c 38.0 cm	cd	距 c 11.5 cm

由表 3–11 可知，当火源与玻璃表面距离为 150 mm、200 mm 时，首次破裂位置主要集中于玻璃的底边；火源与玻璃表面距离为 250 mm 时，首次破裂位置集中于两侧，且玻璃首次破裂位置没有产生于玻璃的四角。迎火面与背火面的破裂位置基本相同，大致处于玻璃边框的三分点处。

三、升温速率对车用玻璃破裂行为的影响

热源升温速率的快慢，会影响到玻璃表面温度升高的速度，进而可能影响到玻璃的破裂行为。本组实验中，通过改变玻璃辐射实验台程序控温系统的升温程序，使热源按照 5 ℃/min、10 ℃/min、15 ℃/min 的升温速率对玻璃进行加热，其他实验条件保持不变，具体实验工况见表 3–12。

表 3–12　　实验工况

玻璃种类	实验编号	升温速率（℃/min）	初始温度（℃）	终止温度（℃）	保温时间（min）	火源距离（mm）
钢化玻璃	H11	5	50	800	30	150
	H12	10	50	800	30	150
	H13	15	50	800	30	150

续表

玻璃种类	实验编号	升温速率（℃/min）	初始温度（℃）	终止温度（℃）	保温时间（min）	火源距离（mm）
夹层玻璃	H14	5	50	800	30	150
	H15	10	50	800	30	150
	H16	15	50	800	30	150

（一）对钢化玻璃破裂行为的影响

1. 玻璃表面温度随时间的变化

图 3–30 所示为不同升温速率下钢化玻璃暴露表面温度随时间变化曲线。

从图 3–30 可以看出，温度曲线的走势大致相同，从受到热源辐射开始，玻璃表面温度开始逐渐上升，在保温阶段时达到稳定。

升温速率为 5 ℃/min 时，钢化玻璃迎火面的最高温度范围为 190 ～ 196 ℃，中心线最高温度范围为 130 ～ 196 ℃；背火面最高温度范围为 185 ～ 190 ℃，中心线最高温度范围为 130 ～ 190 ℃。升温速率为 10 ℃/min 时，钢化玻璃迎火面的最高温度范围为 200 ～ 205 ℃，中心线最高温度范围为 130 ～ 205 ℃；背火面最高温度范围为 190 ～ 200 ℃，中心线最高温度范围为 130 ～ 200 ℃。升温速率为 15 ℃/min 时，钢化玻璃迎火面的最高温度范围为 200 ～ 210 ℃，中心线最高温度范围为 140 ～ 210 ℃；背火面最高温度范围为 200 ～ 205 ℃，中心线最高温度范围为 140 ～ 205 ℃。

观察曲线图可以发现，玻璃每一面的五个测点可以大致分为三组，中心线中上部两个测点（迎火面 1、2 号，背火面 8、9 号）为一组，温度最高；两侧的测点（迎火面 4、5 号，背火面 11、12 号）为一组，温度居中；中心线最下方的一个测点（迎火面 3 号，背火面 10 号）单独一组，温度最低。这是由于辐射板辐射出的热量分布并不均匀，两侧温度与中心温度相比略低一些，而整个空间的热空气是向上运动的，玻璃上部空气温度比下部高，因此，最下方的测点温度最低。

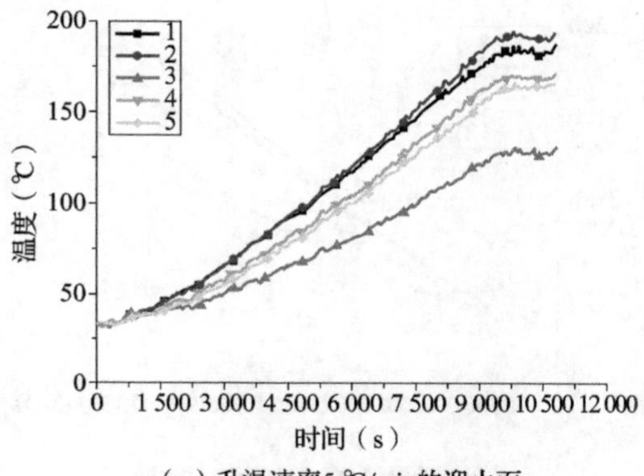

（a）升温速率5 ℃/min的迎火面

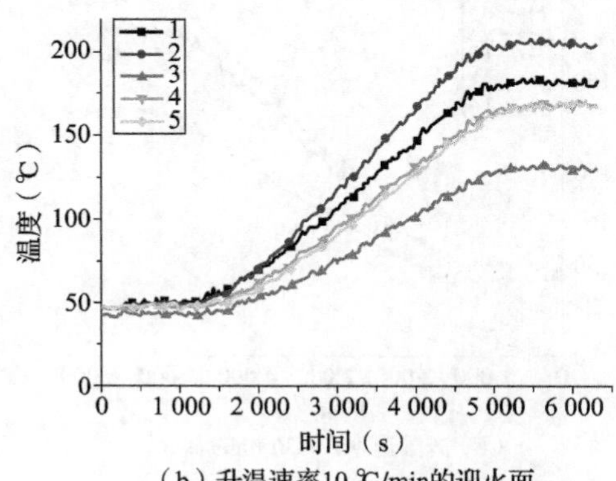

（b）升温速率10 ℃/min的迎火面

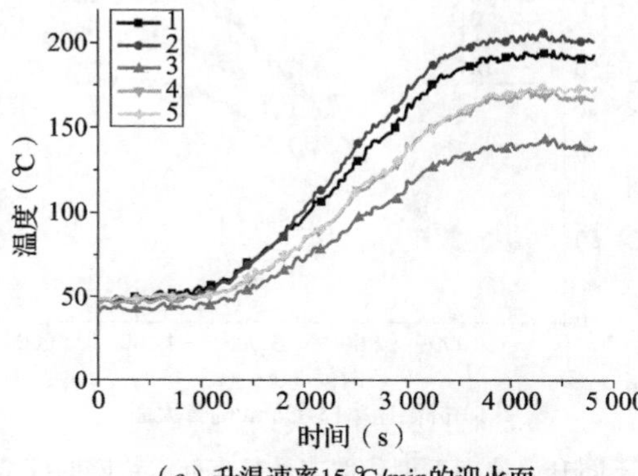

（c）升温速率15 ℃/min的迎火面

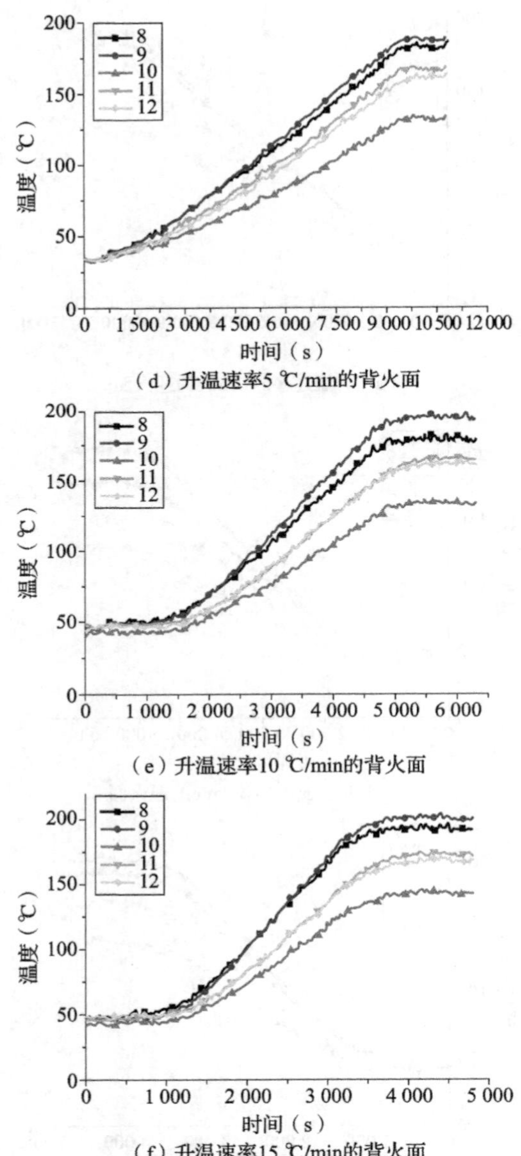

（d）升温速率5 ℃/min的背火面

（e）升温速率10 ℃/min的背火面

（f）升温速率15 ℃/min的背火面

图 3-30　不同升温速率下钢化玻璃暴露表面温度随时间变化曲线

图 3-31 中所示为不同升温速率下钢化玻璃暴露表面最高温度随时间变化曲线。

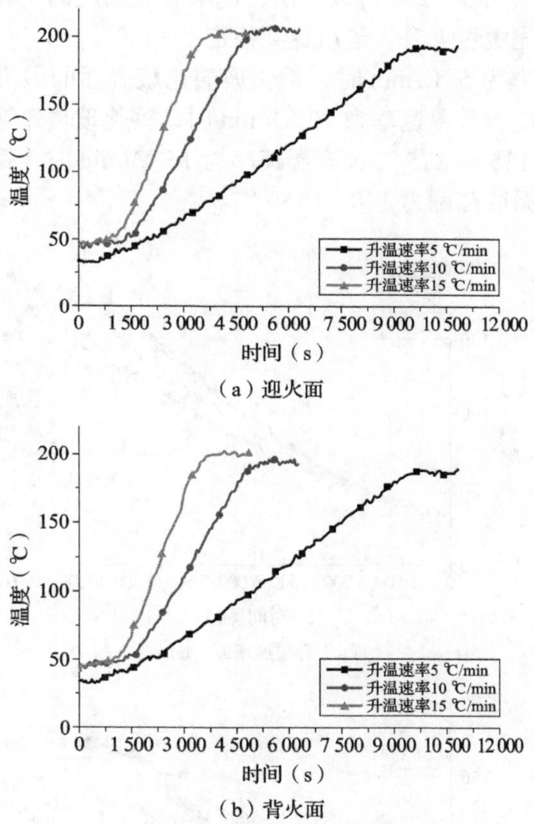

（a）迎火面

（b）背火面

图 3-31　不同升温速率下钢化玻璃暴露表面最高温度随时间变化曲线

从图 3-31 中可以看出，随着热源升温速率的加快，玻璃表面的升温速率随之上升，但是由于三种工况的终止温度与保温时间相同，因而在不同的升温速率下玻璃表面达到的最高温度大致相同，均稳定在 190 ～ 210 ℃之间。

这种现象说明：热源的升温速率只对玻璃表面温度的升温速率

有影响，对其达到的最高温度影响并不大。

图 3–32 中所示为不同升温速率下钢化玻璃遮蔽表面温度随时间变化曲线。从图 3–32 中可以看出，遮蔽表面温度的变化规律与暴露表面类似，先缓慢上升，最后达到稳定。

升温速率为 5 ℃/min 时，钢化玻璃遮蔽表面的最高温度范围为 130 ～ 177 ℃；升温速率为 10 ℃/min 时，钢化玻璃遮蔽表面的最高温度范围为 135 ～ 175 ℃；升温速率为 15 ℃/min 时，钢化玻璃遮蔽表面的最高温度范围为 140 ～ 180 ℃。

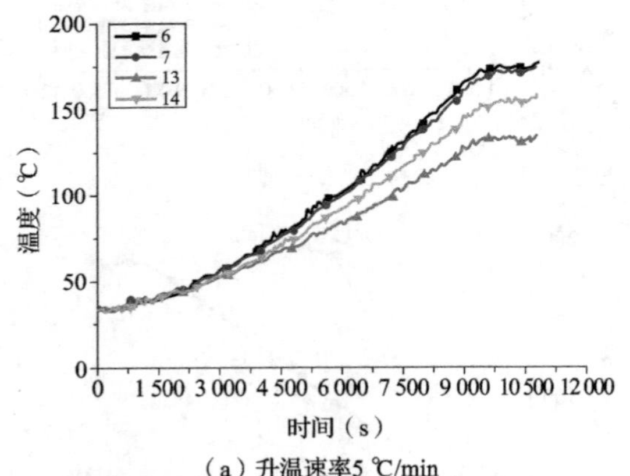

（a）升温速率5 ℃/min

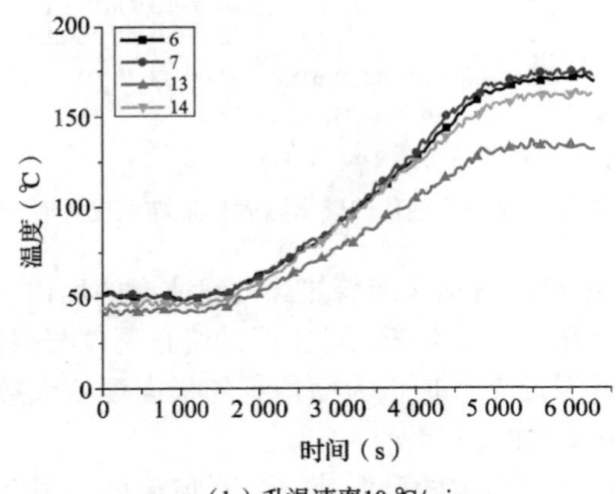

（b）升温速率10 ℃/min

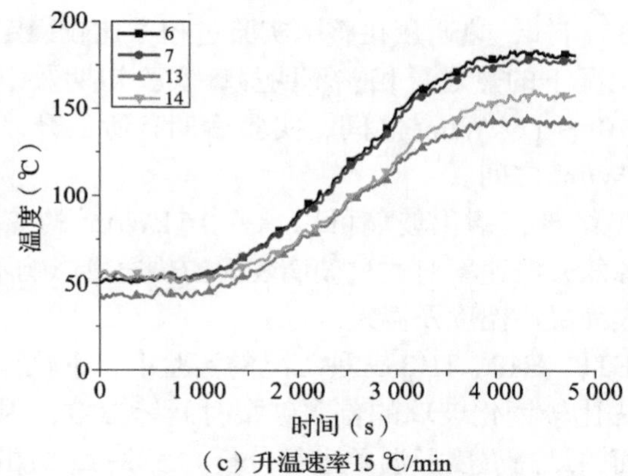

（c）升温速率15 ℃/min

图 3-32　不同升温速率下钢化玻璃遮蔽表面温度随时间的变化曲线

与前面出现的同侧测点温度相近的现象不同，迎火面的 6、7 号测点的温度明显高于背火面的 13、14 号测点，这是由于辐射板供给玻璃两侧的热量是大致相等的，不会出现油盘火实验中火焰受风力影响偏向一侧的现象。

2. 透过背火面的热通量随时间的变化

图 3-33 所示为不同升温速率下钢化玻璃透过背火面的热通量随时间变化曲线。

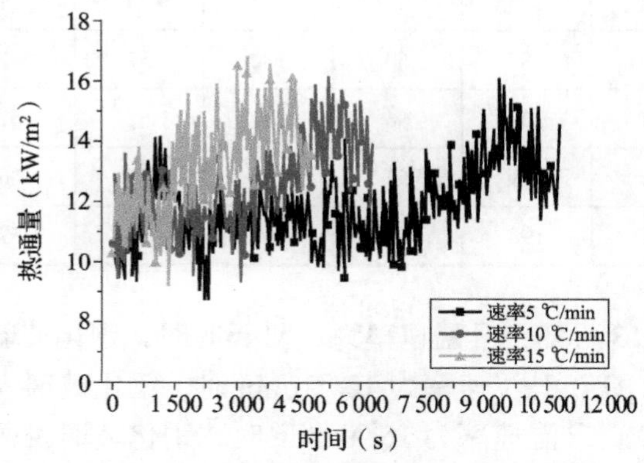

图 3-33　不同升温速率下钢化玻璃透过背火面的热通量随时间变化曲线

由图 3–33 可知，热通量在整个实验过程中比较稳定，后期略有升高。三种工况下的热通量相差不明显，实验初期及中期，热通量峰值稳定在 10 ～ 12 kW/m^2 之间，实验后期有所上升，热通量峰值在 12 ～ 16 kW/m^2 之间。

可以得出结论：钢化玻璃可以承受 16 kW/m^2 的热通量而不破裂，辐射热源的升温速率对透过玻璃表面的热通量影响不大。

3. 玻璃表面最高温度及温差

由于在 H11、H12、H13 三种工况的实验中，钢化玻璃均没有发生破裂，无法比较钢化玻璃的首次破裂时间等参数，因此，只能对钢化玻璃表面的最高温度及温差进行分析。表 3–13 给出了不同升温速率下钢化玻璃表面最高温度及温差参数。

表 3–13 不同升温速率下钢化玻璃表面最高温度及温差参数

实验编号	实验次数	T_1（℃）	ΔT_1（℃）	T_2（℃）	ΔT_2（℃）	ΔT_3（℃）	$\overline{\Delta T_3}$（℃）
H11	1	196	65	190	59	66	57
	2	183	47	176	41	47	
	3	190	58	185	52	59	
H12	1	207	78	199	64	78	64
	2	175	48	171	46	51	
	3	187	60	182	57	62	
H13	1	207	66	201	62	67	61
	2	179	53	168	55	60	
	3	198	56	194	53	57	

由表 3–13 可知，升温速率为 5 ℃/min 时，钢化玻璃表面平均最大温差为 57 ℃；升温速率为 10 ℃/min 时，钢化玻璃表面平均最大温差为 64 ℃；升温速率为 15 ℃/min 时，钢化玻璃表面平均最大温差为 61 ℃。

因此，可以看出：不同升温速率对钢化玻璃表面的平均最大温差影响不大，基本稳定在 60 ℃左右，钢化玻璃可以承受 60 ℃左右的温差而不破裂。

（二）对夹层玻璃破裂行为的影响

1. 玻璃表面温度随时间的变化

图 3-34 中所示为不同升温速率下夹层玻璃暴露表面温度随时间变化曲线。从图 3-34 中可以看出，温度曲线的走势大致相同，从受到热源辐射开始，玻璃表面温度开始逐渐上升，在保温阶段时达到稳定。

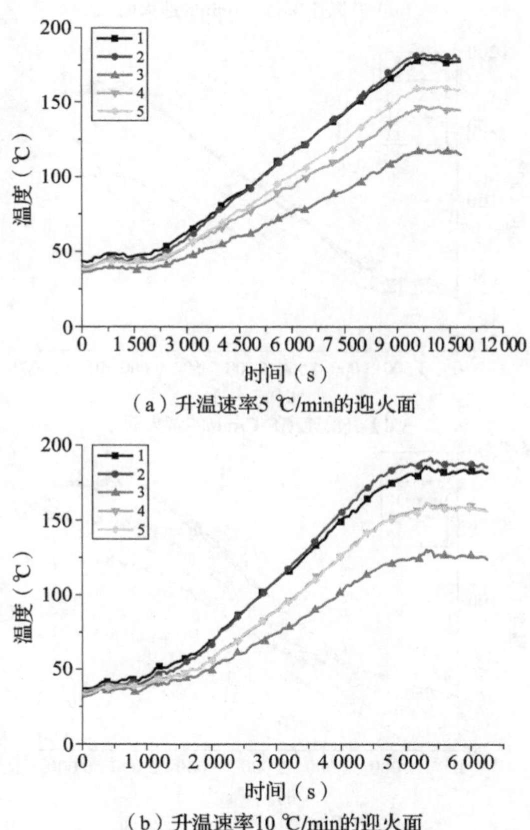

（a）升温速率5 ℃/min的迎火面

（b）升温速率10 ℃/min的迎火面

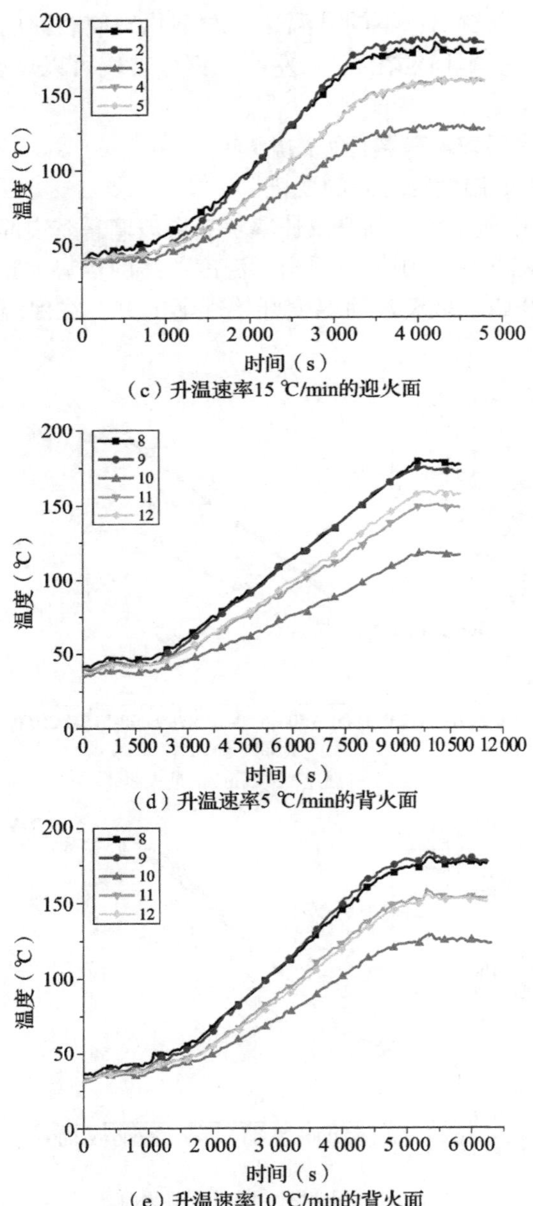

（c）升温速率15 ℃/min的迎火面

（d）升温速率5 ℃/min的背火面

（e）升温速率10 ℃/min的背火面

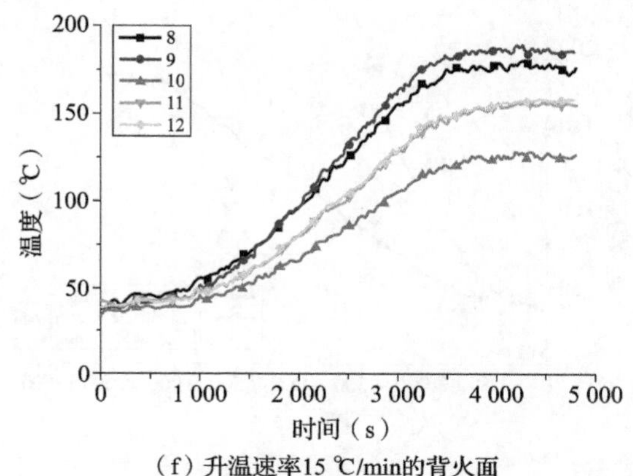

（f）升温速率15 ℃/min的背火面

图 3-34　不同升温速率下夹层玻璃暴露表面温度随时间变化曲线

升温速率为 5 ℃/min 时，夹层玻璃迎火面的最高温度范围为 180 ～ 185 ℃，中心线最高温度范围为 115 ～ 185 ℃；背火面最高温度范围为 170 ～ 180 ℃，中心线最高温度范围为 113 ～ 180 ℃。升温速率为 10 ℃/min 时，夹层玻璃迎火面的最高温度范围为 180 ～ 190 ℃，中心线最高温度范围为 125 ～ 190 ℃；背火面最高温度范围为 177 ～ 185 ℃，中心线最高温度范围为 125 ～ 185 ℃。升温速率为 15 ℃/min 时，夹层玻璃迎火面的最高温度范围为 185 ～ 192 ℃，中心线最高温度范围为 130 ～ 192 ℃；背火面最高温度范围为 185 ～ 190 ℃，中心线最高温度范围为 125 ～ 190 ℃。

与上一部分相同，玻璃两面的温度也分为三组，中心线中上部两个测点为一组，温度最高；两侧的测点为一组，温度居中；中心线最下方测点单独一组，温度最低。

图 3-35 所示是不同升温速率下夹层玻璃暴露表面最高温度随时间变化曲线。从图 3-35 中可以看出，随着热源升温速率的加快，玻璃表面的升温速率随之上升，但热源的升温速率只对玻璃表面温度的升温速率有影响，对其达到的最高温度影响并不大。三种工况达到的最高温度大致相同，均稳定在 180 ～ 190 ℃之间。

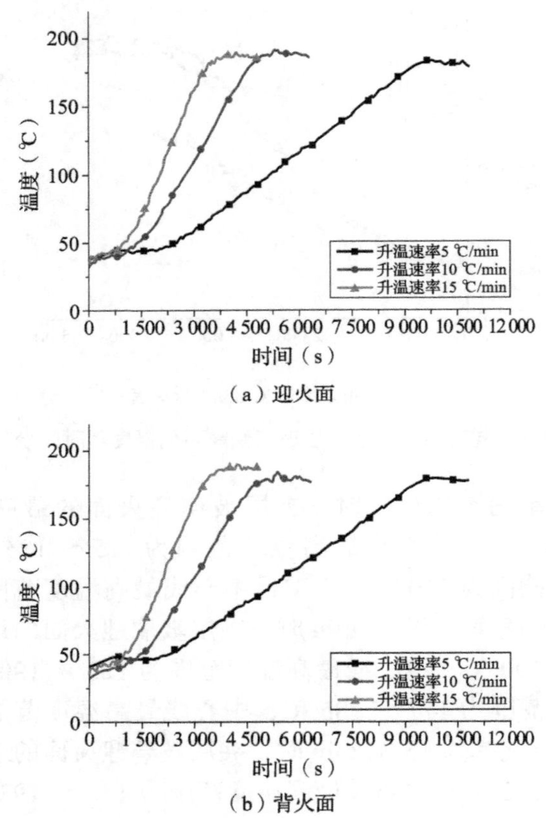

图 3-35　不同升温速率下夹层玻璃暴露表面最高温度随时间变化曲线

图 3-36 所示为不同升温速率下夹层玻璃遮蔽表面温度随时间变化曲线。从图 3-36 中可以看出，与前文相同，迎火面的 6、7 号测点的温度明显高于背火面的 13、14 号测点，其温度均是先缓慢上升，最后达到稳定。

升温速率为 5 ℃/min 时，夹层玻璃遮蔽表面的最高温度范围为 115 ～ 165 ℃；升温速率为 10 ℃/min 时，夹层玻璃遮蔽表面的最高温度范围为 125 ～ 160 ℃；升温速率为 15 ℃/min 时，夹层玻璃遮蔽表面的最高温度范围为 125 ～ 168 ℃。

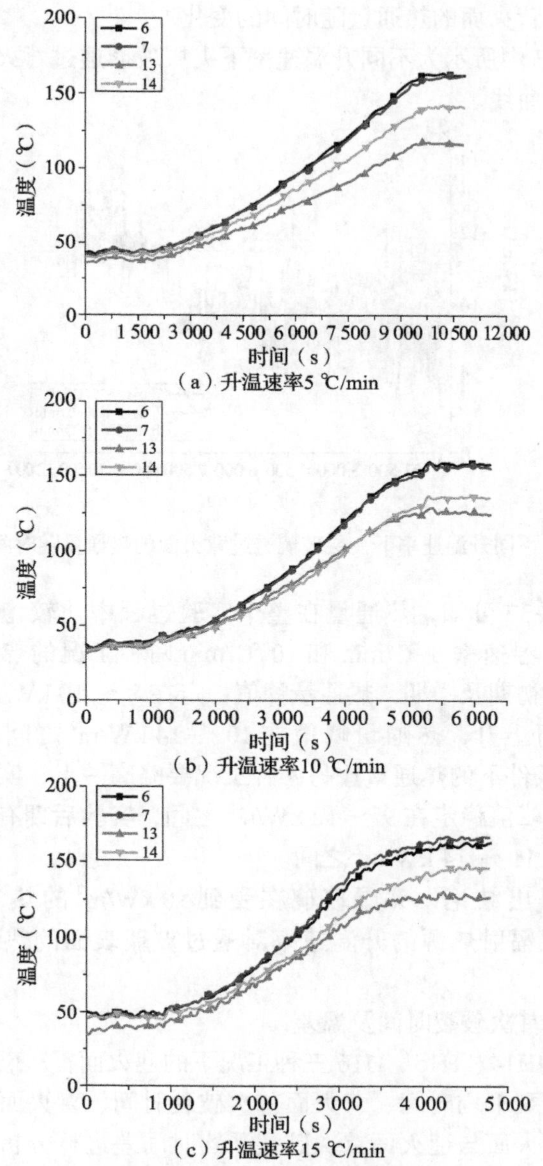

（a）升温速率5 ℃/min

（b）升温速率10 ℃/min

（c）升温速率15 ℃/min

图 3–36　不同升温速率下夹层玻璃遮蔽表面温度随时间变化曲线

2. 透过背火面的热通量随时间的变化

图 3-37 中所示为不同升温速率下夹层玻璃透过背火面的热通量随时间变化曲线。

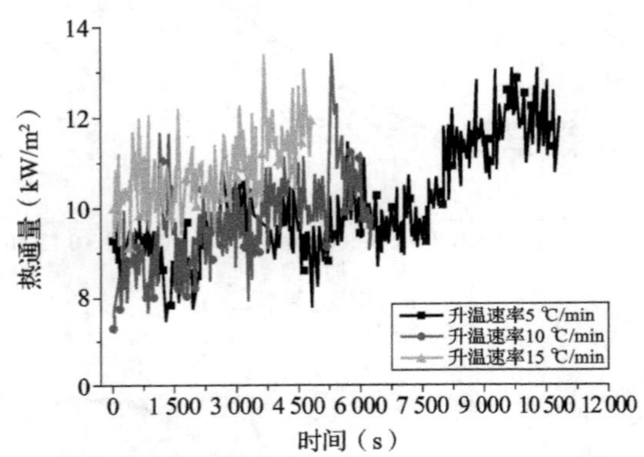

图 3-37　不同升温速率下夹层玻璃透过背火面的热通量随时间变化曲线

由图 3-37 可知，热通量在整个实验过程中比较稳定，后期略有升高。升温速率 5 ℃/min 和 10 ℃/min 两种工况的热通量相差不明显，实验初期及中期，热通量峰值稳定在 8 ～ 10 kW/m^2 之间，实验后期有所上升，热通量峰值在 10 ～ 14 kW/m^2 之间。升温速率 15 ℃/min 条件下的热通量比另两种工况要略高一点，实验初期及中期，热通量峰值稳定在 9 ～ 12 kW/m^2 之间，实验后期有所上升，热通量峰值在 11 ～ 14 kW/m^2 之间。

可以得出结论：夹层玻璃在受到 10 kW/m^2 的热流辐射时即可破裂，但辐射热源的升温速率对透过玻璃表面的热通量影响不明显。

3. 玻璃首次破裂时间及温差

分别对 H14、H15、H16 三种工况下的迎火面首次破裂时间，迎火面首次破裂平均时间、背火面首次破裂时间、背火面首次破裂平均时间及背火面与迎火面首次破裂平均时间差进行分析。具体时间参数见表 3-14。

表 3-14 不同升温速率下夹层玻璃首次破裂时间参数

实验编号	实验次数	t_y（s）	$\overline{t_y}$（s）	t_b（s）	$\overline{t_b}$（s）	$\overline{t_b}-\overline{t_y}$（s）
H14	1	6 390	6 254	6 415	6 304	50
	2	6 214		6 296		
	3	6 158		6 202		
H15	1	2 871	2 508	2 880	2 544	36
	2	2 659		2 706		
	3	1 995		2 046		
H16	1	1 996	2 036	2 039	2 062	26
	2	2 010		2 021		
	3	2 103		2 128		

由表 3-14 可知，升温速率为 5 ℃/min 时，迎火面首次破裂平均时间为 6 254 s，高于升温速率 10 ℃/min 时的 2 508 s，高于升温速率 15 ℃/min 时的 2 036 s；升温速率为 5 ℃/min 时，背火面首次破裂平均时间为 6 304 s，高于升温速率 10 ℃/min 时的 2 544 s，高于升温速率 15 ℃/min 时的 2 062 s；升温速率为 5 ℃/min 时，背火面与迎火面首次破裂平均时间差为 50 s，高于升温速率 10 ℃/min 时的 36 s，高于升温速率 15 ℃/min 时的 26 s。

可以得到结论：背火面的破裂时间较迎火面破裂时间有一定的延迟，辐射热源的升温速率越快，玻璃的首次破裂时间越短，即破裂越迅速。

图 3-38 所示为不同升温速率下夹层玻璃表面最大温差随时间变化曲线。

结合夹层玻璃迎火面与背火面的破裂时间，可以从图 3-38 中看出，在升温速率 5 ℃/min 条件下，玻璃破裂的温差范围为 42 ～ 65 ℃；升温速率 10 ℃/min 条件下，玻璃破裂的温差范围为 30 ～ 64 ℃；升温速率 15 ℃/min 条件下，玻璃破裂的温差范围为 30 ～ 65 ℃。

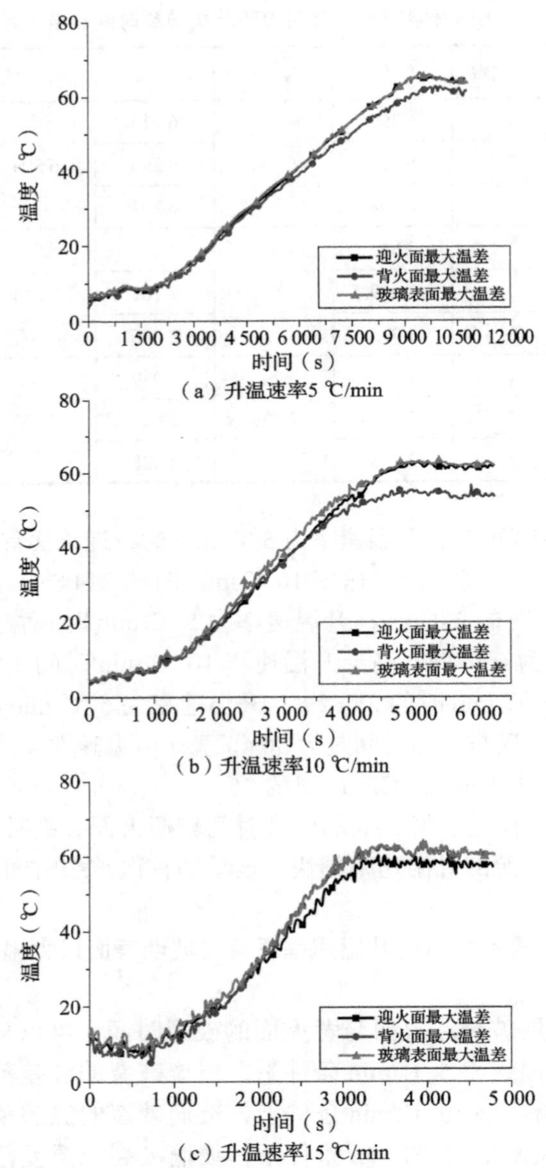

（a）升温速率5 ℃/min

（b）升温速率10 ℃/min

（c）升温速率15 ℃/min

图 3-38　不同升温速率下夹层玻璃表面最大温差随时间变化曲线

由此可以得出结论：夹层玻璃在单面温差达到 30 ℃左右时，即可发生破裂；同时，辐射热源升温速率越慢，其首次破裂的温差就越高。

仍采用标记玻璃边缘的方法，来记录夹层玻璃首次破裂的位置。表 3–15 给出了不同升温速率条件下夹层玻璃首次破裂位置。三种实验工况下，玻璃的首次破裂位置均集中于两侧，且大部分集中于 ab 边，同时，玻璃首次破裂位置均没有产生于玻璃的四角。迎火面与背火面的破裂位置大部分基本相同，有少数情况两面的破裂位置位于玻璃不同的边，但位置均处于玻璃边框的三分点附近。

表 3–15　不同升温速率下夹层玻璃首次破裂位置

实验编号	实验次数	迎火面		背火面	
		破裂边	破裂位置	破裂边	破裂位置
H14	1	cd	距 d 17.5 cm	ab	距 b 24.0 cm
	2	ab	距 a 17.5 cm	cd	距 d 14.7 cm
	3	ab	距 b 21.2 cm	ab	距 b 19.5 cm
H15	1	cd	距 c 19.5 cm	cd	距 c 14.9 cm
	2	ab	距 b 27.0 cm	ab	距 b 9.9 cm
	3	ab	距 b 18.7 cm	ab	距 b 20.3 cm
H16	1	cd	距 c 23.6 cm	cd	距 c 15.0 cm
	2	ab	距 b 21.5 cm	ab	距 b 28.7 cm
	3	ab	距 b 25.4 cm	ab	距 b 24.1 cm

四、火源位置对车用玻璃破裂行为的影响

针对车用玻璃镀膜这一普遍存在的现象，本组实验采用镀膜玻璃与正常玻璃对比的方式，研究火源位置对于车用玻璃破裂行为的影响。本组实验的升温速率为 10 ℃/min，其他实验条件保持不变。具体实验工况见表 3–16。

表 3-16　　实验工况

玻璃种类	实验编号	升温速率（℃/min）	初始温度（℃）	终止温度（℃）	保温时间（min）	热源距离（mm）
正常钢化玻璃	H12	10	50	800	30	150
镀膜钢化玻璃	H17	10	50	800	30	150
正常夹层玻璃	H15	10	50	800	30	150
镀膜夹层玻璃	H18	10	50	800	30	150

（一）对钢化玻璃破裂行为的影响

1. 玻璃表面温度随时间的变化

图 3-39 所示为镀膜钢化玻璃表面温度随时间变化曲线。从图 3-39 可以看出，玻璃表面温度先缓慢上升，到实验后期趋于稳定，达到最高温度。迎火面最高温度范围为 190 ～ 200 ℃，中心线最高温度范围为 135 ～ 200 ℃；背火面最高温度范围为 185 ～ 195 ℃，中心线最高温度范围为 130 ～ 195 ℃；遮蔽表面最高温度范围为 140 ～ 182 ℃。

同样，玻璃两面暴露表面测点的温度可以分为三组，中心线中上部两个测点为一组，温度最高；两侧的测点为一组，温度居中；中心线最下方测点单独一组，温度最低。遮蔽表面测点的温度迎火面明显高于背火面。

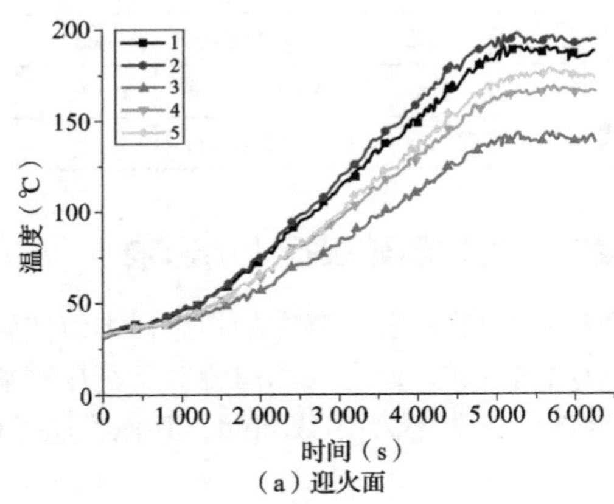

（a）迎火面

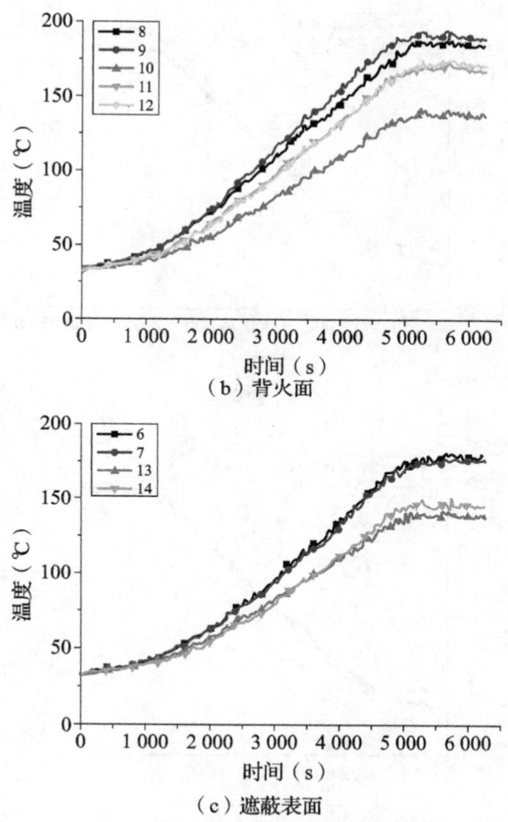

（b）背火面

（c）遮蔽表面

图 3-39 镀膜钢化玻璃表面温度随时间变化曲线

图 3-40 所示为两种钢化玻璃表面最高温度随时间变化曲线。由图 3-40 可知，镀膜钢化玻璃迎火面的最高温度比正常钢化玻璃低 5 ～ 7 ℃，而二者的背火面最高温度基本持平。

由此说明，钢化玻璃是否镀膜对其表面的最高温度影响不大。单就火源本身来说，在车内或车外对玻璃温度的影响不大。但在实际火灾中，车内起火后，因其本身的保温性能比车外起火时要好，可能会造成玻璃表面温度的差异，这就需要进行更深入的研究。

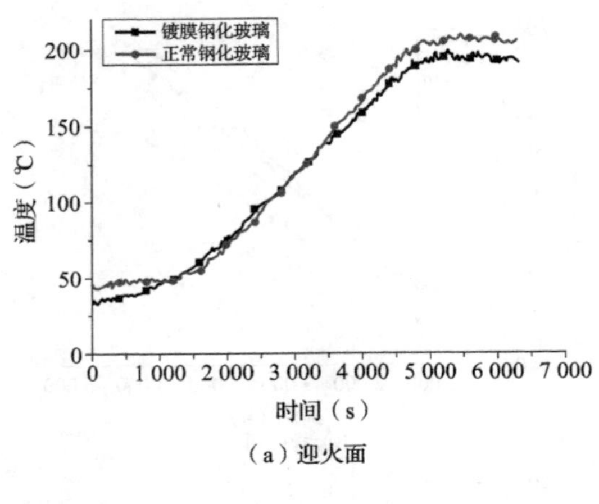

（a）迎火面

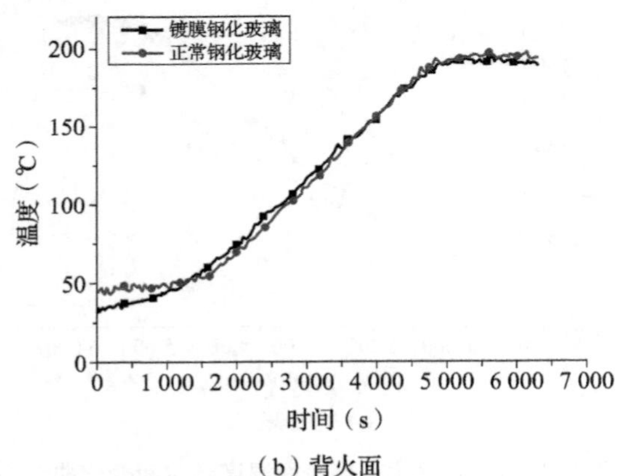

（b）背火面

图 3-40　两种钢化玻璃表面最高温度随时间变化曲线

2. 透过背火面的热通量随时间的变化

图 3-41 所示为两种钢化玻璃透过背火面的热通量随时间变化曲线。从图 3-41 中可以看出，二者的趋势相同，热通量在实验的初期及中期比较平稳，热通量峰值稳定在 10 ～ 12 kW/m^2 之间；实验后期有所上升，热通量峰值在 12 ～ 16 kW/m^2 之间。

由此说明：钢化玻璃镀膜与否对透过玻璃背火面的热通量影响不大，镀膜钢化玻璃可以承受 16 kW/m^2 的热通量而不破裂。

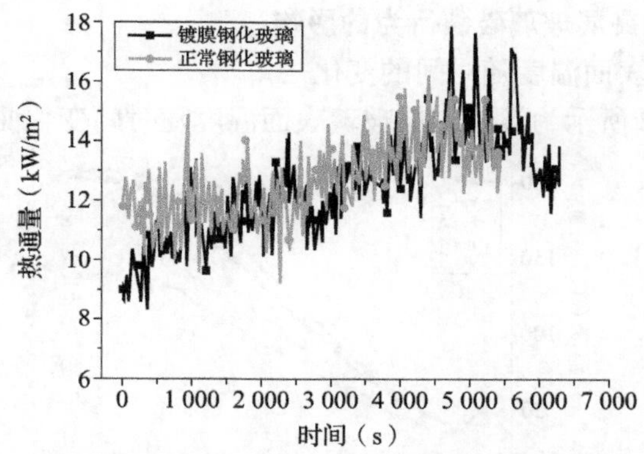

图 3-41　两种钢化玻璃透过背火面的热通量随时间变化曲线

3. 玻璃表面最高温度及最大温差

由于在 H16 工况的实验中钢化玻璃没有发生破裂，无法分析镀膜钢化玻璃的首次破裂时间等参数，因此，只能对其表面的最高温度及温差进行分析，同时，与 H12 工况的数据进行对比。表 3-17 给出了两种钢化玻璃表面最高温度及温差参数。

表 3-17　　两种钢化玻璃表面最高温度及温差参数

实验编号	实验次数	T_1（℃）	ΔT_1（℃）	T_2（℃）	ΔT_2（℃）	ΔT_3（℃）	$\overline{\Delta T_3}$（℃）
H12	1	207	78	199	64	78	64
	2	175	48	171	46	51	
	3	187	60	182	57	62	
H17	1	199	57	196	56	61	67
	2	193	72	184	65	74	
	3	195	65	189	59	66	

由表 3-17 中数据可知，镀膜钢化玻璃的表面平均最大温差为 67 ℃，仅比正常钢化玻璃的表面平均最大温差高 3 ℃。这说明钢化玻璃是否镀膜对其表面温差影响不大，镀膜钢化玻璃可以承受 70 ℃ 的温差而不发生破裂。

（二）对夹层玻璃破裂行为的影响

1. 玻璃表面温度随时间的变化

图 3-42 所示为镀膜夹层玻璃表面温度随时间变化曲线。

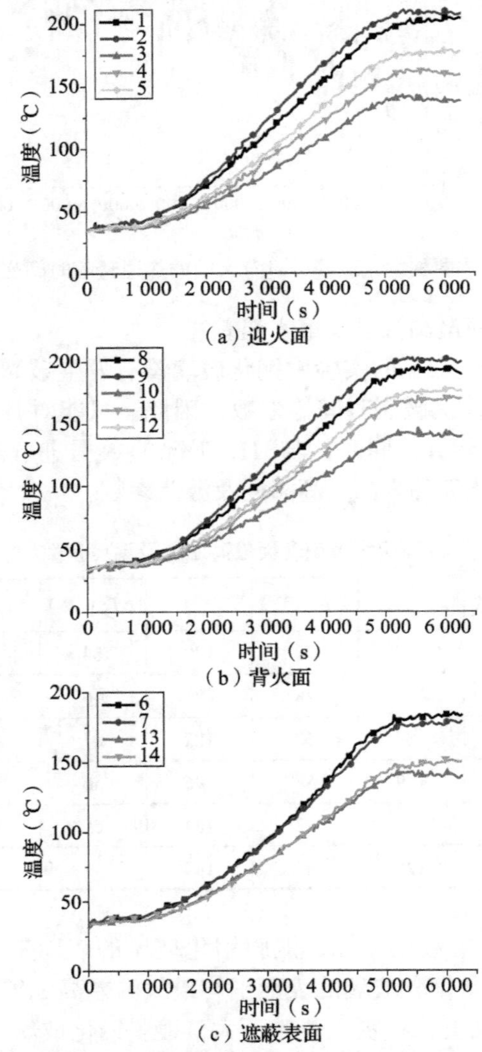

（a）迎火面

（b）背火面

（c）遮蔽表面

图 3-42　镀膜夹层玻璃表面温度随时间变化曲线

从图 3-42 中可以知道，镀膜夹层玻璃表面温度先缓慢上升，到实验后期趋于稳定，达到最高温度。迎火面最高温度范围为 200 ～ 212 ℃，中心线最高温度范围为 137 ～ 212 ℃；背火面最高温度范围为 195 ～ 204 ℃，中心线最高温度范围为 135 ～ 204 ℃；遮蔽表面最高温度范围为 140 ～ 185 ℃。

同样，玻璃两面暴露表面测点的温度可以分为三组，中心线中上部两个测点为一组，温度最高；两侧的测点为一组，温度居中；中心线最下方测点单独一组，温度最低。遮蔽表面测点的温度迎火面明显高于背火面。

图 3-43 所示为两种夹层玻璃表面最高温度随时间变化曲线。由图可知，镀膜钢化玻璃表面最高温度比正常钢化玻璃高 20 ～ 25 ℃。

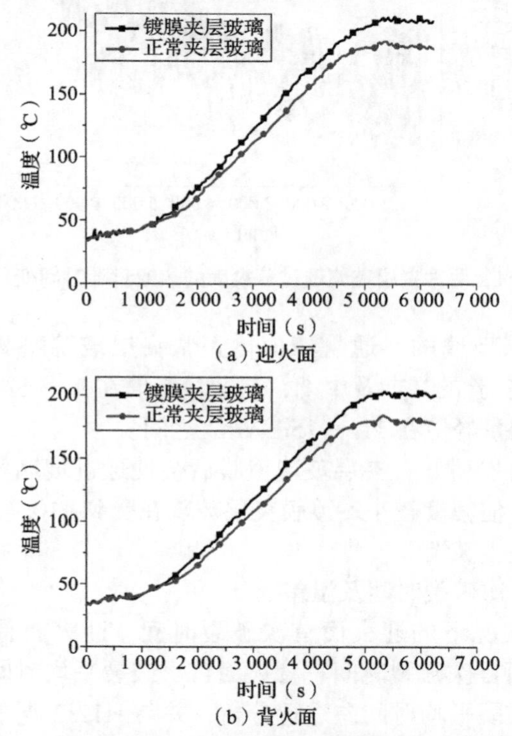

图 3-43　两种夹层玻璃表面最高温度随时间变化曲线

由此说明：夹层玻璃镀膜后对其表面的最高温度略有影响，但幅度不大。同样，在实际火灾中，火源的位置可能对夹层玻璃表面最高温度产生影响，这需要再进行进一步的研究与分析。

2. 透过背火面的热通量随时间的变化

图 3-44 所示为两种夹层玻璃透过背火面的热通量随时间变化曲线。从图 3-44 中可以看出，二者的趋势相同，热通量在实验的初期及中期比较平稳，实验后期有所上升。

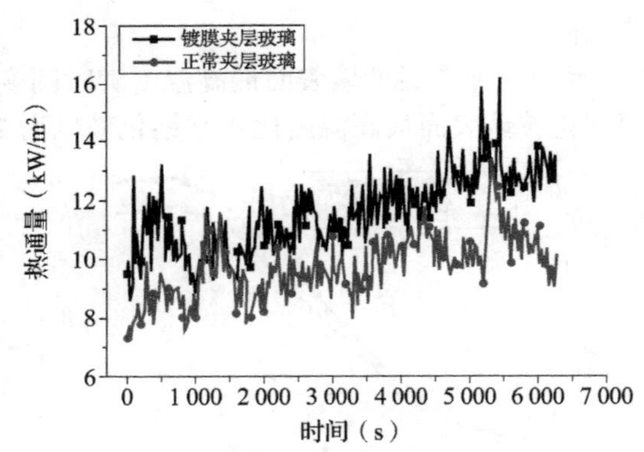

图 3-44　两种夹层玻璃透过背火面的热通量随时间变化曲线

镀膜夹层玻璃的热通量峰值比正常夹层玻璃略高，差值约为 1 kW/m^2，在实验的初期及中期，热通量峰值在 9 ～ 12 kW/m^2 之间，实验后期热通量峰值在 11 ～ 15 kW/m^2 之间。

因此，可以得知：夹层玻璃镀膜后会使透过玻璃背火面的热通量略有升高，但幅度较小；镀膜夹层玻璃在受到 11 kW/m^2 左右的热通量时即可发生破裂。

3. 玻璃首次破裂时间及温差

对 H18 工况下的迎火面首次破裂时间、迎火面首次破裂平均时间、背火面首次破裂时间、背火面首次破裂平均时间及背火面与迎火面首次破裂平均时间差进行分析，并与 H12 工况的数据进行对比。具体时间参数见表 3-18。

表 3-18　　两种夹层玻璃首次破裂时间参数

实验编号	实验次数	t_y（s）	$\overline{t_y}$（s）	t_b（s）	$\overline{t_b}$（s）	$\overline{t_b}-\overline{t_y}$（s）
H15	1	2 871	2 508	2 880	2 544	36
	2	2 659		2 706		
	3	1 995		2 046		
H18	1	2 460	2 275	2 492	2 318	43
	2	2 021		2 058		
	3	2 346		2 406		

由表 3-18 可知，夹层玻璃表面镀膜后，迎火面首次破裂平均时间为 2 275 s，低于未镀膜时的 2 508 s；其背火面首次破裂平均时间为 2 318 s，低于未镀膜时的 2 544 s；其背火面与迎火面首次破裂平均时间差为 43 s，高于未镀膜时的 36 s，但二者差值仅为 7 s。

因此，可以得到结论：夹层玻璃镀膜后，玻璃的首次破裂时间缩短，迎火面与背火面首次破裂的平均时间差略有延长，但整体影响不大。

图 3-45 所示为镀膜夹层玻璃表面最大温差随时间变化曲线。结合其迎火面与背火面的破裂时间，可以从图 3-45 中看出，镀膜夹层玻璃破裂的温差范围为 28 ～ 73 ℃；而相同实验条件下的正常夹层玻璃破裂的温差范围为 30 ～ 64 ℃，具体的温差图如图 3-38（b）所示。

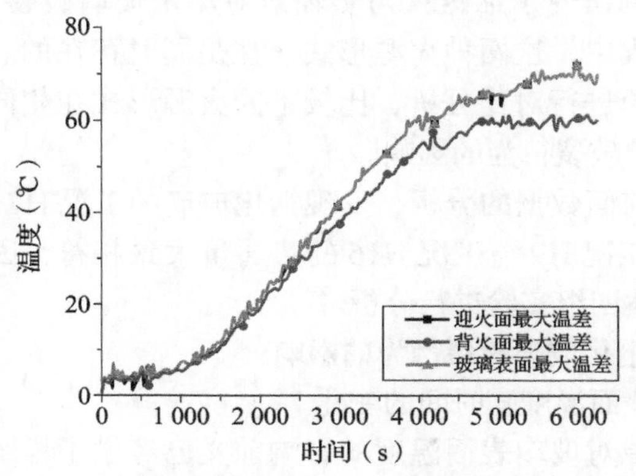

图 3-45　镀膜夹层玻璃表面最大温差随时间变化曲线

因此，可以看出：夹层玻璃在镀膜后，单面玻璃破裂的温差比未镀膜的夹层玻璃破裂的温差范围大 2 ～ 6 ℃，但其同样也是达到约 30 ℃的温差时会发生破裂。

同样采用标记玻璃边缘的方法，来记录夹层玻璃首次破裂的位置。表 3-19 给出了两种夹层玻璃首次破裂位置。

表 3-19　两种夹层玻璃首次破裂位置

实验编号	实验次数	迎火面		背火面	
		破裂边	破裂位置	破裂边	破裂位置
H15	1	cd	距 c 19.5 cm	cd	距 c 14.9 cm
	2	ab	距 b 27.0 cm	ab	距 b 9.9 cm
	3	ab	距 b 18.7 cm	ab	距 b 20.3 cm
H18	1	cd	距 c 16.1 cm	cd	距 c 16.8 cm
	2	cd	距 c 13.0 cm	cd	距 c 13.7 cm
	3	ab	距 b 17.4 cm	ab	距 b 18.1 cm

两种夹层玻璃的首次破裂位置均集中于两侧，破裂位置均处于玻璃边框的三分点附近，玻璃首次破裂均没有产生于玻璃的四角，夹层玻璃在镀膜后没有影响其首次破裂位置。

五、火源形式对车用玻璃破裂行为的影响

前面分别研究了油盘火与热辐射对车用玻璃破裂行为的影响，而在实际火灾中，这两种火源形式往往是同时存在的。本部分就要将这两种火源进行对比分析，比较不同火源形式在相同热通量情况下对车用玻璃破裂行为的影响。

通过对前面数据的分析，发现钢化玻璃的工况 H7 与工况 H13，夹层玻璃的工况 H9 与工况 H16 的热通量大致相符，因此，本部分就分别对上述四组实验进行分析。

（一）对钢化玻璃破裂行为的影响

1. 玻璃表面温度随时间的变化

每种火源对玻璃表面温度的影响前文已经做了详细的介绍，在此就不再赘述，这里只针对二者的差异进行分析。图 3-46 所示为不

同火源形式下钢化玻璃表面温度随时间变化曲线。

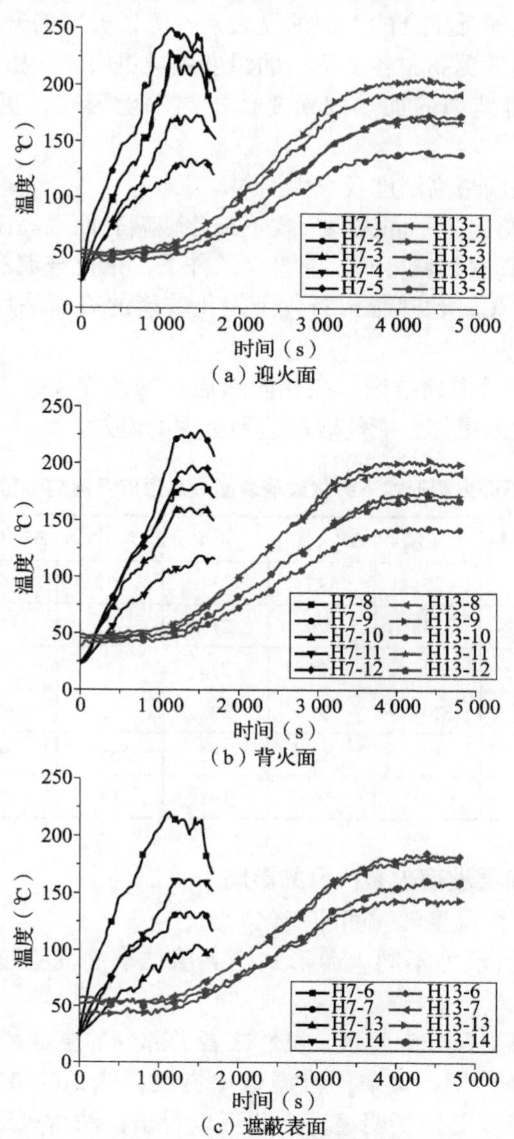

图 3-46　不同火源形式下钢化玻璃表面温度随时间变化曲线

从图 3–46 中可以看出，图中曲线明显分为两组，虽然二者大部分的温度区间是重合的，但油盘火条件下，玻璃的升温速率更快，达到的最高温度更高，各个测点的温度差异更明显。由此可以看出：油盘火形式对玻璃的加热效果要优于热辐射形式，更利于玻璃的破裂。

2. 玻璃表面最高温度及最大温差

表 3–20 给出了不同火源形式下钢化玻璃表面最高温度及温差参数。由表 3–20 中数据可知，油盘火条件下，钢化玻璃的表面平均最大温差为 155 ℃，比热辐射条件下钢化玻璃的表面平均最大温差高出近 100 ℃。

因此，可以得到结论：在相同热通量的条件下，油盘火对钢化玻璃的加热效果更好，能使玻璃达到更大的温差。

表 3–20 不同火源形式下钢化玻璃表面最高温度及温差参数

实验编号	实验次数	T_1（℃）	ΔT_1（℃）	T_2（℃）	ΔT_2（℃）	ΔT_3（℃）	$\overline{\Delta T_3}$（℃）
H7	1	251	133	231	133	161	155
	2	238	129	215	131	150	
	3	243	125	220	121	153	
H13	1	207	66	201	62	67	61
	2	179	53	168	55	60	
	3	198	56	194	53	57	

（二）对夹层玻璃破裂行为的影响

1. 玻璃表面温度随时间的变化

图 3–47 所示为不同火源形式下夹层玻璃表面温度随时间变化曲线。

图中曲线明显分为两组，虽然二者大部分的温度区间是重合的，但在油盘火条件下，玻璃的升温速率更快，达到的最高温度更高，各个测点的温度差异更明显。由此可以看出：油盘火形式对夹层玻璃的加热效果要优于热辐射形式，更利于玻璃的破裂。

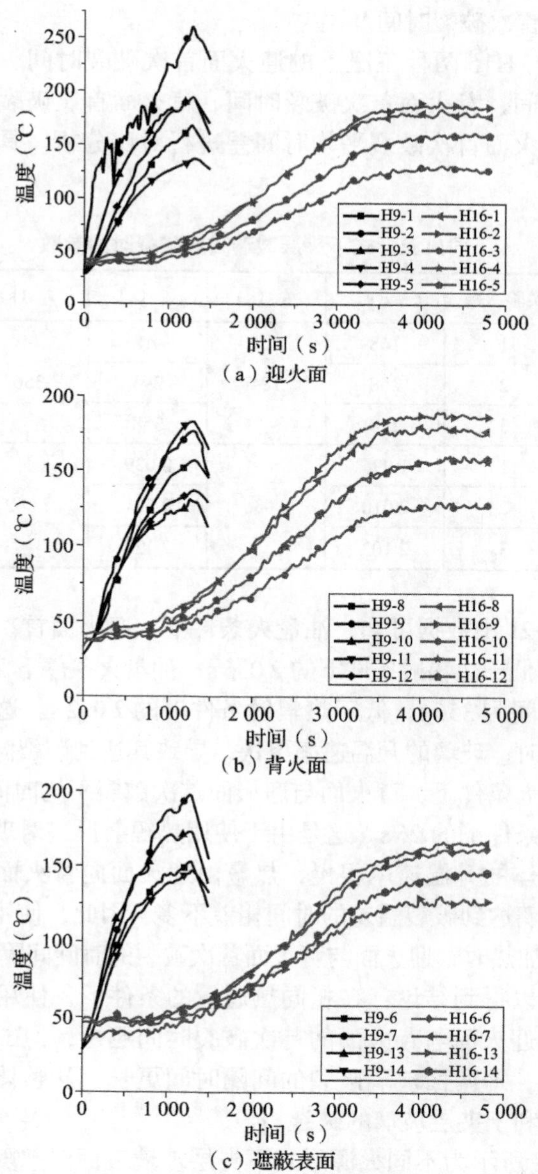

（a）迎火面

（b）背火面

（c）遮蔽表面

图 3–47　不同火源形式下夹层玻璃表面温度随时间变化曲线

2. 玻璃首次破裂时间及温差

对 H9 与 H16 两种工况下的迎火面首次破裂时间、迎火面首次破裂平均时间、背火面首次破裂时间、背火面首次破裂平均时间及背火面与迎火面首次破裂平均时间差进行对比分析。具体时间参数见表 3–21。

表 3–21　不同火源形式下夹层玻璃首次破裂时间参数

实验编号	实验次数	t_y（s）	$\overline{t_y}$（s）	t_b（s）	$\overline{t_b}$（s）	$\overline{t_b}-\overline{t_y}$（s）
H9	1	168	184	418	356	172
	2	268		293		
	3	118		358		
H16	1	1 996	2 036	2 039	2 062	26
	2	2 010		2 021		
	3	2 103		2 128		

由表 3–21 中数据可知，油盘火条件下，迎火面首次破裂平均时间为 184 s，低于热辐射条件下的 2 036 s；油盘火条件下，背火面首次破裂平均时间为 356 s，低于热辐射条件下的 2 062 s。这是由于使用油盘火加热时，玻璃的升温速率更快，导致其达到破裂温差的时间更短。而油盘火条件下，背火面与迎火面首次破裂平均时间差为 172 s，高于热辐射条件下的 26 s。这是由于使用热辐射形式对玻璃进行加热时，玻璃整体的升温速率很慢，热量由迎火面向背火面的传递更及时，两面玻璃达到破裂温差的时间相差不多，因此，使用热辐射形式对玻璃进行加热时，迎火面与背火面首次破裂的时间间隔要更短。

由此可以得到结论：在相同热通量的条件下，使用油盘火加热的夹层玻璃迎火面与背火面的首次破裂时间更短，但二者的差值比热辐射时大，即两面玻璃破裂的间隔时间更长，从整体上看，油盘火加热更有利于夹层玻璃的破裂。

图 3–48 所示为不同火源形式下夹层玻璃表面温差随时间变化曲线，图中的虚线是温差达到 30 ℃时的水平线。从图 3–48 中可以看

出，使用油盘火加热时，夹层玻璃达到破裂温差的时间更短，与上文中分析的油盘火加热更有利于夹层玻璃破裂的结论相互印证。由前文可知，在油盘火条件下，夹层玻璃破裂的温差范围为 36 ～ 132 ℃；热辐射条件下，夹层玻璃破裂的温差范围为 30 ～ 65 ℃。由此可以看出：不同的火源形式对于玻璃的破裂温差没有明显的影响。

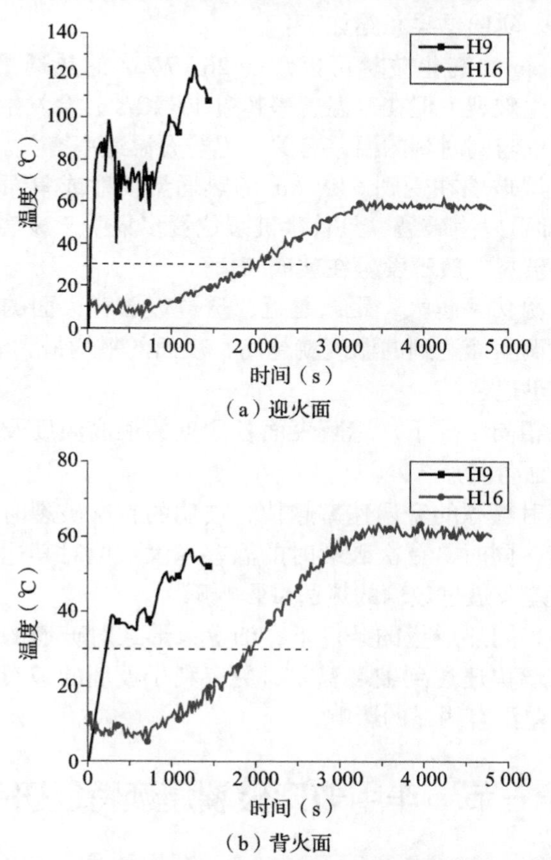

图 3–48　不同火源形式下夹层玻璃表面温差随时间变化曲线

六、小结

本节共研究了火源功率、火源距离、升温速率、火源位置及火源形式五种因素对车用玻璃破裂行为的影响，设计了 18 种实验工况，进行了 65 组实验，对玻璃迎火面温度、背火面温度、透过玻璃背火面的热通量、玻璃破裂时间、首次破裂位置、火源热释放速率、玻璃表面温差等参数进行了测量及计算，得到了车用玻璃破裂的临界温差、临界热通量等参数，总结了车用玻璃表面温度及破裂行为的变化规律。实验结果总结如下：

（1）5 mm 的钢化玻璃可以承受 26 kW/m^2 的热通量、170 ℃的温差而不发生破裂。但在升温速率超过 1.6 ℃/s 时会发生破裂，说明玻璃破裂不仅与同时刻的温差有关，也与升温速率有关。

（2）夹层玻璃在受到 6 kW/m^2 的热通量辐射或单面玻璃温差达到 30 ℃时即可发生破裂，且首次破裂位置多集中于玻璃两侧边框的三分点处，破裂一般不发生在玻璃四角。

（3）火源功率越大、距离越近，透过玻璃背火面的热通量峰值也越大，玻璃表面达到的温度就越高，表面的平均最大温差就越大，玻璃破裂越迅速。

（4）在相同工况下，遮蔽表面各测点的最高温度及升温速率均低于暴露表面各测点。

（5）辐射热源的升温速率越快，玻璃的首次破裂时间越短，即破裂越迅速，同时，首次破裂时的温差越大，但对其达到的最高温度、最大温差及透过玻璃的热通量影响不大。

（6）在相同热通量的条件下，油盘火形式对玻璃的加热效果更好，能使玻璃快速达到破裂温差，更有利于玻璃的破裂，但对于玻璃的破裂温差没有明显的影响。

第三节　车用玻璃破裂痕迹特征研究

一、机械破坏条件下车用玻璃破裂痕迹特征分析

（一）不同的机械冲击能量

将玻璃水平放置于地面上，利用重锤自由落体的能量对玻璃进

行冲击，得到玻璃机械破坏试样。由于物体处于一定高度时具有重力势能，从该高度进行自由落体运动时，其重力势能就会转化为动能，进而能够对另一物体造成冲击破坏。物体的重力势能 $W_h = mgh$，式中，m 为物体的质量，g 为重力加速度，h 为物体下落的高度。当物体的质量固定时，影响物体重力势能的因素就只有物体下落的高度。因此，只要改变重锤下落的高度，就能改变其对玻璃进行冲击的能量。

本组实验中，采用质量为 1 kg 的重锤，分别由 400 mm、600 mm、800 mm 的高度自由落体，对玻璃的中心点进行冲击，而后观察玻璃碎片飞溅范围、碎片宏观及微观形貌。

1. 钢化玻璃的破裂痕迹特征

图 3-49 所示为受到不同机械冲击能量后的钢化玻璃及其断口宏

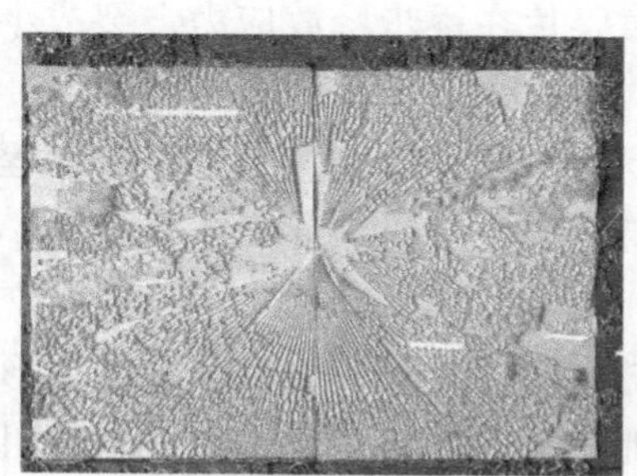

（a）释放高度 400 mm

（b）释放高度 600 mm

（c）释放高度 800 mm

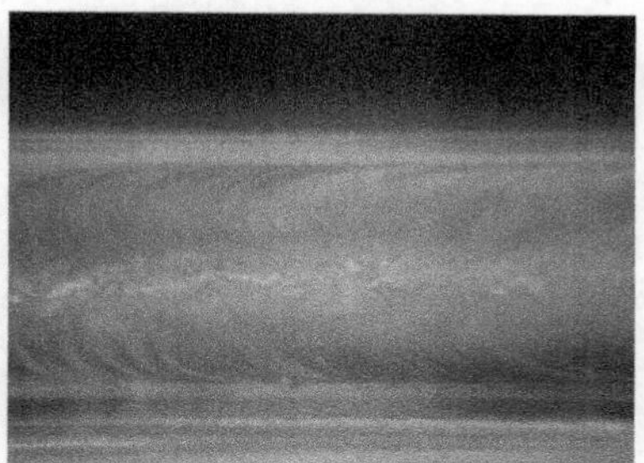

（d）断口

图 3-49　受到不同机械冲击能量后的钢化玻璃及其断口宏观形貌

观形貌。从图 3–49 中可以看出，钢化玻璃受到此类破坏后，宏观形态基本一致。玻璃首先以冲击点为中心，形成三角形大块碎片，碎片的锐角部分指向冲击点；每一个大块碎片又是由多个黄豆般大小的小碎块构成。钢化玻璃机械破坏的断口处呈现出一条白色的带状物，带状物两侧有 C 形纹。

三组实验的玻璃虽然大致形貌一样，但是随着冲击能量的加大，玻璃碎片逐渐变得细碎，飞溅范围变大。重锤从 400 mm 高度释放时，碎片飞溅范围为 2.1 m × 2.1 m；从 600 mm 高度释放时，碎片飞溅范围为 2.1 m × 2.7 m；从 800 mm 高度释放时，碎片飞溅范围为 2.7 m × 2.8 m。

值得注意的是，实验过程中，在钢化玻璃受到机械冲击后，由于内应力没有完全释放，因此在破坏后的一段时间内，会发出细小的“啪啪”声，这是未完全分离的大碎片在逐步释放应力，裂成小碎块所导致。

因此，可以得出结论：玻璃受到的机械冲击能量越大，破坏程度越剧烈；钢化玻璃机械破坏的断口形态不随机械冲击能量的大小而改变。

图 3–50 所示为受到不同机械冲击能量后的钢化玻璃断口微观形貌。从图 3–50 可以看出，断口微观形貌呈现出椭圆形纹痕，随着机械冲击能量的增加，纹痕由大变小。

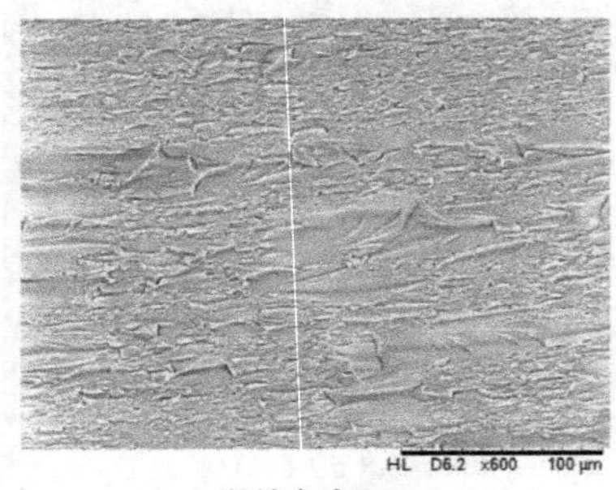

（a）释放高度 400 mm

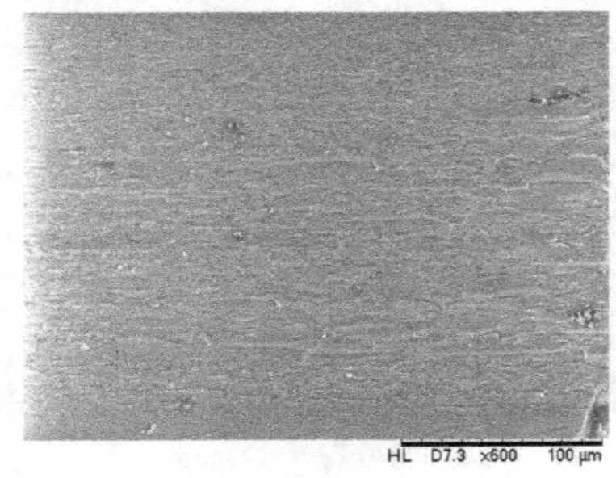

（b）释放高度 600 mm

（c）释放高度 800 mm

图 3-50　受到不同机械冲击能量后的钢化玻璃断口微观形貌

2. 夹层玻璃的破裂痕迹特征

图 3-51 所示为受到不同机械冲击能量后的夹层玻璃裂纹模式及断口宏观形貌。需要说明的是，图 3-51（a）、（b）、（c）所示仅为重

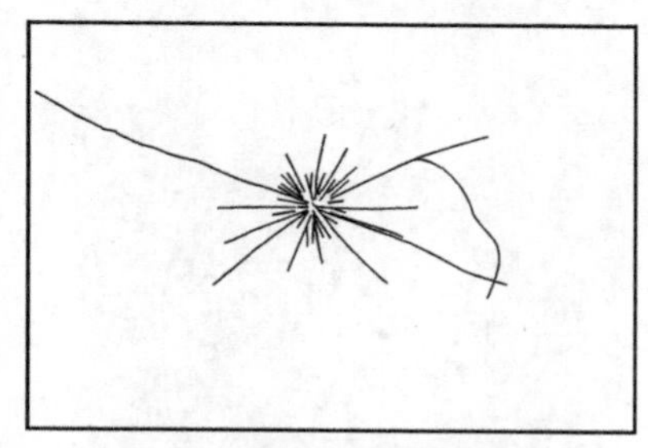

（a）释放高度400 mm

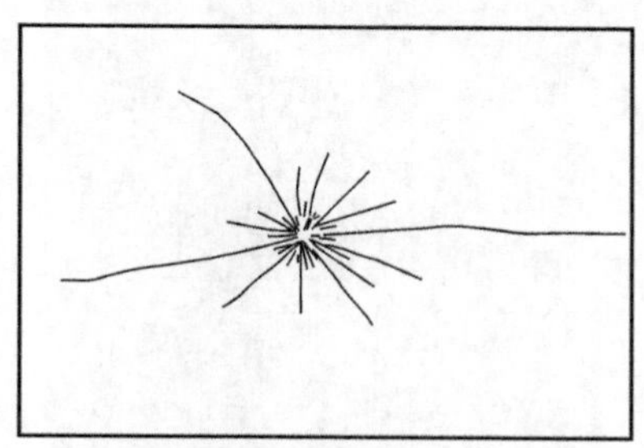

（b）释放高度600 mm

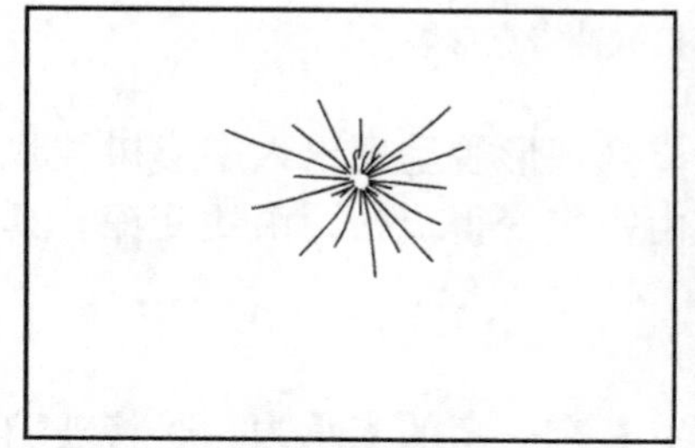

（c）释放高度800 mm

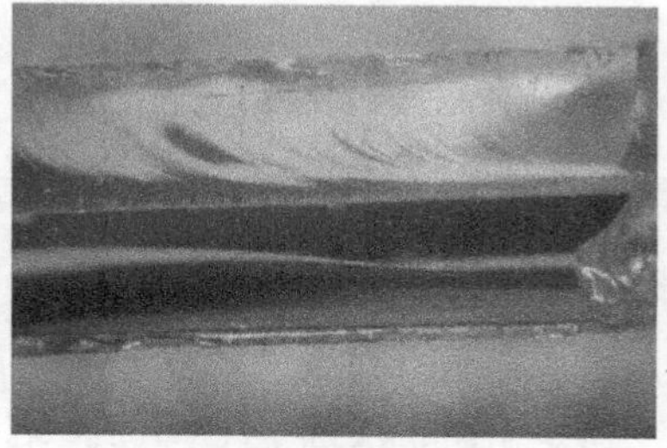

（d）断口

图 3-51　受到不同机械冲击能量后的夹层玻璃裂纹模式及断口宏观形貌

锤第一次作用到夹层玻璃表面产生的裂纹，后期因反弹造成的二次冲击裂纹不作为分析的内容。

夹层玻璃受力面与非受力面产生的裂纹位置基本一致，均是由冲击点为中心，向外产生放射状裂纹，每两条长裂纹之间会夹着2～3条短裂纹，且每条短裂纹长度大致相等；从400 mm高度释放时，玻璃受力面产生了一条同心圆裂纹，而非受力面没有该裂纹。由于夹层玻璃中存在一层PVB薄膜，将两片玻璃紧紧粘连在一起，因此，夹层玻璃受到外界冲击后，只会产生裂纹，并不会发生断裂或玻璃飞溅的现象。夹层玻璃裂纹的断口处存在明显的弓形纹。

图3-52所示为夹层玻璃机械冲击点形貌。夹层玻璃的冲击点呈现出圆形痕迹，受力面的透明度高，有小圆片蹦出，非受力面透明度低，只有圆环状裂纹，无小圆片蹦出。

（a）受力面

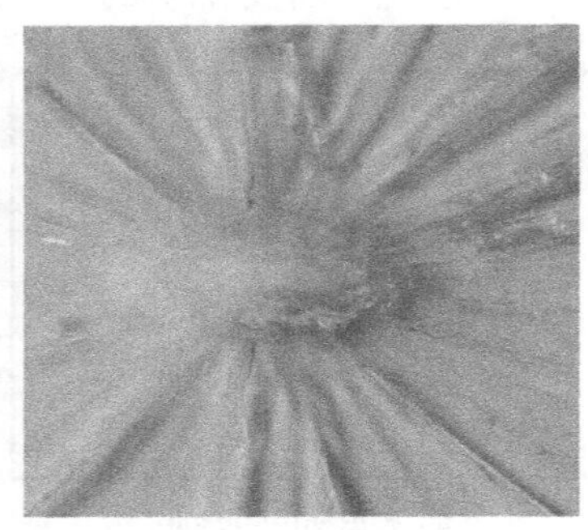

（b）非受力面

图3-52　夹层玻璃机械冲击点形貌

夹层玻璃受到机械冲击后，断口微观形貌呈现出人字形树枝状痕迹，随着冲击能量的增加，纹痕由密集变得疏松，由浅变深。具体形貌如图3-53所示。

（二）不同的玻璃放置方式

玻璃水平放置于地面时，地面对其有一定的支承力；若将玻璃固定在玻璃框架内且与地面垂直放置时，则失去了地面对它的支承力，但新增了玻璃框架的束缚力，玻璃的受力条件发生了变化，在受到机械冲击后，其形貌可能会发生变化。因此，本组实验中，研究了在相同的机械冲击能量条件下，玻璃不同的放置方式对其宏观及微观形貌的影响。

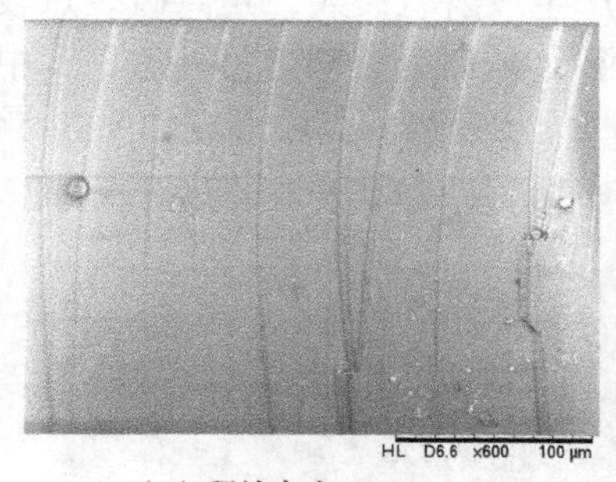

（a）释放高度 400 mm

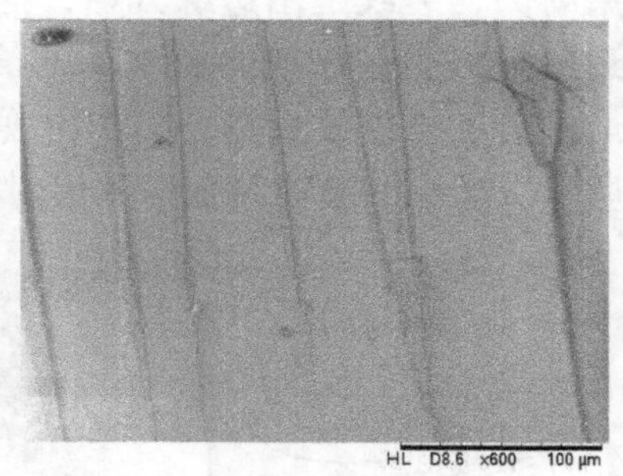

（b）释放高度 600 mm

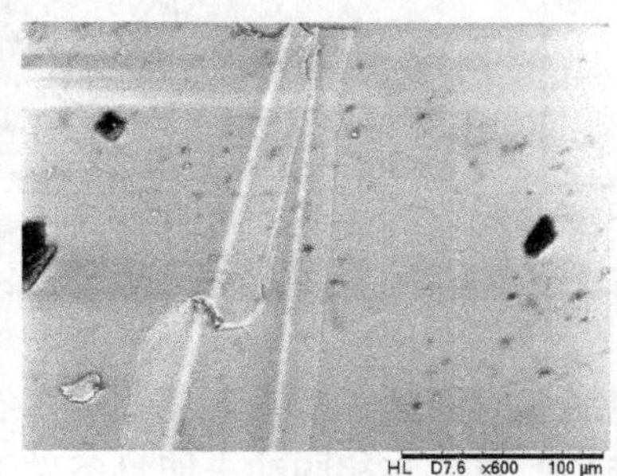

（c）释放高度 800 mm

图 3-53　受到不同机械冲击能量后的夹层玻璃断口微观形貌

实验时，将玻璃固定于玻璃框架内，用绳子将重锤固定，改变绳头与玻璃中心点的距离，分别为 400 mm、600 mm、800 mm，将重锤提起，拉直成水平状态，释放重锤使其在平面内做圆周运动，击打玻璃中心点，而后观察玻璃宏观及微观形貌，并与相同高度水平放置的实验结果进行对比。

对竖直放置的钢化玻璃进行了三组实验，玻璃均没有发生破裂，说明在相同冲击能量条件下，钢化玻璃竖直放置时的抗外界冲击能力比水平放置时高。

对竖直放置的夹层玻璃同样进行了三组实验，在重锤释放距离为 800 mm 时夹层玻璃产生了裂纹，其他两种实验条件下玻璃均没有发生破裂。与水平放置时不同，竖直放置时玻璃由于受到框架的束缚力，裂纹是由边缘开始，向外产生放射状裂纹，距离破裂点较近的地方有一条切向裂纹，三条长裂纹延伸至玻璃的另一边，其中最下方的长裂纹最深，同时出现了凹贝纹痕迹。具体形貌如图 3–54 所示。裂纹的断口与水平放置时的相同，有明显的弓形纹。

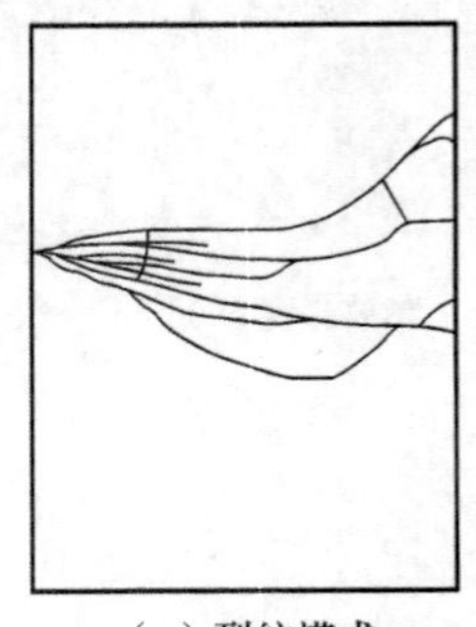

（a）裂纹模式

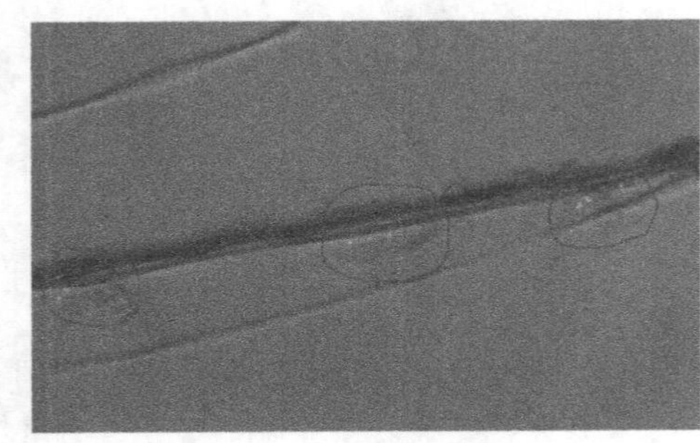

（b）凹贝纹痕迹

图 3–54　夹层玻璃竖直放置时的宏观形貌

夹层玻璃竖直放置时的断口微观形态如图 3–55 所示，同样呈现人字形树枝状痕迹，但是，与相同冲击能量条件下水平放置时相比，视场中纹痕数量增加，即纹痕变得密集。

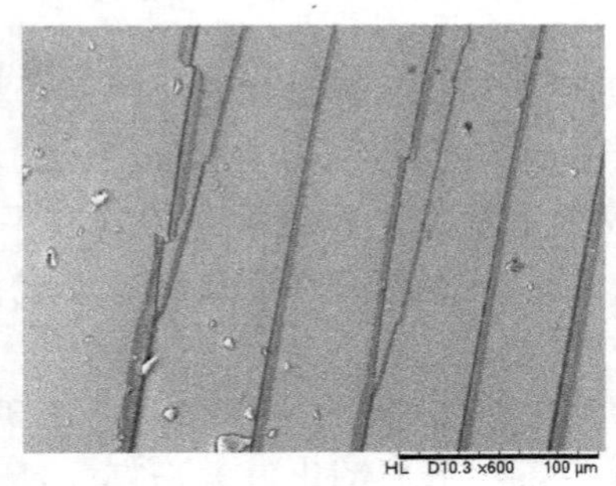

图 3–55　夹层玻璃竖直放置时的断口微观形貌

二、热炸裂条件下车用玻璃破裂痕迹特征分析

第二节中，通过不同的实验工况，模拟了车用玻璃在火灾环境中发生热炸裂的情况。根据热源形式，热炸裂主要分为两种：一为油盘火条件下的热炸裂，二为热辐射条件下的热炸裂。因此，对热炸裂条件下车用玻璃破裂特征的分析不再制备新的样品，均是采用第三章实验中的样品。

（一）油盘火下的热炸裂

1. 钢化玻璃的破裂痕迹特征

第二节中，只有在高辐射热通量条件件下，钢化玻璃才会发生热炸裂，因此，只对发生炸裂的钢化玻璃痕迹进行分析。

图 3–56 所示为油盘火条件下钢化玻璃的热炸裂痕迹。钢化玻璃热炸裂碎片飞溅范围为 1.5 m × 0.88 m，左右两侧飞溅距离基本相等，但由于迎火面方向有油盘阻挡，迎火面方向飞溅距离比背火面

（a）碎片飞溅范围

（b）碎片宏观形态

（c）断口宏观形态

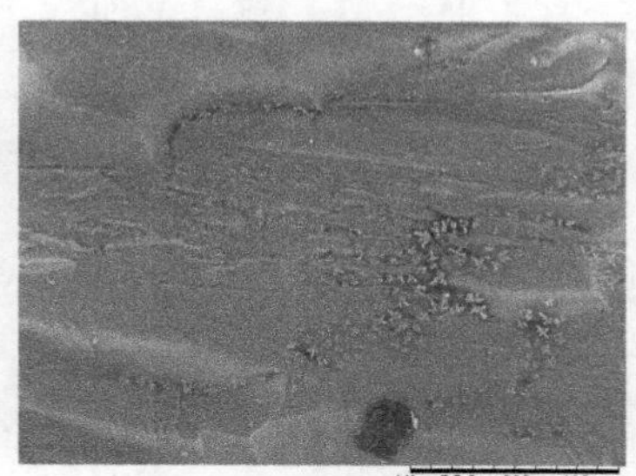

（d）断口微观形态

图 3–56　油盘火下钢化玻璃的热炸裂痕迹

方向近。钢化玻璃热炸裂后，碎片多为长条状，少数为黄豆般大小的碎块，极少数呈现未完全分离的大碎片形态。钢化玻璃断口宏观形貌与机械破坏断口的宏观形貌相同，断口中间有一条白色带状物，两侧有C形纹，微观纹痕形态与机械破坏的纹痕形态相似。

2. 夹层玻璃的破裂痕迹特征

图3-57所示为不同火源功率下夹层玻璃的宏观裂纹图。

从图3-57中可以看出，直径300 mm油盘条件下，玻璃两面的裂纹均为长裂纹，居于玻璃的中间，基本没有分叉；直径400 mm油盘条件下，裂纹开始出现分叉，中间的裂纹向两侧蔓延，达到玻璃边缘；直径500 mm油盘条件下，玻璃表面裂纹数目及分叉增多，分叉把初期的裂纹连接起来，形成“孤岛”。

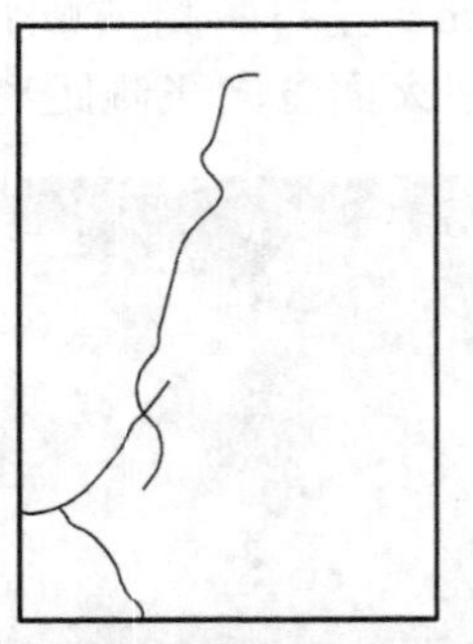

（a）油盘直径为300 mm时的迎火面

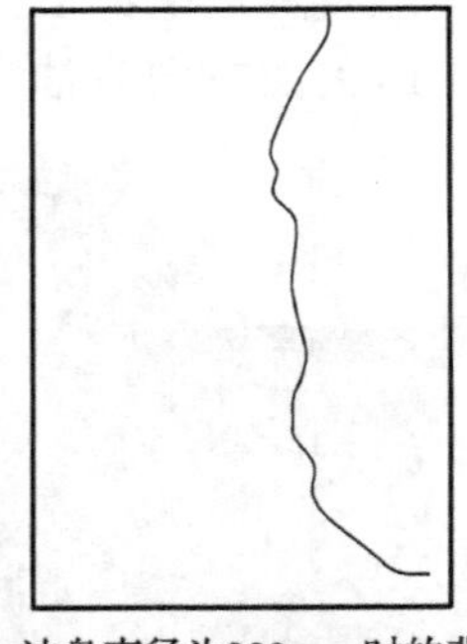

（b）油盘直径为300 mm时的背火面

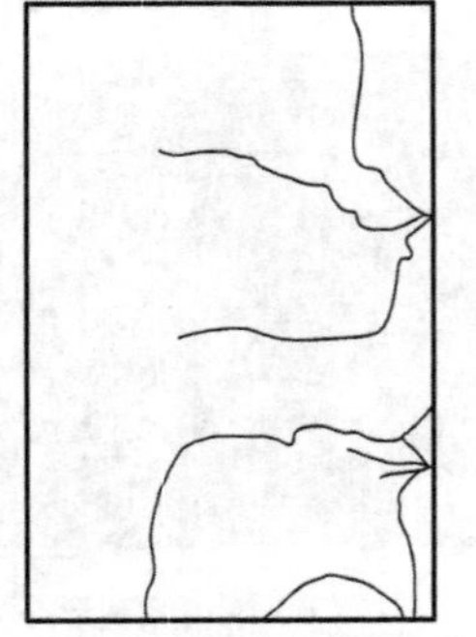

（c）油盘直径为400 mm时的迎火面

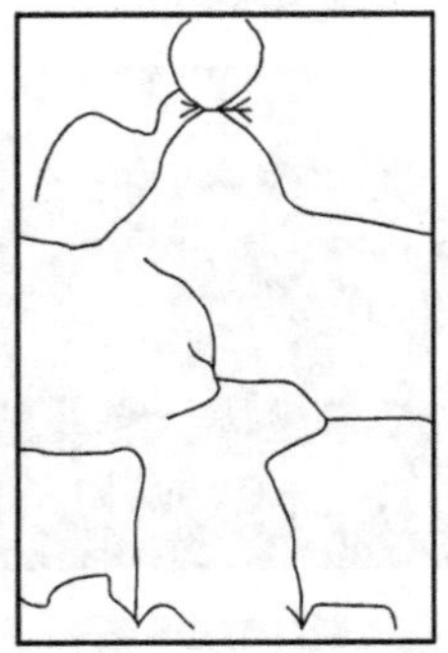

（d）油盘直径为400 mm时的背火面

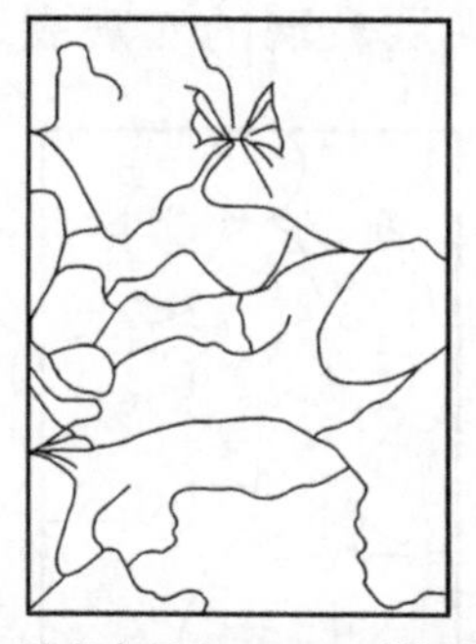

（e）油盘直径为500 mm时的迎火面

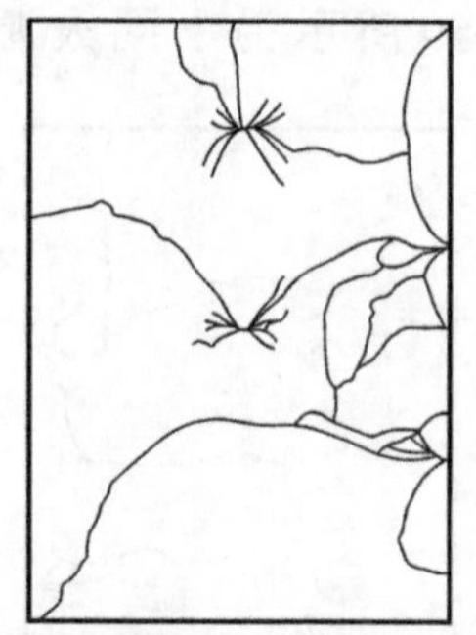

（f）油盘直径为500 mm时的背火面

图 3-57　不同火源功率下夹层玻璃的宏观裂纹图

可以得出结论：随着火源功率增大，玻璃表面裂纹数目及分叉增多；同时，火源功率越大，裂纹之间的缝隙越大。

图 3-58 所示为高辐射热通量下夹层玻璃的宏观裂纹图，其中阴影部分为玻璃实际的脱落部分。在高辐射热通量条件下，夹层玻璃的迎火面与背火面裂纹集中在玻璃边缘，中间部分的裂纹很少；当玻璃边缘裂纹增多，相互连接出现“孤岛”时，玻璃的稳定性变差，热烟气和燃烧产物会沿着缝隙进入到玻璃内层，附着在 PVB 薄膜上，使薄膜的粘连性下降，当附着物积累到一定量时，PVB 薄膜失去了对两面玻璃的粘连性，此时玻璃就会发生脱落现象。

（a）油盘直径为2.4 m时的迎火面

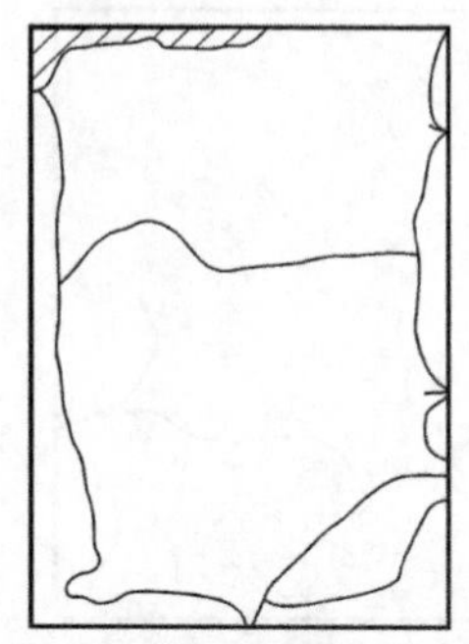

（b）油盘直径为2.4 m时的背火面

图 3-58　高辐射热通量下夹层玻璃的宏观裂纹图

图 3-59 所示为不同火源距离下夹层玻璃的宏观裂纹图。从

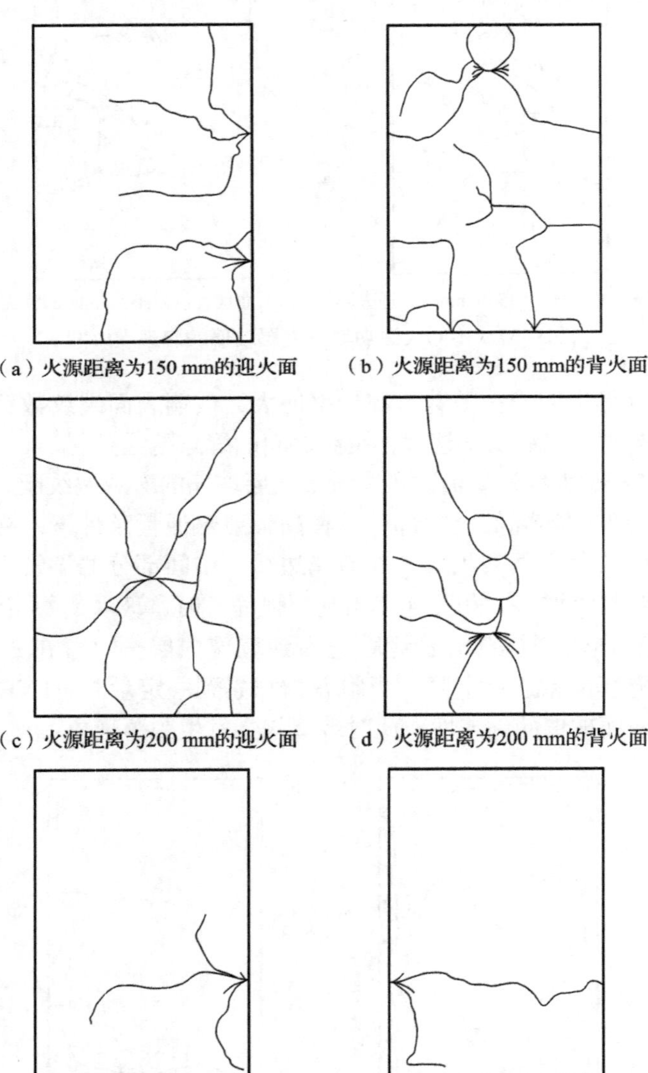
（a）火源距离为150 mm的迎火面　（b）火源距离为150 mm的背火面

（c）火源距离为200 mm的迎火面　（d）火源距离为200 mm的背火面

（e）火源距离为250 mm的迎火面　（f）火源距离为250 mm的背火面

图 3-59　不同火源距离下夹层玻璃的宏观裂纹图

图 3-59 中可以看出，随着火源距离变大，玻璃迎火面与背火面的裂纹数目及分叉逐渐减少，裂纹缝隙也由大变小。

火源距离为 150 mm、200 mm 时，裂纹几乎布满整个玻璃表面，而火源距离为 250 mm 时，裂纹只分布于玻璃的中下部。火源距离为 150 mm 时，裂纹之间形成的小面积“孤岛”较多；距离为 200 mm 时，短裂纹数量比距离 150 mm 时少，因此小面积“孤岛”数目很少；距离为 250 mm 时，只存在长裂纹，几乎没有分叉，没有形成“孤岛”。

同时，值得注意的是，夹层玻璃热炸裂产生的裂纹与机械破坏的裂纹存在明显不同。机械破坏产生的裂纹多为直线形，会有大量的锐角产生，而热炸裂产生的裂纹多为圆弧状，没有锐角产生。且热炸裂的断口十分光滑，没有弓形纹，其微观形貌也比较光滑，没有明显的纹痕存在，具体形貌如图 3-60 所示。

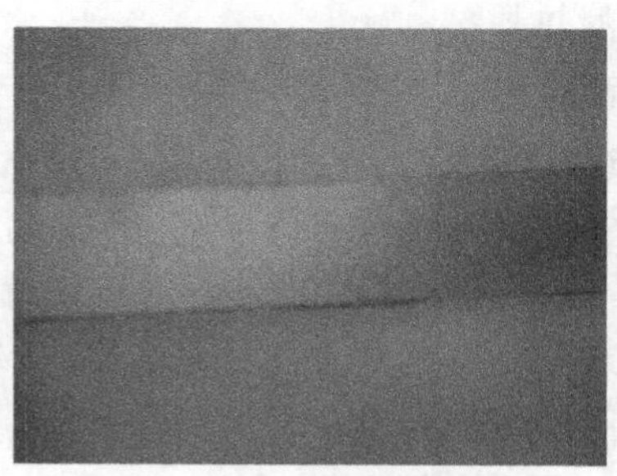

（a）断口宏观形貌

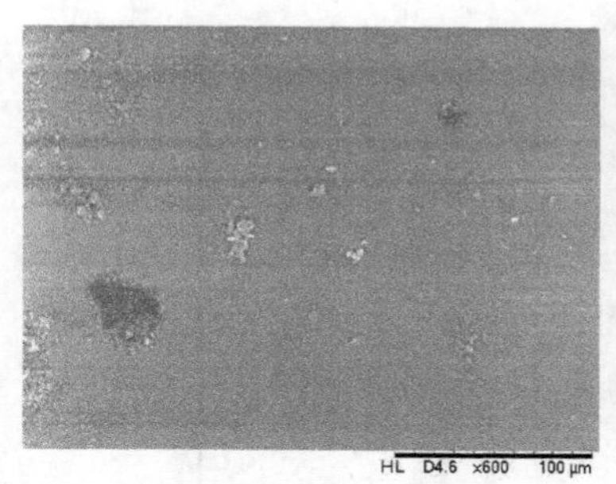

（b）低辐射热通量时的断口微观形貌　　（c）高辐射热通量时的断口微观形貌

图 3-60　油盘火下的夹层玻璃断口宏观及微观形貌

与其他类型的玻璃不同，夹层玻璃中间有一层 PVB 薄膜，而这层薄膜在受到热烟气作用后会出现明显花形纹路，具体形态如图 3-61 所示。

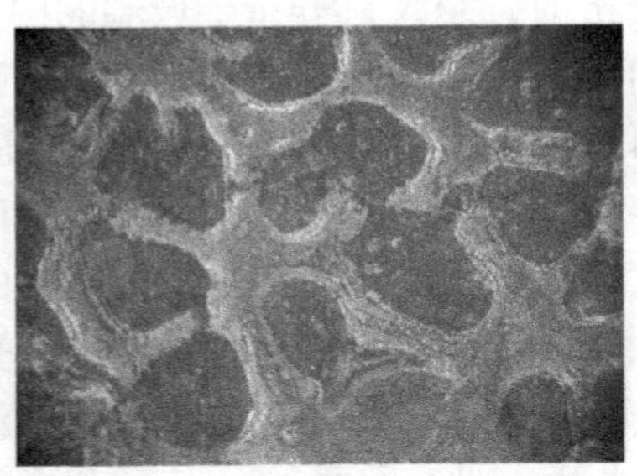

图 3-61　PVB 薄膜受热后的宏观形态

（二）热辐射下的热炸裂

在第二节中，钢化玻璃在热辐射下并没有发生破裂，因此，本部分不对钢化玻璃的裂纹模式进行分析。

图 3-62 所示为不同升温速率下的夹层玻璃宏观裂纹示意图。从图 3-62 中可以看出，三种条件下的裂纹形态均以圆弧状长裂纹为主，布满整个玻璃表面，裂纹数目较多，但分叉较少，几乎没有形成“孤岛”，裂纹间缝隙较小。不同的热辐射升温速率对玻璃表面的裂纹数目及形态没有明显的影响。

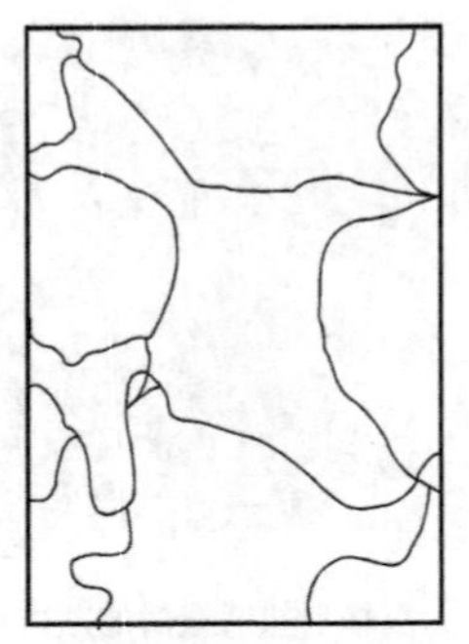

（a）升温速率5 ℃/min的迎火面

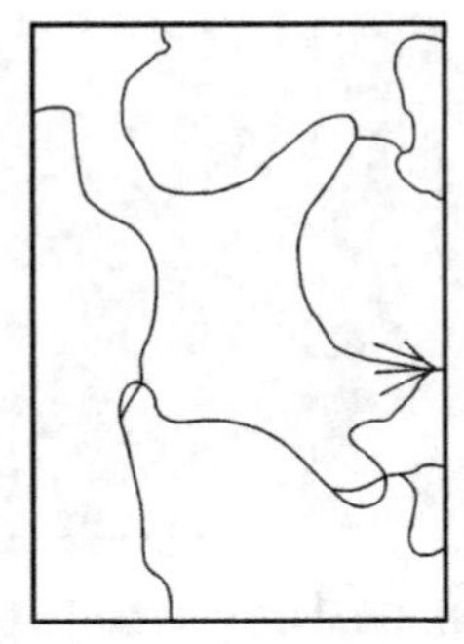

（b）升温速率5 ℃/min的背火面

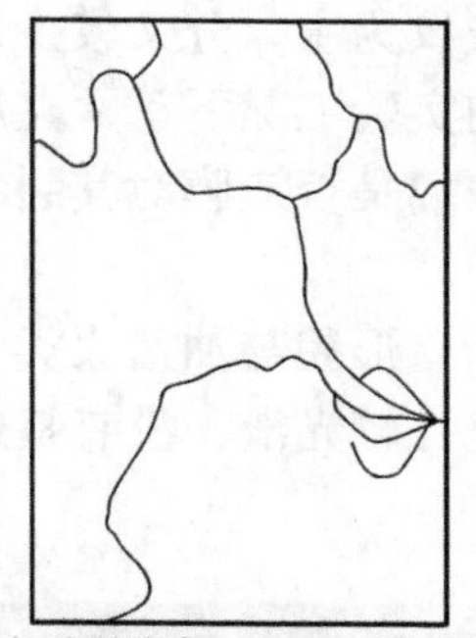

（c）升温速率10 ℃/min的迎火面

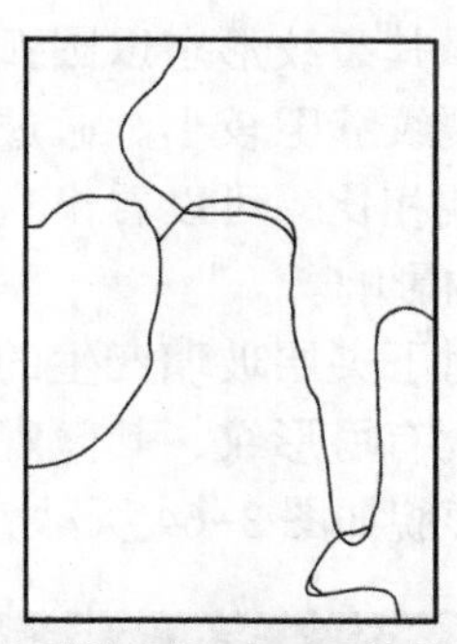

（d）升温速率10 ℃/min的背火面

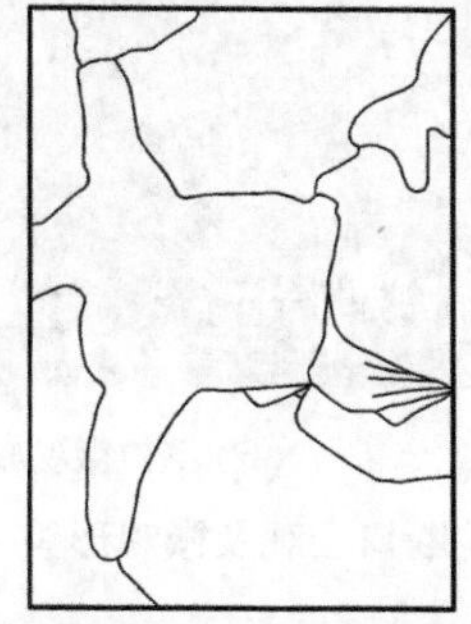

（e）升温速率15 ℃/min 的迎火面

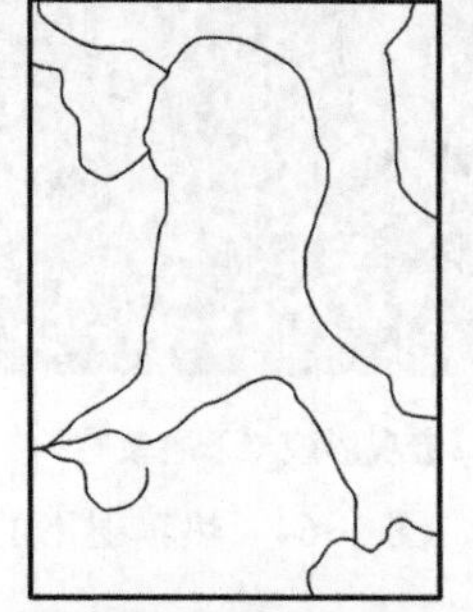

（f）升温速率15 ℃/min的背火面

图 3-62　不同升温速率下的夹层玻璃宏观裂纹示意图

图 3-63 所示为镀膜夹层玻璃的宏观裂纹示意图。从图 3-63 中

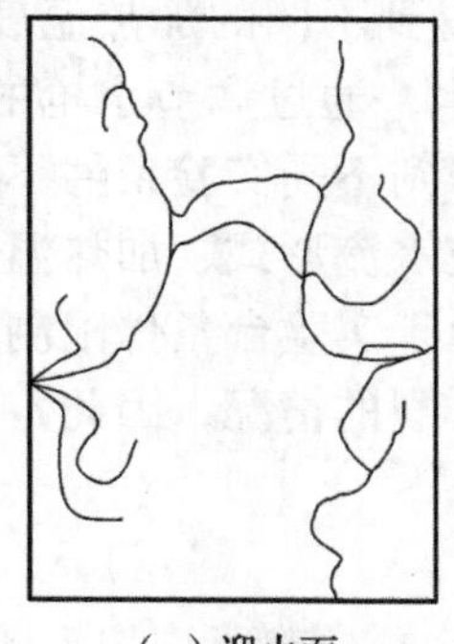

（a）迎火面

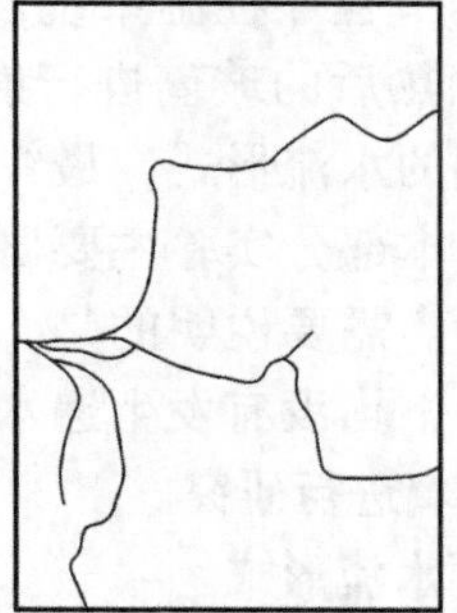

（b）背火面

图 3-63　镀膜夹层玻璃宏观裂纹示意图

可以发现，其裂纹形态以圆弧状长裂纹为主，分叉较少，没有形成“孤岛”，裂纹缝隙较小。通过与相同实验工况下正常夹层玻璃的裂纹宏观形貌相比，可以看出，夹层玻璃是否镀膜对其裂纹宏观形貌没有明显的影响。

热辐射下夹层玻璃产生的裂纹断口形貌与油盘火类似，断口表面光滑，没有弓形纹，其微观形貌也比较光滑，没有特殊的纹痕存在，具体形貌如图 3-64 所示。

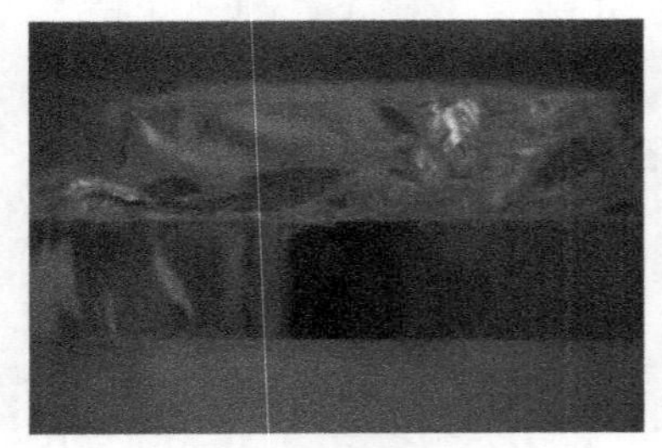

（a）断口宏观形貌（下层玻璃）

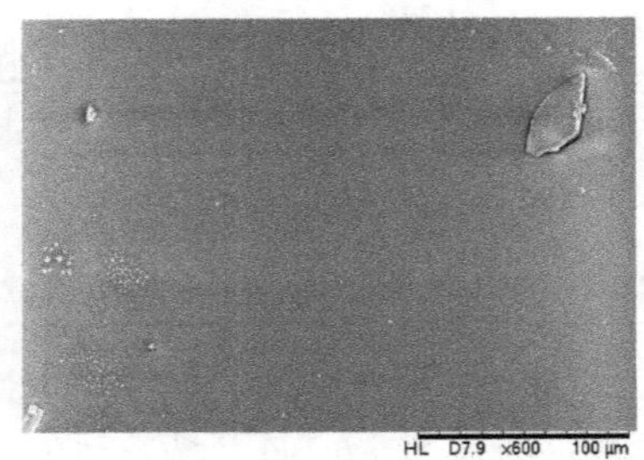

（b）断口微观形貌

图 3-64　热辐射下的夹层玻璃断口宏观及微观形貌

三、高温遇水炸裂条件下车用玻璃痕迹特征分析

车用玻璃的高温遇水炸裂痕迹是利用玻璃辐射实验台及水枪模拟制备而成。实验时，由玻璃辐射实验台先对玻璃进行加热，根据实验设计，调节程序控温系统，得到不同的加热温度及保温时间；再用水枪对加热后的玻璃进行射水，通过调节水枪的出水口形式，从而控制不同的水流形式，最终得到不同实验条件下的玻璃高温遇水炸裂痕迹。本部分实验主要研究水流形式、加热温度和保温时间三个影响因素。需要说明的是，由于实验台条件限制，钢化玻璃在所有实验条件下均没有发生遇水炸裂的情况，因此，下面只对发生炸裂的夹层玻璃进行研究。

（一）不同水流形式

本组实验中，主要研究水流形式对玻璃炸裂痕迹特征的影响，分为直流水和喷雾水两种；同时，与之前相同条件下没有施加水雾的玻璃痕迹进行对比。具体实验工况见表 3–22。

表 3–22　　实验工况

初始温度	加热温度	升温速率	保温时间	水流形式
50 ℃	800 ℃	15 ℃/min	10 min	直流水 喷雾水

图 3–65 所示为不同水流形式下夹层玻璃宏观裂纹图。从图 3–65 中可以看出，高温遇水炸裂痕迹主要是由网格状的大裂纹和周围的细小裂纹组成，与热炸裂痕迹相比，裂纹长度明显变短，且产生了较多的细小裂纹。

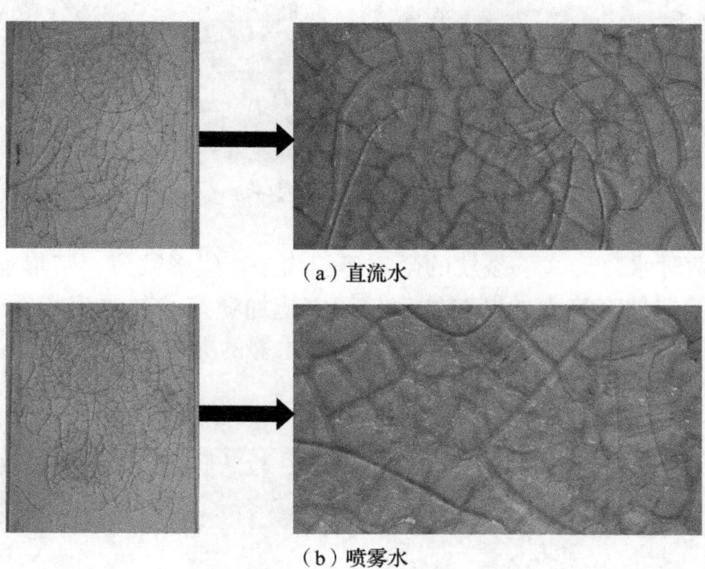

（a）直流水

（b）喷雾水

图 3–65　不同水流形式下夹层玻璃宏观裂纹图

施加直流水产生的裂纹较深，以冲击点为中心向四周扩散，裂纹深度逐渐变浅，细小裂纹数目减少，玻璃边缘处主要为网格状大裂纹；施加喷雾水产生的裂纹与直流水条件下的相比，裂纹整体较浅，且没有明显的由深至浅的变化，玻璃整体纹路以网格状大裂纹为基础，在大裂纹四周有很多细小的裂纹。

这两种水流形式产生的裂纹均是由玻璃内侧向外扩展，但没有贯穿至玻璃表面，且玻璃表面的透明度很高，没有发生变白的现象。

不同水流形式对裂纹断口的宏观形貌没有明显的影响，沿平面断裂的断口表面光滑，没有弓形纹，但一部分较浅的裂纹，其断口不是沿平面断裂，而是存在斜茬，此时断口处会出现较密集的弧线形纹路，具体形貌如图 3-66 所示。

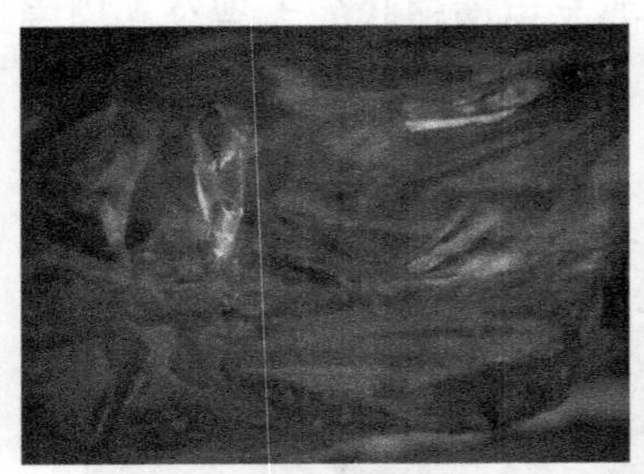

图 3-66　夹层玻璃高温遇水裂纹断口宏观形貌

两种水流形式下裂纹的微观形貌均是直线形纹痕，密集程度相似，但施加直流水的断口纹痕较深，施加喷雾水的纹痕相对较浅，具体形貌如图 3-67 所示。而没有施加水雾的夹层玻璃断口形貌没有明显的纹痕存在。

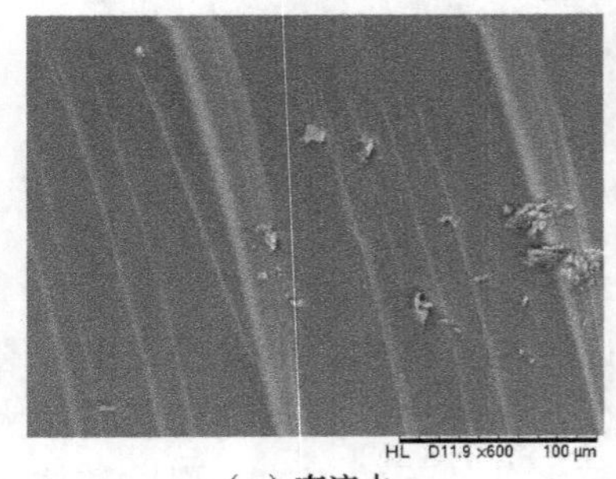

（a）直流水

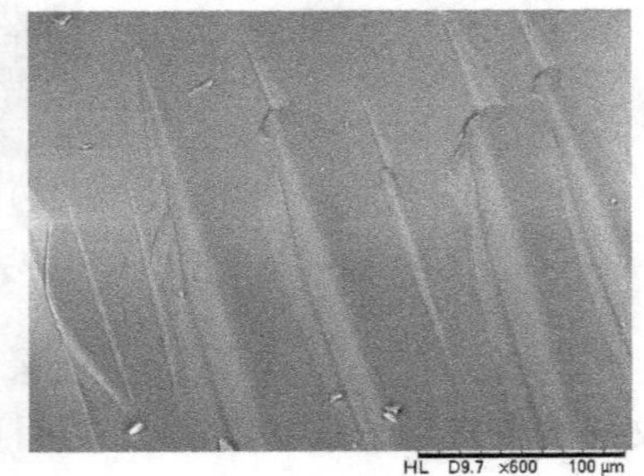

（b）喷雾水

图 3-67　不同水流形式下夹层玻璃断口的微观形貌

（二）不同加热终止温度

本组实验中，研究不同加热终止温度对玻璃遇水炸裂痕迹的影响。通过控制程序控温系统，使加热终止温度分别为 400 ℃、600 ℃、800 ℃，最后均施加喷雾水。具体实验工况见表 3-23。

表 3-23　　　　　　　　　　　实验工况

初始温度	加热终止温度	升温速率	保温时间	水流形式
50 ℃	400 ℃ 600 ℃ 800 ℃	15 ℃/min	30 min	喷雾水

图 3-68 所示为不同加热终止温度下夹层玻璃裂纹模式。400 ℃时施加喷雾水，没有产生裂纹，主要由于此时玻璃表面温度较低，

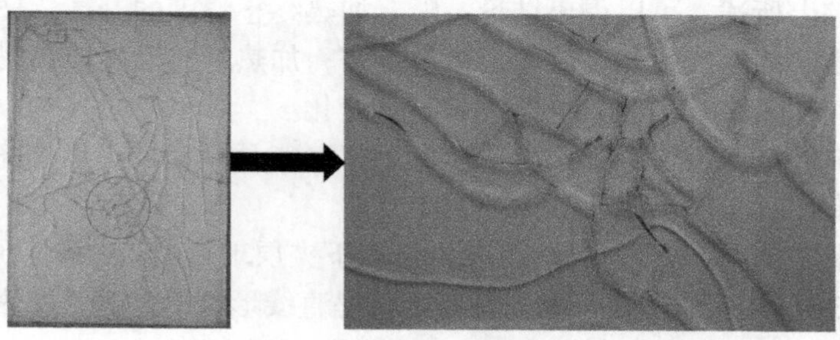

（a）加热终止温度 600 ℃

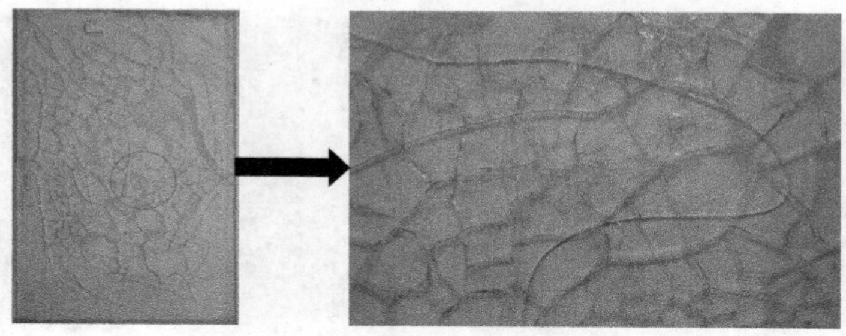

（b）加热终止温度 800 ℃

图 3-68　不同加热终止温度下夹层玻璃裂纹模式

约为 70 ℃，施加水雾后并不能加速其破裂；600 ℃时施加喷雾水，产生的裂纹大部分为长裂纹，局部有网格状裂纹，且周围没有细小裂纹，裂纹数目较少，深度较浅，玻璃表面透明度较高；800 ℃时施加喷雾水，产生的裂纹数目明显增多，玻璃表面大部分区域均为网格状大裂纹，且在大裂纹周围有很多细小裂纹，玻璃整体透明度较高，但局部出现发白的现象，这是由于夹层玻璃中间的 PVB 薄膜发生变化。

图 3–69　PVB 薄膜高温遇水形貌

当在 800 ℃时施加喷雾水后，PVB 薄膜发生变化，出现如图 3–69 所示的纹路，玻璃的粘连性略有下降，薄膜的颜色局部变白，降低了夹层玻璃的透明度。

综上所述，可以得出结论：随着加热终止温度的升高，玻璃高温遇水产生的裂纹长度缩短，数目增多；加热终止温度较高时，夹层玻璃中间的 PVB 薄膜会发生一定的变化。

夹层玻璃裂纹断口的宏观形貌与图 3–66 所示相同，加热终止温度的变化对断口宏观形貌没有影响。

图 3–70 所示为不同加热终止温度下夹层玻璃断口的微观形貌。从图 3–70 中可以看出，断口微观形貌呈直线形纹痕，随着加热温度的升高，纹痕由密集变得疏松，由浅变深。

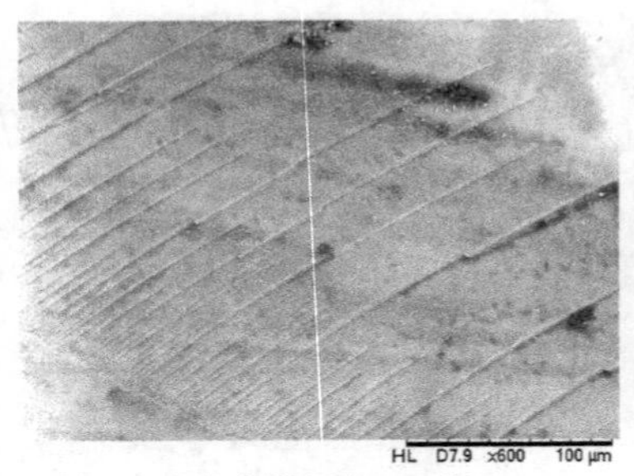

（a）加热温度 600 ℃

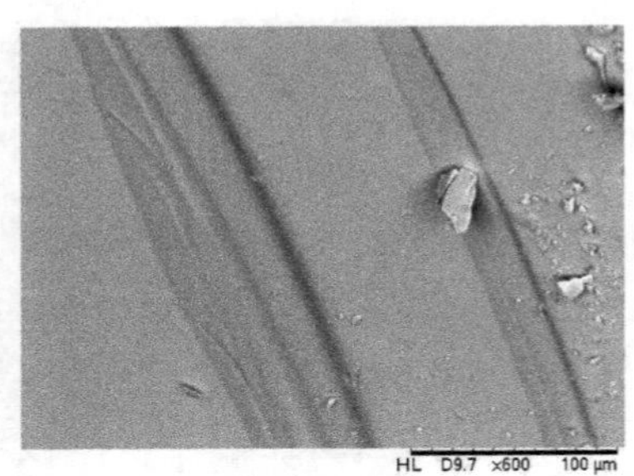

（b）加热温度 800 ℃

图 3–70　不同加热温度下夹层玻璃断口的微观形貌

（三）不同保温时间

本组实验中，研究不同保温时间对玻璃高温遇水裂纹的影响。当玻璃加热到预定温度后，分别保温 10 min、20 min、30 min，最后施加喷雾水，具体实验工况见表 3-24。

表 3-24　　　　　　　　　　实验工况

初始温度	加热终止温度	升温速率	保温时间	水流形式
50 ℃	800 ℃	15 ℃/min	10 min 20 min 30 min	喷雾水

由前期实验数据可知，保温 10 min、20 min、30 min 时玻璃表面的最高温度相差不大，保温 10 min 时约为 190 ℃，保温 20 min、30 min 时约为 200 ℃。

图 3-71 中为保温 20 min 时的裂纹宏观图，保温 10 min、30 min 时的裂纹宏观形貌分别如图 3-65（b）、图 3-68（b）所示。由图中可以看出，玻璃整体裂纹均是由网格状大裂纹组成，在大裂纹四周存在着很多细小裂纹，裂纹深度较浅，玻璃透明度较高。随着保温时间的延长，玻璃的裂纹宏观形貌相差不明显，细小裂纹略有增多。

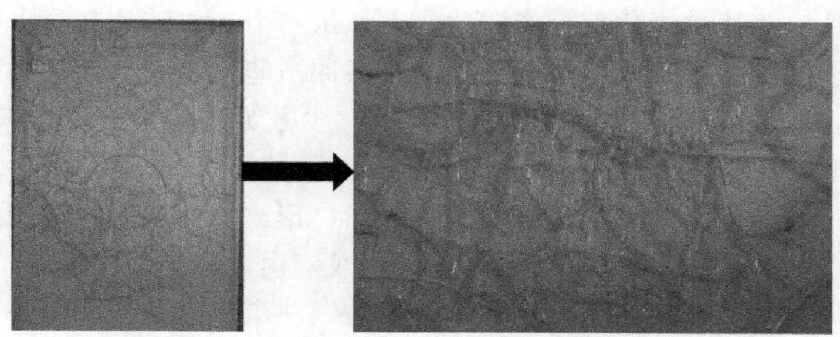

图 3-71　保温 20 min 时夹层玻璃裂纹宏观图

夹层玻璃裂纹断口的宏观形貌与图 3-66 所示相同，保温时间的延长对断口宏观形貌没有影响，但对微观形貌产生了一定的影响。

图 3–72 所示为保温 20 min 时夹层玻璃断口的微观形貌。由图可知，随着保温时间的延长，玻璃断口直线形的纹痕由密集变得疏松，由浅变深。

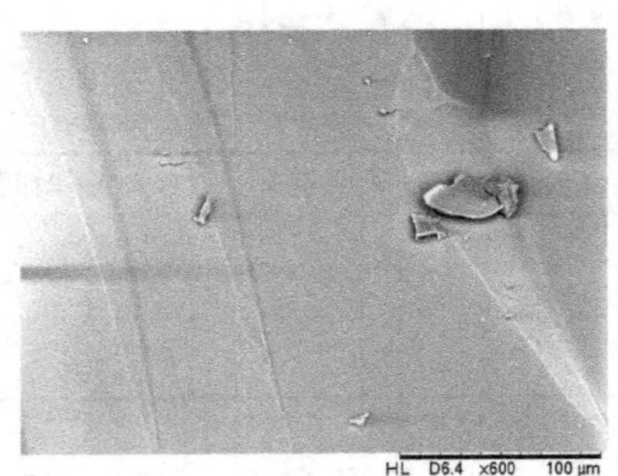

图 3–72　保温 20 min 时夹层玻璃断口的微观形貌

四、小结

本部分针对玻璃常见的机械破坏、热炸裂、高温遇水炸裂三种破坏方式，分别制备了玻璃碎片样品，并对其产生的痕迹进行了宏观及微观分析。现将实验结果总结如下：

（1）钢化玻璃机械破坏形态是以冲击点为中心，形成三角形大块碎片，碎片的锐角部分指向冲击点，每一个大块碎片又是由多个黄豆般大小的小碎块构成；受到的机械冲击能量越大，破坏程度越剧烈。热炸裂破坏的碎片多为长条状，少数为黄豆般大小的碎块，极少数呈现未完全分离的大碎片形态。两种破坏形式的断口处均呈现出一条白色的带状物，带状物两侧有 C 形纹，微观形貌呈现出椭圆形纹痕，随着机械冲击能量的增加，纹痕由大变小。

（2）夹层玻璃的机械破坏形态均是以冲击点为中心，向外产生直线形放射状裂纹，每两条长裂纹之间会夹着 2 ～ 3 条短裂纹，且每条短裂纹长度大致相等；但是，夹层玻璃只会产生裂纹，并不会发生断裂或玻璃飞溅的现象。夹层玻璃裂纹的断口处存在明显的弓形纹；断口微观形态呈现出人字形树枝状痕迹，随着冲击能量的增加，纹痕由密集变得疏松，由浅变深；与相同冲击能量条件下水平放置时相比，竖直放置时，视场中纹痕数量增加，即纹痕变得密集。

（3）火源功率越大，距离越近，夹层玻璃表面裂纹数目及分叉增多，裂纹之间的缝隙变大；在高辐射热通量条件下，玻璃会发生脱落现象；不同的热辐射升温速率对玻璃表面的裂纹数目及形态没有明显的影响，热炸裂裂纹多为圆弧状，没有锐角产生。夹层玻璃裂纹的断口处十分光滑，没有弓形纹；其微观形貌也比较光滑，没有明显的纹痕存在；中间的 PVB 薄膜在受到热烟气作用后会出现明显花形纹路。

（4）夹层玻璃高温遇水炸裂痕迹主要是由网格状的大裂纹和周围的细小裂纹组成，裂纹长度比热炸裂裂纹短；平面断口表面光滑，没有弓形纹，斜茬断口会出现较密集的弧线形纹路；两类断口的微观形貌均呈直线形纹痕。施加直流水产生的宏观裂纹较深，以冲击点为中心向四周扩散，裂纹深度逐渐变浅，细小裂纹数目减少，断口微观纹痕比喷雾水深。随着加热终止温度的升高，保温时间的延长，产生的裂纹长度缩短，数目增多，细小裂纹增多，断口微观形貌的纹痕由密集变疏松，由浅变深。

第四节　实体汽车火灾中车用玻璃破裂行为及痕迹特征研究

制备模拟汽车火灾现场，使用的车辆型号为桑塔纳 3000；拟定的起火部位位于车辆内仪表盘上方平台，正对前风挡玻璃中央部分；拟定的起火原因为打火机在强烈日照下爆裂，同时有小孩向打火机位置投掷鞭炮，最终引燃车辆。

一、实验设计

为了便于记录车用玻璃在火灾过程中的温度变化，分别在车辆的前后风挡玻璃及侧窗玻璃上共布置 26 个热电偶，其中，侧窗玻璃

（面积较小）各布置4个，前后风挡玻璃（面积较大）各布置5个，布置情况如图3–73所示。

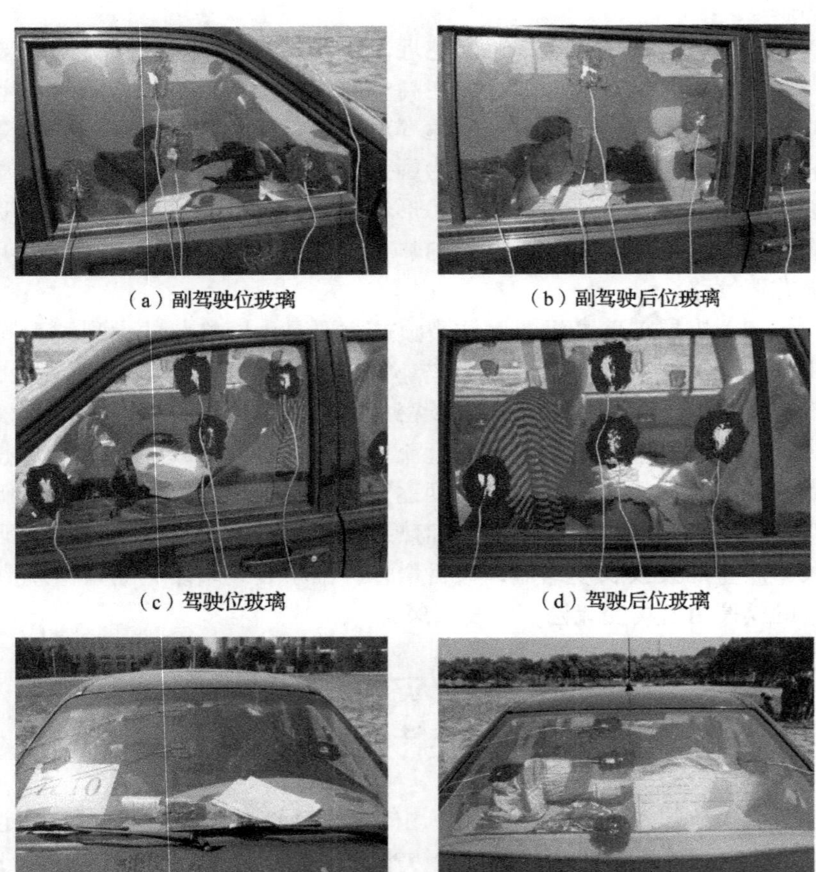

（a）副驾驶位玻璃　（b）副驾驶后位玻璃

（c）驾驶位玻璃　（d）驾驶后位玻璃

（e）前风挡玻璃　（f）后风挡玻璃

图3–73　车用玻璃热电偶布置图

热电偶均采用铝箔隔热胶带进行固定，并在胶带四周用耐高温胶进行密封，防止热电偶在实验过程中脱落。从点火成功开始，每隔10 s记录一次温度数据，至开始灭火时停止。实验全过程用摄像机进行记录。

从点火成功时开始记录温度数据，定义为 0 min；此后，车内物品开始阴燃，热烟气沿副驾驶位的窗缝飘出，18 min 时出现明火；20 min 时，副驾驶位玻璃首先炸裂，随即驾驶位玻璃炸裂。在整个实验过程中，后风挡玻璃没有炸裂，只是在灭火过程中遇水后发生炸裂；副驾驶后位的玻璃没有发生热炸裂，只是出现了软化现象。图 3–74 所示为实验过程中的各个关键时间节点。

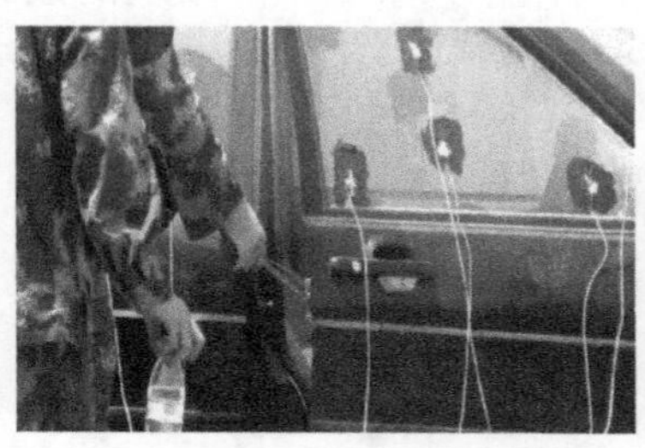

（a）0 min　点火成功

（b）13 min　车内阴燃

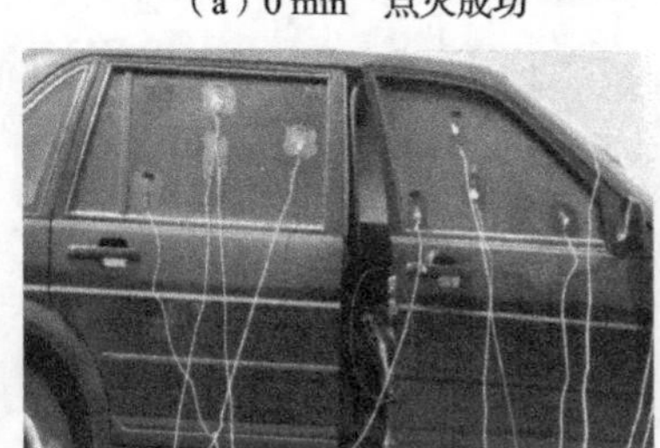

（c）18 min　出现明火

（d）20 min 0 s　副驾驶位玻璃开始破裂

（e）20 min 0.5 s　玻璃出现脱落碎片

（f）20 min 1 s　玻璃完全脱落

图 3–74　实验过程

二、玻璃破裂行为分析

1. 玻璃表面温度

图 3–75 所示为各位置玻璃表面温度随时间变化曲线。从图 3–75 中可以看出，除后风挡玻璃外，其余五块玻璃的温度变化趋势大致相同。

通过实验过程观察到的车用玻璃变化情况，再结合记录到的各位置玻璃表面温度的变化情况，可以对汽车火灾中车用玻璃的破坏情况大致做如下描述：

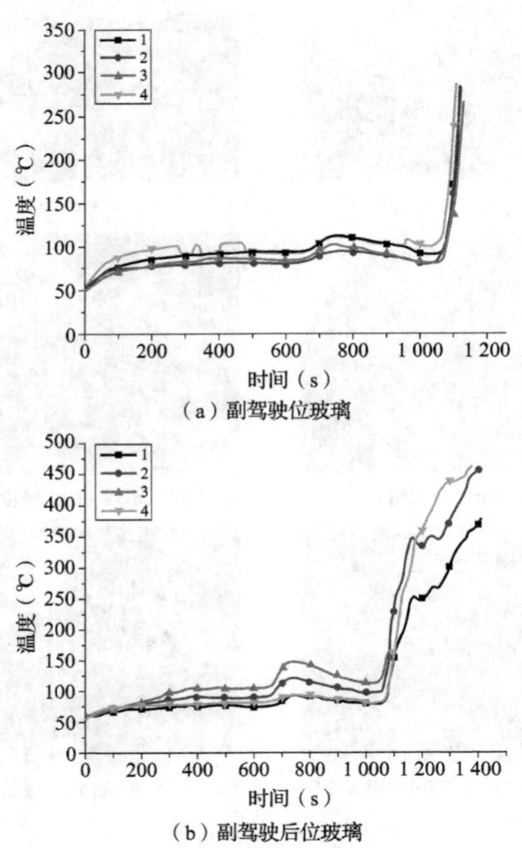

（a）副驾驶位玻璃

（b）副驾驶后位玻璃

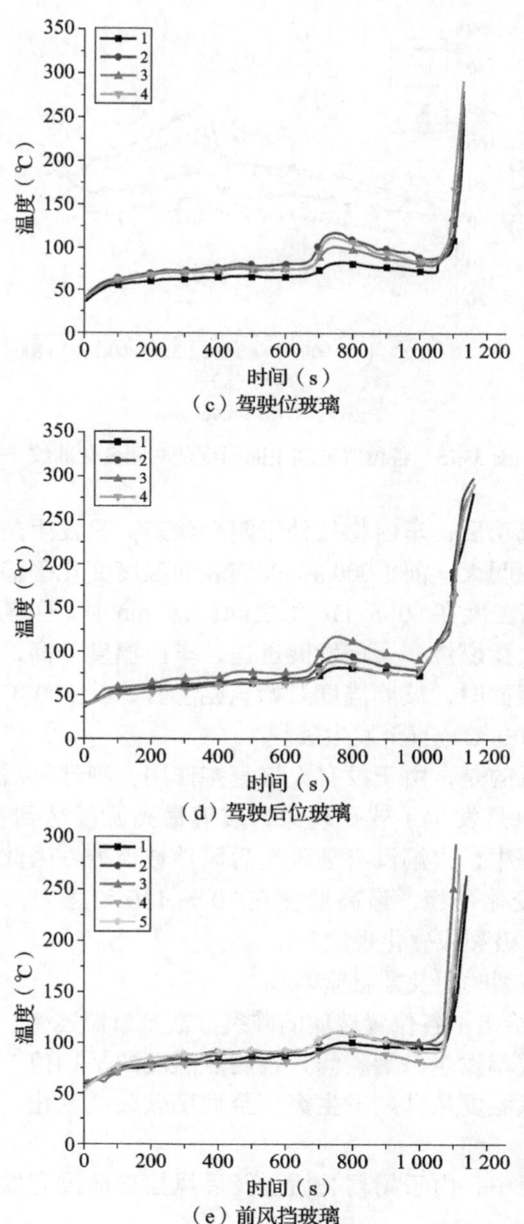

（c）驾驶位玻璃

（d）驾驶后位玻璃

（e）前风挡玻璃

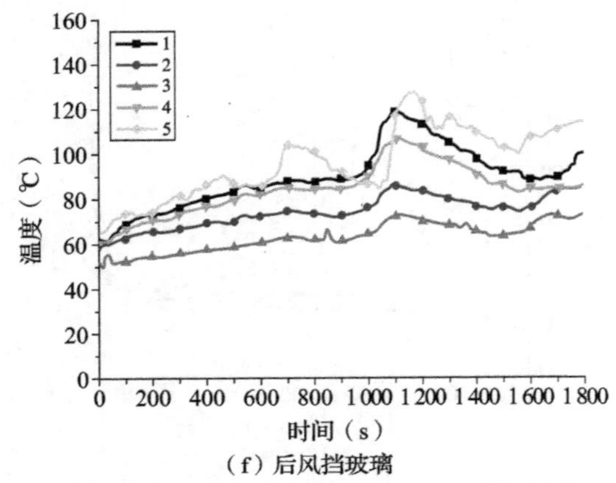

（f）后风挡玻璃

图 3-75　各位置玻璃表面温度随时间变化曲线

在点火成功后，车内物品处于阴燃状态，只发生热解，产生烟气，没有出现明火，前 1 000 s，玻璃表面温度变化平稳，温度升高不明显，最高温度在 80 ～ 110 ℃之间；18 min 时，出现明火，车内可燃物开始大量燃烧，火焰发展迅速，车内温度升高，当火焰直接作用到玻璃表面时，玻璃温度开始急剧上升，从 100 ℃左右快速上升至 250 ～ 300 ℃，直至发生破裂。

值得注意的是，由于没有火焰直接作用，副驾驶后位的玻璃在实验过程中只是发生了软化现象，玻璃最高温度达到 460 ℃左右；由于实验过程中，火焰没有蔓延至后风挡玻璃处，因此后风挡玻璃表面的温度变化平稳，最高温度在 70 ～ 130 ℃之间，至开始灭火时，没有发生破裂或软化现象。

2. 首次破裂时间及升温速率

表 3-25 给出了各位置玻璃的破裂参数及升温速率。其中，破裂平均温度指玻璃发生破裂瞬间，各测点温度的平均值；平均升温速率是指各测点温度从开始发生突变至玻璃破裂或软化，每秒的温度变化平均值。

实验过程中，由于副驾驶后位及后风挡玻璃没有发生破裂，因此只对这二者的平均升温速率进行了研究，但对于后风挡玻璃来说，它的温度在整个实验过程没有发生突变，故其平均升温速率指的是从实验开始至测点出现最高温度期间，每秒的温度变化平均值。其余四块玻璃发生了破裂，需要对其破裂时间、破裂平均温度及平均升温速率进行分析。

表 3-25　　各位置玻璃的破裂参数及升温速率

玻璃位置	破裂时间（s）	破裂平均温度（℃）	平均升温速率（℃/s）
副驾驶位玻璃	1 118	273	3.06
副驾驶后位玻璃	—	—	0.85
驾驶位玻璃	1 124	274	3.05
驾驶后位玻璃	1 156	287	2.25
前风挡玻璃	1 138	267	2.85
后风挡玻璃	—	—	0.04

从表 3-25 中可以看出，发生破裂的玻璃，其平均升温速率在 2 ℃/s 以上；发生软化的玻璃，其平均升温速率接近 1 ℃/s；未发生破裂或软化的玻璃，其平均升温速率仅为 0.04 ℃/s。

因此，可以得出结论：升温速率越快，玻璃越容易发生破裂，当玻璃表面的升温速率达到 2 ℃/s 以上时，玻璃会迅速破裂。

三、玻璃破裂痕迹特征分析

实验完成后，发现只有前、后风挡玻璃残片留在原位，相对好辨认，其余四块玻璃均已从车体框架上完全脱落，只能从相应位置的下部灰烬中提取，图 3-76 所示为前、后风挡玻璃残片。为了更好地对车用玻璃的宏观及微观形貌进行观察，从各个车用玻璃相应的位置提取到玻璃碎片后，用清水对其进行冲洗，以确保玻璃表面无灰尘附着。

（a）前风挡玻璃残片

（b）后风挡玻璃残片

图 3-76　前、后风挡玻璃残片

1. 宏观形貌

图 3-77 所示为在不同部位提取到的车用玻璃残片。根据之前描述的实验现象，可以知道，六块玻璃中，只有后风挡玻璃形成的是高温遇水炸裂痕迹，而其他五块玻璃均是首先发生热炸裂或软化，

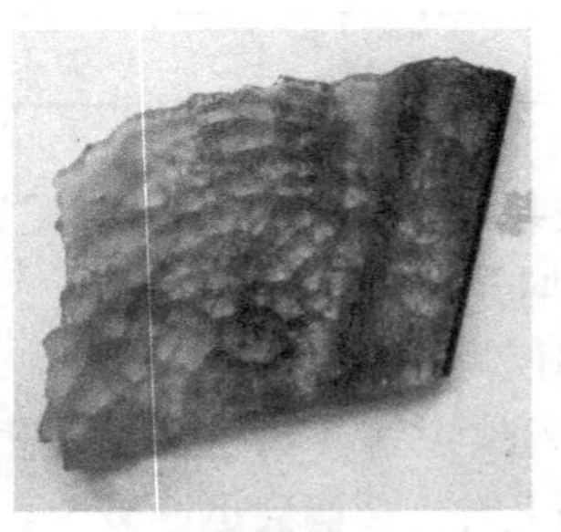
（a）副驾驶位玻璃

（b）副驾驶后位玻璃

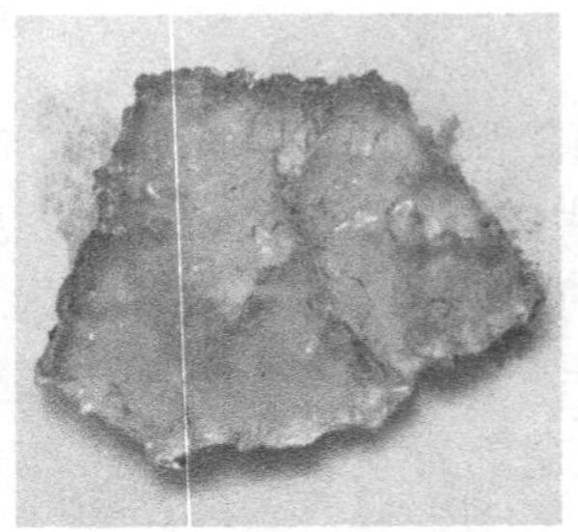
（c）驾驶位玻璃

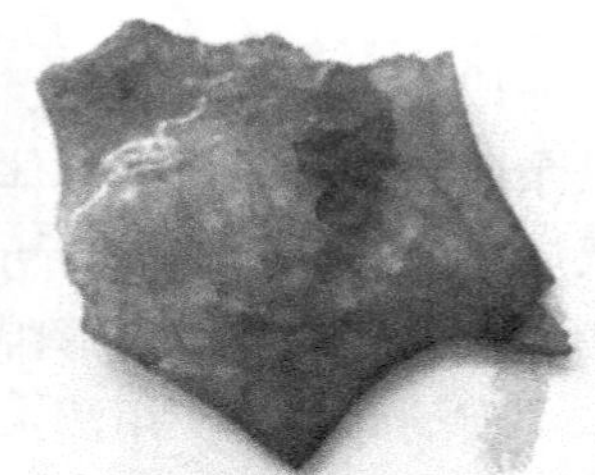
（d）驾驶后位玻璃

（e）前风挡玻璃

（f）后风挡玻璃

图 3-77 不同部位车用玻璃残片

而后在实验过程中受到火焰长时间作用，发生熔融，最后在灭火过程中遇水，从而形成现在的痕迹。

六块玻璃残片的表面均布满细小的裂纹，数目较多。后风挡玻璃残片的透明度较高，驾驶位的玻璃残片透明度略有下降，其他四块玻璃残片的透明度下降较明显，玻璃表面呈现青白色，这是由于这四块玻璃在炸裂后受到火焰持续作用，温度持续升高，而后在较高的温度下遇水。同时，玻璃整体的强度也有所下降，在提取到大块的玻璃残片后，稍用力一掰，玻璃即可断裂。

断口的宏观形貌与高温遇水断口形貌类似，断口形状与此处的裂纹形态有关，但其表面光滑，没有弓形纹，具体形貌如图 3-78 所示。

图 3-78 车用玻璃残片断口宏观形貌

2. 微观形貌

图 3-79 所示为车用玻璃残片断口的微观形貌。从图中可以看

出，与高温遇水的断口微观形貌相同，车用玻璃残片的断口微观形貌均呈现直线形纹痕。其中，前风挡玻璃与副驾驶位处的玻璃受火焰作用时间最长，纹痕最深，视场中的纹痕数目与其他四个相比较少；其他四块玻璃断口的纹痕较密集，纹路相对较浅。

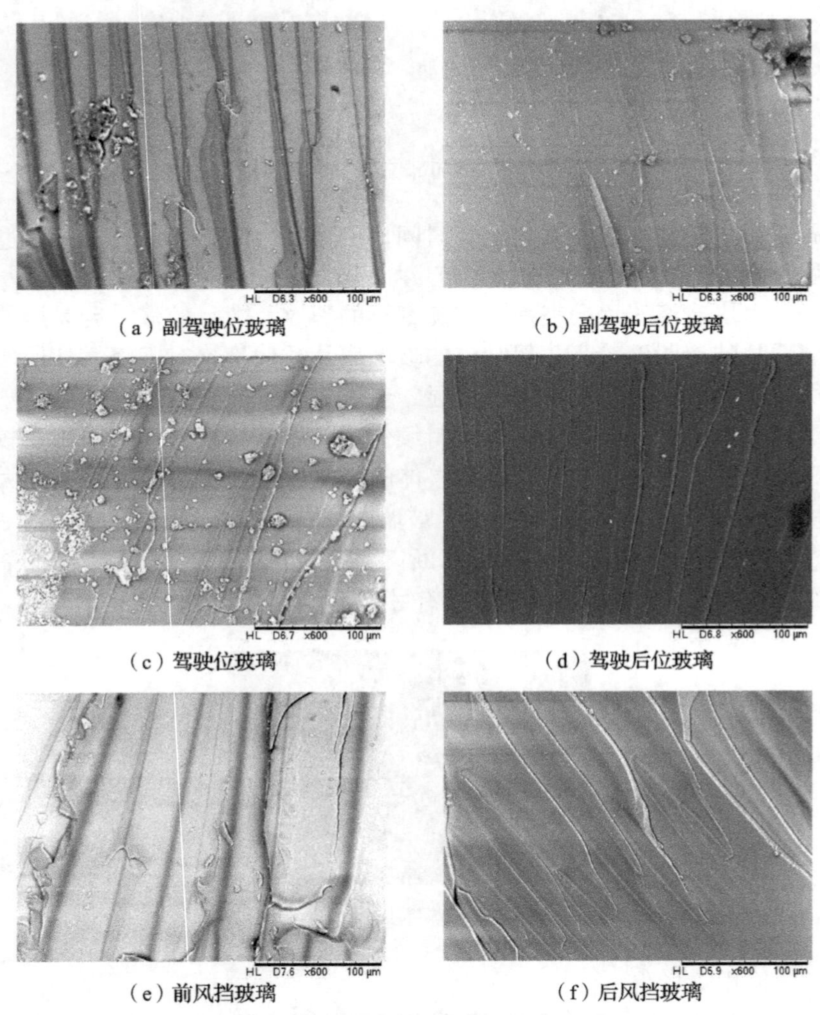

（a）副驾驶位玻璃　（b）副驾驶后位玻璃

（c）驾驶位玻璃　（d）驾驶后位玻璃

（e）前风挡玻璃　（f）后风挡玻璃

图 3-79　车用玻璃残片断口的微观形貌

在实体火灾实验中，由于不能保证每块玻璃受到的水流强度、距离及水流大小一致，因此其微观形貌会受到一定的影响，可能出现玻璃表面温度高，但断口微观形貌的纹痕数目多、纹路浅等情况，但从整体来说，其规律与第三章第三节中研究得到的规律相符。

四、小结

为了验证第二、第三节中的实验结论，本节设计了实体汽车火灾实验，实验过程中对车用玻璃发生的变化情况进行了观察，同时，记录了玻璃表面温度与破裂时间；实验结束后，提取了各位置的车用玻璃残片，并进行预处理；而后，对车用玻璃破裂时间、破裂温度及升温速率等数据进行了分析，对产生的玻璃碎片宏观与微观形貌进行了观察；最后，将实体汽车火灾实验的结果与前两节的研究结果进行对比。现结果总结如下：

（1）升温速率越快，玻璃越容易发生破裂，当玻璃表面的升温速率达到 2 ℃/s 以上时，玻璃会迅速发生破裂，与前文的结论相对应。

（2）断口的宏观形貌与高温遇水断口形貌类似，表面光滑，没有弓形纹；微观形貌均呈现直线形纹痕。

第四章　火灾环境下幕墙玻璃的破裂行为及痕迹特征研究

第一节　实验设计

一、实验材料

本实验所用玻璃如表 4–1 所示，全部由廊坊市宏博兴业玻璃有限公司加工制成，其中 A 为 PVB 胶片的厚度，$A = 0.76$ mm，下同。

表 4–1　　　　实验用幕墙玻璃

安装方式	玻璃种类	尺寸（cm^2）	厚度（mm）
框支承	单层钢化	60×40	10
		120×80	10
	中空	60×40	$6 + 9A + 6$
		120×80	$6 + 9A + 6$
点支承	单层钢化	60×40	10
		120×80	10

二、实验装置

为了达到实验目的，本部分设计使用的实验系统主要包括火源模拟系统、灭火系统、幕墙玻璃、测量装置和实体火系统五个部分。

1. 火源模拟系统

在进行火灾环境下玻璃破裂的研究中，通常采用的火源类型主要可以分为电辐射源、木垛火源、油池火源、气体辐射板几个类型。为了提供能使不同安装方式、较大尺寸的幕墙玻璃发生破裂的条件，本实验采用两种类型的火源：一是使用玻璃辐射试验台作为辐射热源，实验台由合肥信安科技有限公司生产。实验台使用 50 mm 防火板围成内部箱体，外蒙 1 mm 不锈钢板，辐射源为 6 根 U 形碳棒。二是采用油盘尺寸为 30 cm × 30 cm、40 cm × 40 cm 和 50 cm × 50 cm 的柴油池火来模拟真实火场玻璃所受到的热载荷，为得到火源的热释放速率，在油池下方放置一个高精度质量损失天平用来测量油池燃烧过程中的质量变化。

本实验所采用的质量损失天平由江苏省常熟市双杰测试仪器厂生产，型号为 G&G TC6K，天平尺寸为 340 mm × 360 mm，量程为 11 kg，精度为 0.01 g，天平与笔记本电脑相连，利用天平采样软件测得燃烧期间燃料的质量动态变化，数据输出频率设置为 9 600 Hz。

2. 灭火系统

油盘火实验，采用储能式压缩空气泡沫灭火装置在幕墙玻璃炸裂后对油盘火进行扑灭。采用气液垂直混合方式，工作压力为 0.8 MPa，泡沫混合比为 0.5%，进行湿泡沫喷射时，发泡倍数为 8.30 ～ 8.52，喷射范围为 11.22 ～ 11.34 m，可持续喷射泡沫时间为 47 ～ 49 s。

高温遇水实验，采用水枪对背火面进行喷射，采用开花水枪，所产生的压力不会对玻璃破裂造成较大影响。

3. 幕墙玻璃

为了研究不同安装方式的幕墙玻璃的破裂过程，依据玻璃幕墙工程标准，设计了能够满足承受高温并且达到实验要求的玻璃支承框架，如图 4-1 所示。框支承幕墙玻璃的框架由能够承受 1 200 ℃高温的不锈钢制成。对于点支承幕墙玻璃，设计了支承点位置可改变的玻璃框架，玻璃内部四个孔径与螺母和框架主体连接，将玻璃板垂直固定在框架上。

4. 测量装置

测量系统由摄像机、K 型热电偶和数据采集仪等部分构成。实验过程中玻璃的首次破裂时间、首次破裂位置等参数通过数码摄像机摄像和拍照进行记录。本部分内容所使用的数码相机为佳能 EOS 70，温度使用泰州市天奇电热仪表有限公司生产的 K 型热电偶进行测量，热电偶连接 Fluke 2638A 型数据采集装置，采集实验数据。

（a）框支承

（b）点支承

图 4–1　支承框架

5. 实体火系统

实体火实验搭建 2.6 m × 2.6 m × 2.6 m 的实验室，实验室为砖混结构，西侧墙面设有一扇 1.0 m × 1.8 m 的门，实验时作为通风口始终保持常开状态。南侧墙用于安装幕墙玻璃，按照《玻璃幕墙工程技术规范》（JGJ 102—2016）设计可满足实验所需框支承和点支承两种支承形式幕墙玻璃的结构。室内放置单人床、桌、椅各一张和衣物若干，摆放位置图如图 4–2 所示。

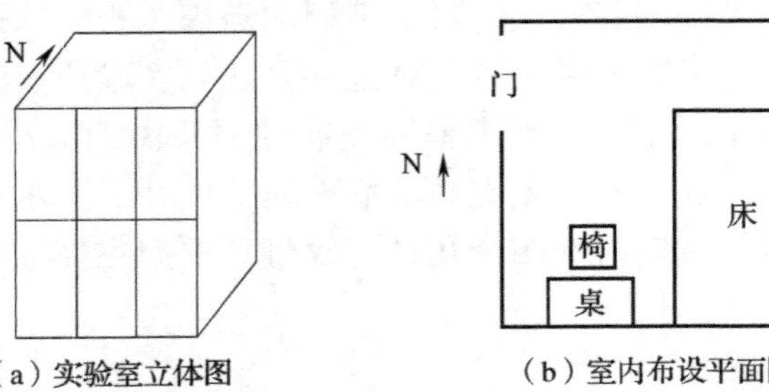

（a）实验室立体图　　（b）室内布设平面图

图 4–2　实体火系统示意图

三、实验设计

明火和热辐射是火灾中作用于幕墙玻璃的最为常见的热荷载形式。本研究采用油盘火和辐射实验台对幕墙玻璃进行研究，并采用实体火对幕墙玻璃的研究进行分析与验证。为排除偶然误差，保证实验的准确性，每种工况均重复3次。

1. 幕墙玻璃破裂行为实验

针对幕墙玻璃框支承和点支承两种安装方式，采取不同的热炸裂方式，记录不同实验工况下幕墙玻璃的迎火面温度变化、背火面温度变化、破裂时间、破裂温差、破裂位置等数据。

在玻璃迎火面和背火面对称布置9组热电偶，具体布置如图4-3所示。

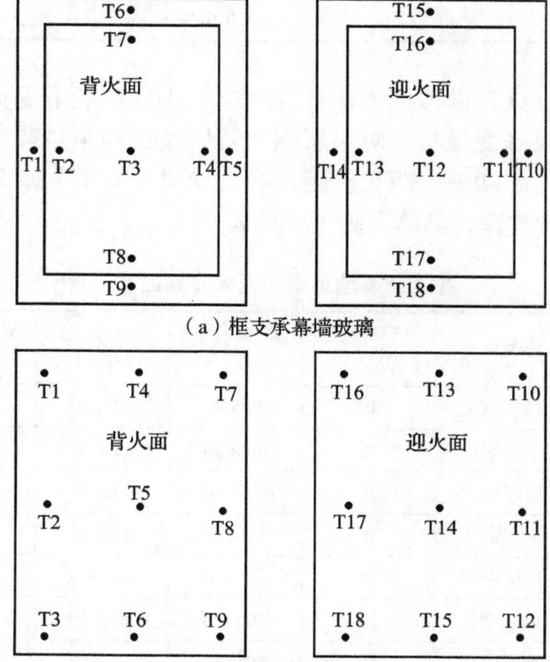

（a）框支承幕墙玻璃

（b）点支承幕墙玻璃

图4-3　幕墙玻璃热电偶布置示意图

使用玻璃辐射实验台，模拟框支承幕墙玻璃在火灾环境下受热辐射的情况，利用控制变量法，对单层钢化幕墙玻璃和中空幕墙玻璃进行实验，探究升温速率对框支承幕墙玻璃破裂行为的影响规律，具体实验工况见表 4–2。

表 4–2　　框支承幕墙玻璃热辐射实验工况

实验编号	玻璃种类	玻璃厚度（mm）	升温速率（℃/min）
R01	单层钢化	10	5
R02	单层钢化	10	10
R03	单层钢化	10	15
R04	中空	$6+9A+6$	5
R05	中空	$6+9A+6$	10
R06	中空	$6+9A+6$	15

使用油盘火，模拟框支承幕墙玻璃在火灾环境下受火焰作用的情况，利用控制变量法，对单层钢化幕墙玻璃和中空幕墙玻璃进行实验，探究火源功率、距火源距离和玻璃尺寸对框支承幕墙玻璃破裂行为的影响规律，具体实验工况见表 4–3。

表 4–3　　框支承幕墙玻璃油盘火实验工况

实验编号	玻璃种类	玻璃厚度（mm）	玻璃尺寸（cm^2）	油盘尺寸（cm^2）	距离火源距离（cm）
Y01	单层钢化	10	60×40	30×30	0
Y02	单层钢化	10	60×40	30×30	10
Y03	单层钢化	10	60×40	30×30	20
Y04	单层钢化	10	60×40	40×40	0
Y05	单层钢化	10	60×40	40×40	10
Y06	单层钢化	10	60×40	40×40	20
Y07	单层钢化	10	60×40	50×50	0
Y08	单层钢化	10	60×40	50×50	10

续表

实验编号	玻璃种类	玻璃厚度（mm）	玻璃尺寸（cm^2）	油盘尺寸（cm^2）	距离火源距离（cm）
Y09	单层钢化	10	60×40	50×50	20
Y10	单层钢化	10	120×80	30×30	0
Y11	单层钢化	10	120×80	30×30	10
Y12	单层钢化	10	120×80	30×30	20
Y13	单层钢化	10	120×80	40×40	0
Y14	单层钢化	10	120×80	40×40	10
Y15	单层钢化	10	120×80	40×40	20
Y16	单层钢化	10	120×80	50×50	0
Y17	单层钢化	10	120×80	50×50	10
Y18	单层钢化	10	120×80	50×50	20
Y19	中空	6+9A+6	60×40	30×30	0
Y20	中空	6+9A+6	60×40	30×30	10
Y21	中空	6+9A+6	60×40	30×30	20
Y22	中空	6+9A+6	60×40	40×40	0
Y23	中空	6+9A+6	60×40	40×40	10
Y24	中空	6+9A+6	60×40	40×40	20
Y25	中空	6+9A+6	60×40	50×50	0
Y26	中空	6+9A+6	60×40	50×50	10
Y27	中空	6+9A+6	60×40	50×50	20
Y28	中空	6+9A+6	120×80	30×30	0
Y29	中空	6+9A+6	120×80	30×30	10
Y30	中空	6+9A+6	120×80	30×30	20
Y31	中空	6+9A+6	120×80	40×40	0
Y32	中空	6+9A+6	120×80	40×40	10
Y33	中空	6+9A+6	120×80	40×40	20
Y34	中空	6+9A+6	120×80	50×50	0

续表

实验编号	玻璃种类	玻璃厚度（mm）	玻璃尺寸（cm^2）	油盘尺寸（cm^2）	距离火源距离（cm）
Y35	中空	$6+9A+6$	120×80	50×50	10
Y36	中空	$6+9A+6$	120×80	50×50	20

使用玻璃辐射实验台，模拟点支承幕墙玻璃在火灾环境下受热辐射的情况。利用控制变量法，对单层钢化幕墙玻璃进行实验，探究升温速率对点支承幕墙玻璃破裂行为的影响规律，具体实验工况见表 4–4。

表 4–4　　点支承幕墙玻璃热辐射实验工况

实验编号	玻璃种类	玻璃厚度（mm）	升温速率（℃/min）
R07	单层钢化	10	5
R08	单层钢化	10	10
R09	单层钢化	10	15

使用油盘火，模拟点支承幕墙玻璃在火灾环境下受火焰作用的情况，利用控制变量法，对单层钢化幕墙玻璃进行实验，探究火源功率、距火源距离和玻璃尺寸对点支承幕墙玻璃破裂行为的影响规律，具体实验工况见表 4–5。

表 4–5　　点支承幕墙玻璃油盘火实验工况

实验编号	玻璃种类	玻璃厚度（mm）	玻璃尺寸（cm^2）	油盘尺寸（cm^2）	距火源距离（cm）
Y37	单层钢化	10	60×40	30×30	0
Y38	单层钢化	10	60×40	30×30	10
Y39	单层钢化	10	60×40	30×30	20
Y40	单层钢化	10	60×40	40×40	0
Y41	单层钢化	10	60×40	40×40	10

续表

实验编号	玻璃种类	玻璃厚度（mm）	玻璃尺寸（cm^2）	油盘尺寸（cm^2）	距火源距离（cm）
Y42	单层钢化	10	60 × 40	40 × 40	20
Y43	单层钢化	10	60 × 40	50 × 50	0
Y44	单层钢化	10	60 × 40	50 × 50	10
Y45	单层钢化	10	60 × 40	50 × 50	20
Y46	单层钢化	10	120 × 80	30 × 30	0
Y47	单层钢化	10	120 × 80	30 × 30	10
Y48	单层钢化	10	120 × 80	30 × 30	20
Y49	单层钢化	10	120 × 80	40 × 40	0
Y50	单层钢化	10	120 × 80	40 × 40	10
Y51	单层钢化	10	120 × 80	40 × 40	20
Y52	单层钢化	10	120 × 80	50 × 50	0
Y53	单层钢化	10	120 × 80	50 × 50	10
Y54	单层钢化	10	120 × 80	50 × 50	20

实验过程中，利用测量系统，实时收集实验中的各项参数，分析各种因素对玻璃破裂行为的影响。

2. 实体火灾玻璃幕墙破裂实验

在幕墙玻璃的破裂实验中，玻璃辐射试验台可安装的玻璃的最大尺寸为 0.6 m × 0.4 m，在油盘火实验中使用了两种尺寸的玻璃：为保持研究的一致性，一类与热辐射实验中幕墙玻璃的尺寸相同，为 0.6 m × 0.4 m。考虑到实际工程应用，另一类将幕墙玻璃的长宽各增加一倍，幕墙玻璃尺寸为 1.2 m × 0.8 m。在实体火实验中单片幕墙玻璃尺寸太小与实际工程应用相差大，为使实验所得的结果尽可能与实际火灾环境下玻璃幕墙的破裂行为相同，实验选择 6 片单片尺寸为 1.2 m × 0.8 m 的玻璃，组成整体尺寸 2.4 m × 2.4 m 的玻璃幕墙，玻璃编号如图 4–4 所示。实验中，在各片玻璃中心点两侧对称布置热电偶。测点设置如图 4–5 所示。

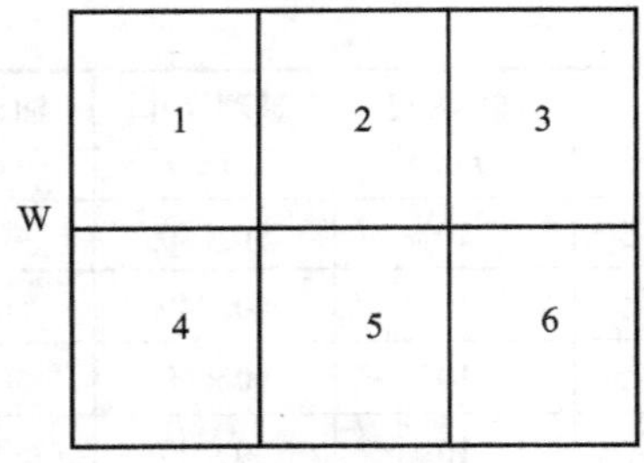

图 4–4　玻璃编号

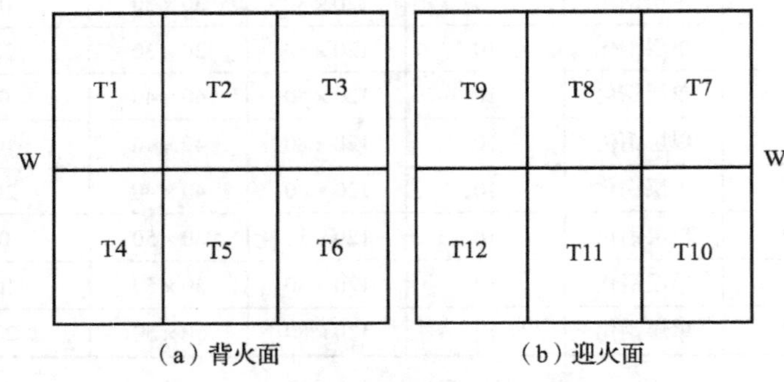

（a）背火面　　（b）迎火面

图 4–5　玻璃热电偶及辐射热流计布置图

玻璃幕墙分为框支承单层钢化玻璃幕墙、框支承中空玻璃幕墙和点支承单层钢化玻璃幕墙，每种幕墙各进行两次实验，具体实验工况见表 4–6。

表 4–6　实体火灾实验工况

实验编号	支承方式	玻璃种类	厚度（mm）
S01、S02	框支承	单层钢化	10
S03、S04	框支承	中空	6 + 9*A* + 6
S05、S06	点支承	单层钢化	10

模拟真实火灾环境，对玻璃幕墙的破裂行为和破坏特征进行研究，记录玻璃在火灾中的迎火面温度、背火面温度、首次破裂时间、

首次破裂位置等数据，验证前文对幕墙玻璃破裂行为和痕迹的分析。对整体玻璃幕墙的破坏特征进行研究，验证前文对幕墙玻璃的研究结果。

第二节　框支承幕墙玻璃破裂行为

一、升温速率对框支承幕墙玻璃破裂行为的影响

火灾是一种典型的热荷载。火灾环境下，幕墙玻璃的破裂可能会加重火势的猛烈程度，威胁人们的生命及财产安全。本章第一节选用辐射源作为典型热源研究升温速率对框支承幕墙玻璃破裂行为的影响，实验采用的辐射实验台的辐射源为 6 根 U 形碳棒。

（一）对钢化玻璃破裂行为的影响

1. 玻璃表面温度随时间变化情况

受热辐射作用，框支承幕墙玻璃由于厚度及边框遮蔽作用，在面积方向和厚度方向因温度不同产生热应力。热应力是导致幕墙玻璃破裂的主要原因，幕墙玻璃各个特征位置的温度是实验需要收集的重要参数之一。

图 4–6 为不同升温速率下框支承单层钢化幕墙玻璃的温度变化情况。迎火面受辐射源作用，最高温度高。迎火面特征点的升温曲线趋势一致，表明热辐射源对玻璃施加的热荷载基本相同。背火面各点的升温曲线与迎火面对应点的趋势相同且峰值温度低于迎火面，说明背火面主要靠与迎火面之间的热传导升温且在传导过程中有热量损失。

图 4–6（a）、（b）为升温速率为 5 ℃/min 时各特征点的温度曲线：迎火面各点在前 10 000 s 温度增长较快，而后缓慢增长直至趋于稳定。中心线上各点最高温度范围为 148 ～ 263 ℃，中心线两侧各点最高温度范围为 193 ～ 207 ℃，遮蔽区域内各点最高温度范围为 112 ～ 265 ℃；背火面温度曲线升温趋势与迎火面相同，温度增长速率变化时间点为 11 000 s，比迎火面滞后约 1 000 s，中心线上

各点最高温度范围为 111 ～ 220 ℃，中心线两侧各点最高温度范围为 160 ～ 169 ℃，遮蔽区域内各点最高温度范围为 63 ～ 193 ℃。

图 4-6（c)、(d）为升温速率为 10 ℃/min 时各特征点的温度曲线：迎火面温度增长速率变化时间点为 5 500 s，中心线上各点最高温度范围为 152 ～ 260 ℃，中心线两侧各点最高温度范围为 194 ～ 205 ℃，遮蔽区域内各点最高温度范围为 110 ～ 260 ℃；背火面温度增长速率变化时间点为 6 000 s，比迎火面滞后约 500 s，中心线上各点最高温度范围为 110 ～ 221 ℃，中心线两侧各点最高温度范围为 165 ～ 168 ℃，遮蔽区域内各点最高温度范围为 61 ～ 197 ℃。

图 4-6（e)、(f）为升温速率为 15 ℃/min 时各特征点温度曲线：迎火面温度增长速率变化时间点为 3 500 s。中心线上各点最高温度范围为 148 ～ 261 ℃，中心线两侧各点最高温度范围为 195 ～ 202 ℃，遮蔽区域内各点最高温度范围为 108 ～ 259 ℃；背火面温度增长速率变化时间点为 4 000 s，比迎火面滞后约 500 s，中心线上各点最高温度范围为 116 ～ 226 ℃，中心线两侧各点最高温度范围为 165 ～ 169 ℃，遮蔽区域内各点最高温度范围为 66 ～ 192 ℃。

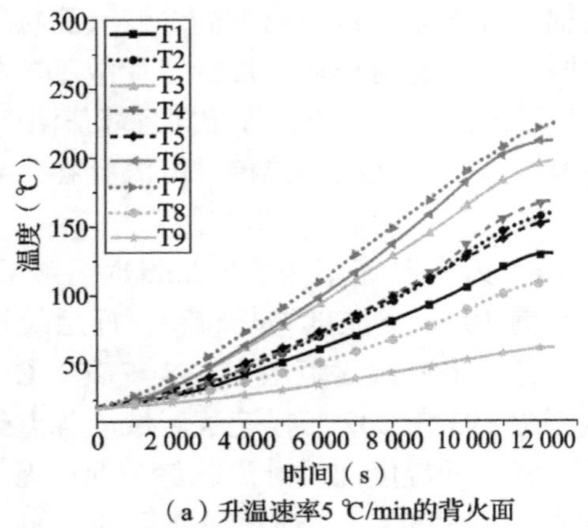

（a）升温速率5 ℃/min的背火面

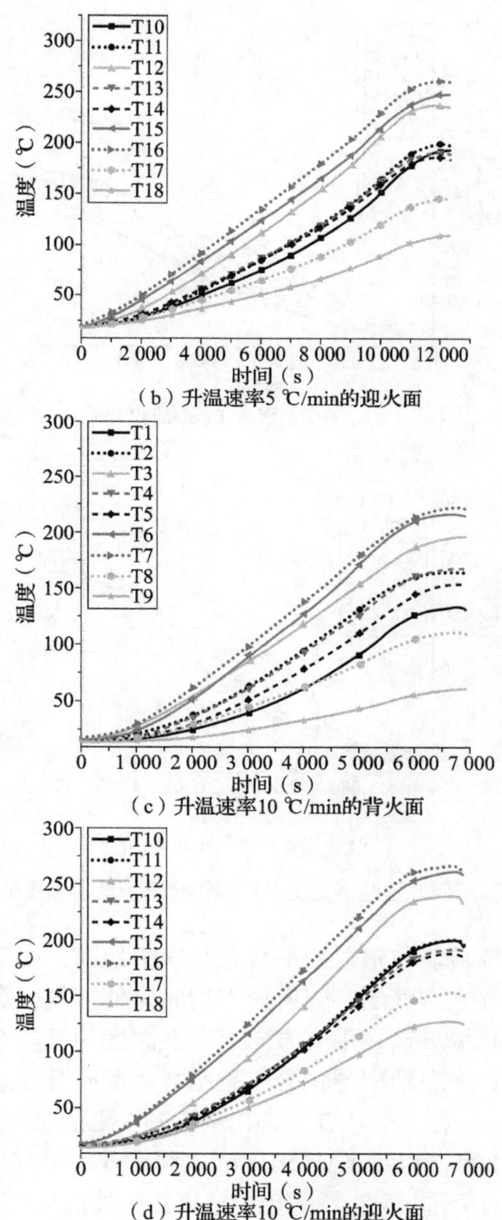

（b）升温速率5 ℃/min的迎火面

（c）升温速率10 ℃/min的背火面

（d）升温速率10 ℃/min的迎火面

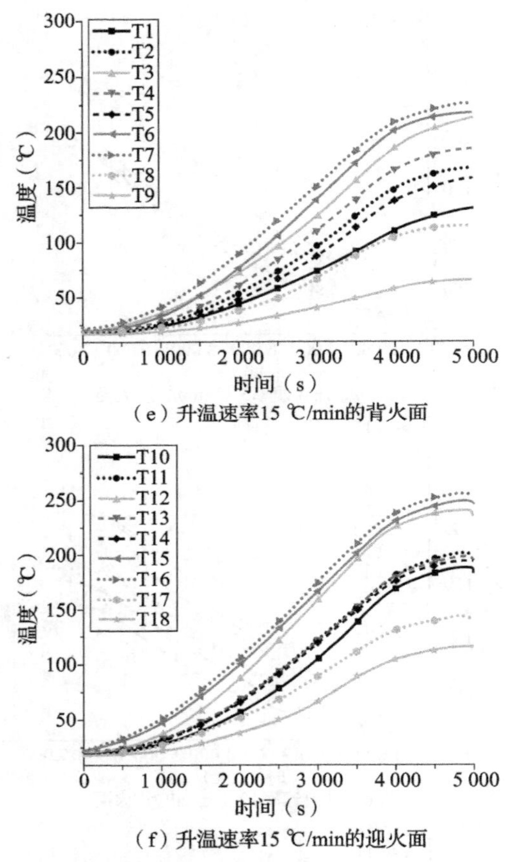

（e）升温速率15 ℃/min的背火面

（f）升温速率15 ℃/min的迎火面

图 4-6　不同升温速率框支承单层钢化幕墙玻璃温度变化图

实验中幕墙玻璃与辐射源平行且垂直于地面，由于玻璃迎火面与辐射源之间存在空气层，辐射源作用时会使空气升温。热空气向上移动，使得幕墙玻璃在垂直方向上存在温度梯度。迎火面温度曲线有分层现象，升温速率越快分层越明显。按照升温速率快慢，曲线可分为三组：第一组为 T12、T15 和 T16 测点曲线，第二组为 T10、T11、T13 和 T14 测点曲线，第三组为 T17 和 T18 测点曲线。特征点处于三个不同高度，分组情况与其所处高度一致。第一组，若单纯考虑热空气的温度梯度，各点峰值温度从大到小依次应为T15、T16、T12，由于实验中T15被框遮蔽，温度比相同高度暴露温度低，实验中在靠近辐射面一侧设置与特征位置点相对应的热电偶，测得框的遮蔽作用使得温度减少约40 ℃，所以实验中T16温度高于T15。第二组所处位置在同一水平线上，温度相差不大，T10和T14由于框的遮蔽，其温度低于T11和T13。第三组T17和T18处于最低温度梯度，T18位置最靠下，且受框遮蔽作用，其温度明显低于T17。背火面特征测点温度变化趋势与迎火面变化趋势基本一致，也可分为三组：T3、T6和T7测点曲线为第一组，T1、T2、T4和T5测点曲线为第二组，T8和T9测点曲线为第三组。可见，分组的主要影响因素为热空气的温度梯度及框的遮蔽作用。

2. 玻璃表面最高温度及温差

本部分实验中，钢化幕墙玻璃未发生破裂。所以只对玻璃表面最高温度及温差进行讨论与分析。表4-7为不同升温速率下框支承单层钢化幕墙玻璃迎火面及背火面最高温度，迎火面最高温度用符号T_{1max}表示，背火面最高温度用符号T_{2max}表示。

表4-7 不同升温速率下框支承单层钢化幕墙玻璃最高温度

实验编号	实验次数	T_{1max}（℃）	T_{2max}（℃）
R01	1	265	220
	2	263	217
	3	254	208
R02	1	269	221
	2	267	223
	3	261	215
R03	1	262	210
	2	269	226
	3	259	217

由实验数据可以看出，升温速率的改变对幕墙玻璃迎火面及背火面所能达到的最高温度影响不大。图4-7为不同升温速率下框支承单层钢化幕墙玻璃迎火面及背火面最高温度随时间的变化曲线。

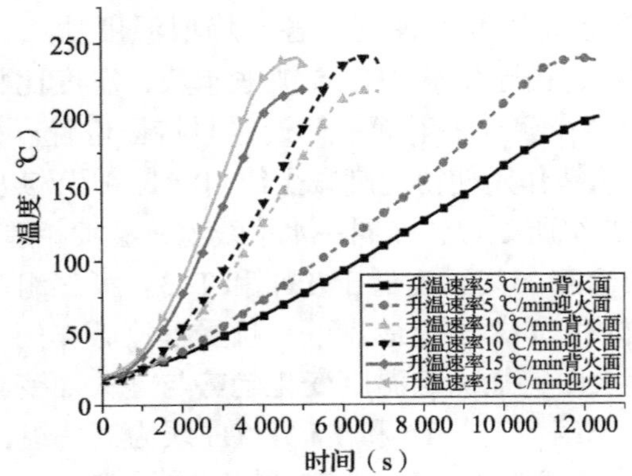

图 4-7　不同升温速率下框支承单层钢化幕墙玻璃迎火面及背火面最高温度曲线

在达到最高温度前，升温速率越大，同一时刻玻璃的温度越高。在达到最高温度后，幕墙玻璃的受热与散热达到动态平衡，峰值温度基本维持不变，呈现平台期。同一升温速率的最高温度曲线，热辐射在厚度方向上传热需要一定的时间，升温速率为 5 ℃/min、10 ℃/min、15 ℃/min 时，背火面比迎火面达到最高温度的延迟时长分别为 460 s、140 s、90 s。

在火场环境下，当幕墙玻璃产生的热应力超过其所能承受的最大应力时，会发生破裂。温差是决定热应力大小的一个重要因素，由此本部分内容定义了以下三个温差：如图 4-8 所示，定义框支承幕墙玻璃面积方向温差 ΔT_1 为受辐射面最高温度 θ_1 与最低温度 θ_2 的

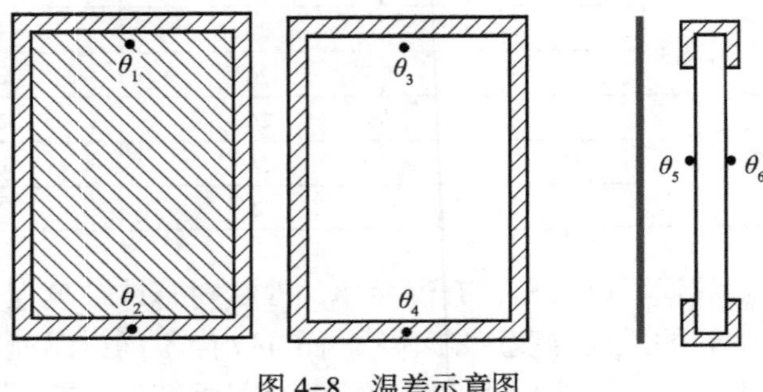

图 4-8　温差示意图

差值，ΔT_2 为背火面最高温度 θ_3 与最低温度 θ_4 的差值；定义框支承幕墙玻璃厚度方向温差 ΔT_3 为 θ_5 与 θ_6 的差值。

各实验组温差见表 4–8。升温速率对温差大小基本无影响。在定义的三种温差中，$\overline{\Delta T_1}$ 与 $\overline{\Delta T_2}$ 相差不大，分别为 151 ～ 152 ℃和 156 ～ 159 ℃，$\overline{\Delta T_3}$ 明显较低，为 67 ～ 68 ℃。导致面积方向与厚度方向温差相差较大的原因是：玻璃在面积方向有框的遮蔽导致遮蔽处温度较低，迎火面热空气存在温度梯度，上方温度高下方温度低，面积方向温差大。玻璃厚度小，在厚度方向进行热量传递，热量损失较小，温差小。

表 4–8　不同升温速率下框支承单层钢化幕墙玻璃温差

实验编号	实验次数	ΔT_1（℃）	$\overline{\Delta T_1}$（℃）	ΔT_2（℃）	$\overline{\Delta T_2}$（℃）	ΔT_3（℃）	$\overline{\Delta T_3}$（℃）
R01	1	151	151	157	157	71	68
	2	153		159		65	
	3	149		156		69	
R02	1	150	152	160	156	69	67
	2	155		154		70	
	3	152		155		63	
R03	1	153	152	160	159	66	67
	2	150		155		68	
	3	154		156		68	

（二）对中空玻璃破裂行为的影响

1. 玻璃表面温度随时间变化情况

图 4–9 为不同升温速率下框支承中空幕墙玻璃温度变化情况。迎火面受辐射源作用，各特征点温度变化趋势一致，温度先增高后基本稳定。背火面由迎火面热传导升温，变化趋势与迎火面相同。

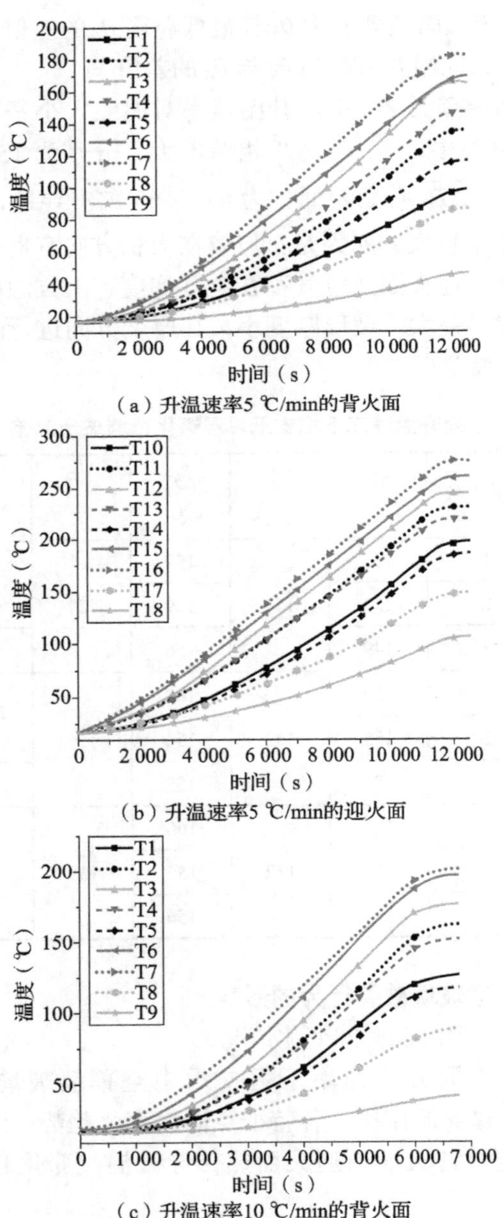

（a）升温速率5 ℃/min的背火面

（b）升温速率5 ℃/min的迎火面

（c）升温速率10 ℃/min的背火面

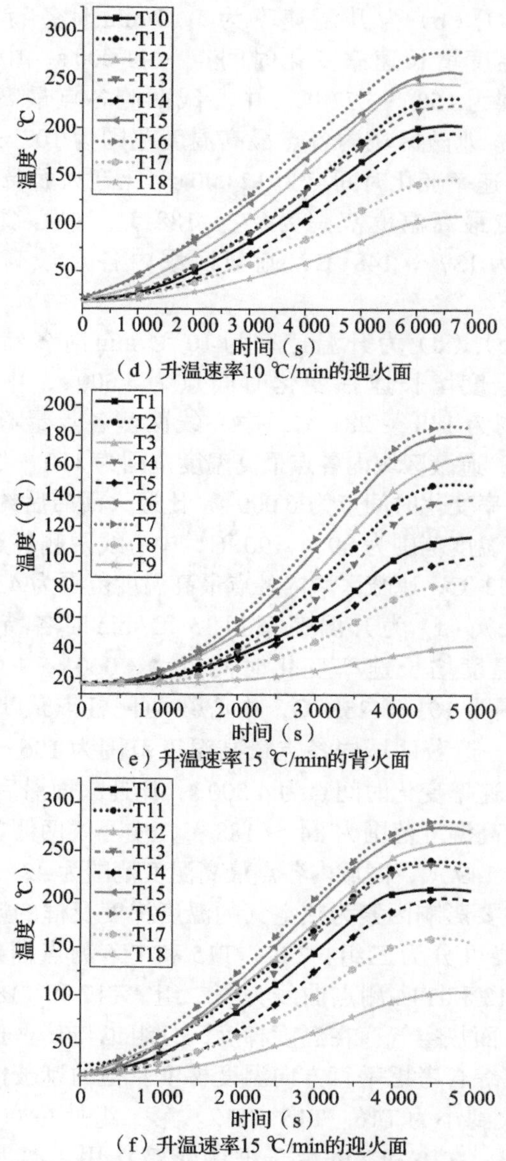

图 4-9　不同升温速率下框支承中空幕墙玻璃温度分布

图 4-9（a)、（b）为升温速率为 5 ℃/min 时各特征点温度曲线：迎火面温度增长速率变化时间点为 11 000 s，中心线上各点最高温度范围为 150 ～ 277 ℃，中心线两侧各点最高温度范围为 224 ～ 232 ℃，遮蔽区域内各点最高温度范围为 107 ～ 262 ℃。背火面温度增长速率变化时间点为 12 000 s，比迎火面滞后约 1 000 s，中心线上各点最高温度范围为 87 ～ 188 ℃，中心线两侧各点最高温度范围为 137 ～ 148 ℃，遮蔽区域内各点最高温度范围为 46 ～ 189 ℃。

图 4-9（c)、（d）为升温速率为 10 ℃/min 时各特征点温度曲线：迎火面温度增长速率变化时间点为 5 500 s，中心线上各点最高温度范围为 148 ～ 281 ℃，中心线两侧各点最高温度范围为 226 ～ 232 ℃，遮蔽区域内各点最高温度范围为 110 ～ 260 ℃。背火面温度增长速率变化时间点为 6 000 s，比迎火面滞后约 500 s，中心线上各点最高温度范围为 89 ～ 190 ℃，中心线两侧各点最高温度范围为 152 ～ 162 ℃，遮蔽区域内各点最高温度范围为 43 ～ 192 ℃。

图 4-9（e)、（f）为升温速率为 15 ℃/min 时各特征点温度曲线：迎火面温度增长速率变化时间点为 4 000 s，中心线上各点最高温度范围为 151 ～ 283 ℃，中心线两侧各点最高温度范围为 237 ～ 241 ℃，遮蔽区域内各点最高温度范围为 106 ～ 270 ℃。背火面温度增长速率变化时间点为 4 500 s，比迎火面滞后约 500 s，中心线上各点最高温度范围为 84 ～ 188 ℃，中心线两侧各点最高温度范围为 138 ～ 149 ℃，区域内各点最高温度范围为 42 ～ 181 ℃。

分组的主要影响因素为热空气的温度梯度及框的遮蔽作用。迎火面温度曲线可分为三组：T12、T15 和 T16 测点曲线为第一组，T10、T11、T13 和 T14 测点曲线为第二组，T17 和 T18 测点曲线为第三组。迎火面热空气存在温度梯度，分组也与其垂直方向所处位置高度一致。综合考虑垂直方向温度梯度及框的遮蔽作用，第一组峰值温度从大到小为 T16、T15、T12。第二组处在同一水平线上，温度相差不大，T10 和 T14 由于框的遮蔽作用，温度低于 T11 和 T13。第三组 T18 由于框遮蔽作用，温度低于 T17。背火面测点温度变化趋势与迎火面变化趋势基本一致，也可分为三组：T3、T6 和 T7 测点曲线为第一组，T1、T2、T4 和 T5 测点曲线为第二组，T8 和 T9 测点曲线为第三组。

2. 玻璃表面最高温度及温差

本部分实验中，中空幕墙玻璃未发生破裂。所以只对玻璃表面最高温度及温差进行讨论与分析。表 4–9 为不同升温速率下框支承中空幕墙玻璃迎火面及背火面最高温度。

表 4–9　　不同升温速率下框支承中空幕墙玻璃最高温度

实验编号	实验次数	T_{1max}（℃）	T_{2max}（℃）
R04	1	263	112
	2	262	110
	3	258	108
R05	1	260	111
	2	260	110
	3	261	109
R06	1	265	113
	2	259	109
	3	264	115

由实验数据可以看出，升温速率的改变对框支承中空幕墙玻璃迎火面及背火面所能达到的最高温度基本无影响。图 4–10 为不同升温速率时，框支承中空玻璃迎火面及背火面最高温度随时间的变化曲线。在达到最高温度前，升温速率越大，同一时刻玻璃的温度越高。在达到最高温度后，温度基本维持不变，呈现平台期。

热辐射在厚度方向上传热需要一定的时间，与单层钢化幕墙玻璃相比，中空幕墙玻璃的玻璃总厚度大、存在空气夹层，导致热量由迎火面向背火面传递所需时间变长，故升温速率为 5 ℃/min、10 ℃/min、15 ℃/min 时，背火面比迎火面达到最高温度的延迟时长分别为 510 s、340 s、120 s。

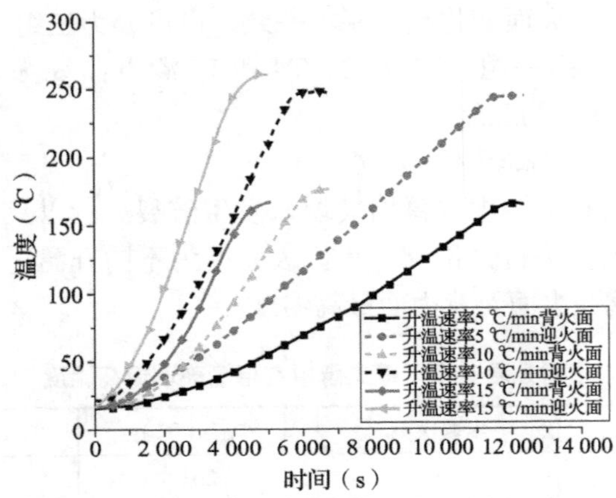

图 4–10　不同升温速率框支承中空幕墙玻璃迎火面及背火面最高温度曲线

各实验组温差见表 4–10。升温速率对温差大小基本无影响。定义的三种温差中 $\overline{\Delta T_1}$ 最大，为 169 ～ 172 ℃。$\overline{\Delta T_2}$ 次之，为 143 ～ 146 ℃。$\overline{\Delta T_3}$ 最小，为 91 ～ 92 ℃。

表 4–10　　不同升温速率下框支承中空幕墙玻璃温差

实验编号	实验次数	ΔT_1（℃）	$\overline{\Delta T_1}$（℃）	ΔT_2（℃）	$\overline{\Delta T_2}$（℃）	ΔT_3（℃）	$\overline{\Delta T_3}$（℃）
R04	1	170	169	142	143	89	92
	2	169		145		93	
	3	168		141		95	
R05	1	171	172	144	146	90	91
	2	175		148		92	
	3	169		147		90	
R06	1	177	172	142	143	93	92
	2	167		145		91	
	3	171		143		93	

将钢化幕墙玻璃与中空幕墙玻璃的三种温差进行比较，可以发现：中空幕墙玻璃迎火面温差 $\overline{\Delta T_1}$ 高于钢化幕墙玻璃约 20 ℃，背火面 $\overline{\Delta T_2}$ 低于钢化幕墙玻璃约 10 ℃，$\overline{\Delta T_3}$ 高于钢化幕墙玻璃约 25 ℃。由资料得到，10 mm 钢化幕墙玻璃的传热系数为 5.6 W/（m^2·K），6 mm + 9*A* + 6 mm 中空幕墙玻璃的传热系数为 3.1 W/（m^2·K）。中空幕墙玻璃对热量的传导速率低，热量在迎火面累积，使得其迎火面温度高于钢化幕墙玻璃迎火面；传递到背火面的热量少，使得其背火面温度低，最终导致迎火面温差大于钢化幕墙玻璃迎火面温差，背火面温差小于钢化幕墙玻璃背火面温差，厚度方向温差大于钢化幕墙玻璃厚度方向上温差。

二、火源功率对框支承幕墙玻璃破裂行为的影响

油盘火的燃烧经历发展、稳定燃烧和衰减三个阶段。实验中每组实验油盘火使用柴油量相同，均为 1.5 kg，这一用量可保证尺寸为 30 cm × 30 cm、40 cm × 40 cm 和 50 cm × 50 cm 的油盘火分别持续燃烧 5 min、10 min 和 15 min。

（一）火源功率与油盘尺寸的关系

图 4–11 为不同尺寸油盘柴油热释放速率随时间变化曲线，燃料点燃后火源热释放速率快速增长并很快维持在一个比较稳定的状态。尺寸为 30 cm × 30 cm 的油盘，柴油点燃后在前 80 s 内处于发展阶段，柴油表面可燃蒸气少，火源热释放速率较小。随后，柴油升温，液体能量变大，逸出蒸气变多，火源热释放速率逐渐增大并保持在 70 kW 左右，油盘火进入稳定燃烧阶段。1 020 s 以后油盘火处于衰减阶段，火源热释放速率迅速降低至 0 kW。尺寸为 40 cm × 40 cm 的油盘，前 40 s 为发展阶段，稳定燃烧时热释放速率保持在 140 kW 左右，500 s 后进入衰减阶段。尺寸为 40 cm × 40 cm 的油盘，前 20 s 为发展阶段，稳定燃烧时火源热释放速率保持在 200 kW 左右，285 s 后进入衰减阶段。随着油盘尺寸的增大，柴油蒸发表面积变

大，可燃蒸气分子增多，使得油盘火发展阶段缩短，稳定燃烧阶段火源热释放速率变大，燃烧总时长变短。

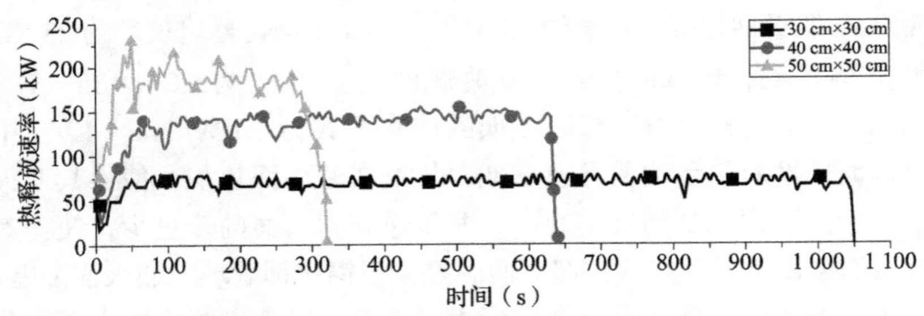

图 4-11　不同尺寸油盘柴油热释放速率随时间变化曲线

（二）对钢化玻璃破裂行为的影响

1. 玻璃表面温度随时间变化情况

图 4-12 为不同火源功率框支承单层钢化幕墙玻璃的温度变化情况。图 4-12（a）、（b）为油盘尺寸为 30 cm × 30 cm 时各特征点的温度曲线。由图可知，迎火面中心线上各点最高温度范围为 133 ～ 736 ℃，中心线两侧各点最高温度范围为 56 ～ 83 ℃，遮蔽区域内各点最高温度范围为 35 ～ 332 ℃；背火面处于冷空气层（温度为 0 ℃）中，迎火面传导的部分热量会向冷空气散失，导致背火面温度低，但背火面温度曲线变化趋势与迎火面相同，背火面中心线上各点最高温度范围为 32 ～ 125 ℃，中心线两侧各点最高温度范围为 22 ～ 31 ℃，遮蔽区域内各点最高温度范围为 16 ～ 36 ℃。

图 4-12（c）、（d）为油盘尺寸为 40 cm × 40 cm 时各特征点的温度曲线。热辐射速率变大，迎火面中心线上各特征点温度增长加快，中心线上各点最高温度范围为 289 ～ 748 ℃，中心线两侧各点最高温度范围为 62 ～ 112 ℃，遮蔽区域内各点最高温度范围为 43 ～ 346 ℃；背火面中心线上各点最高温度范围为 52 ～ 99 ℃，中心线两侧各点最高温度范围为 48 ～ 83 ℃，遮蔽区域内各点最高温度范围为 52 ～ 99 ℃。

图 4–12（e）、（f）为油盘尺寸为 50 cm × 50 cm 时各特征点的温度曲线。该油盘尺寸下，火焰高度最高、直径最大，迎火面各特征点升温明显加快，中心线上各点最高温度范围为 186 ～ 741 ℃，中心线两侧各点最高温度范围为 81 ～ 124 ℃，遮蔽区域内各点最高温度范围为 25 ～ 216 ℃；背火面中心线上各点温度范围为 27 ～ 49 ℃，中心线两侧各点最高温度范围为 22 ～ 23 ℃，遮蔽区域内各点最高温度范围为 10 ～ 42 ℃。

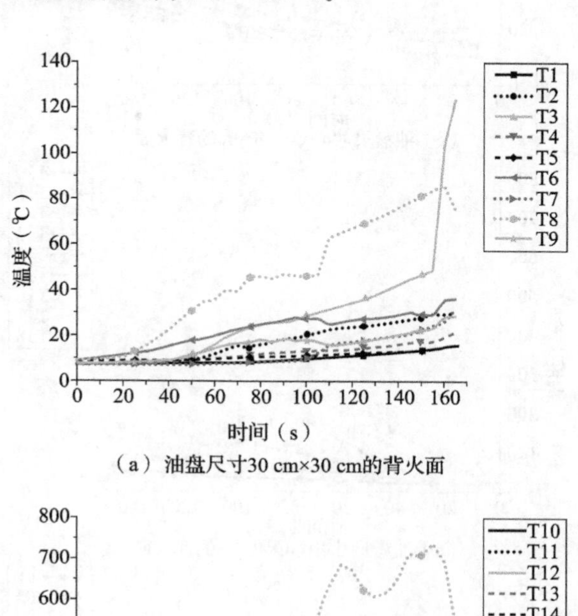

（a）油盘尺寸30 cm×30 cm的背火面

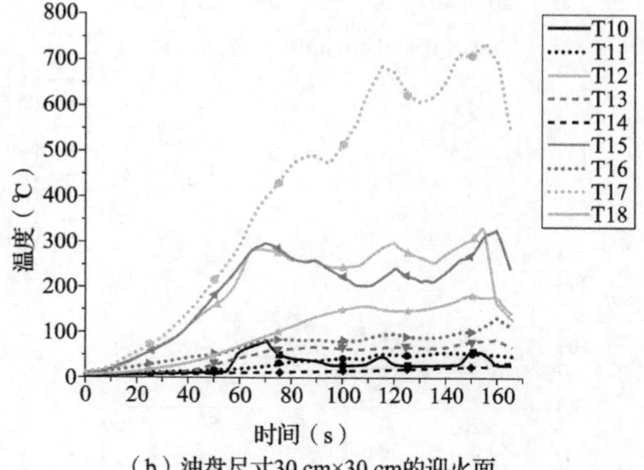

（b）油盘尺寸30 cm×30 cm的迎火面

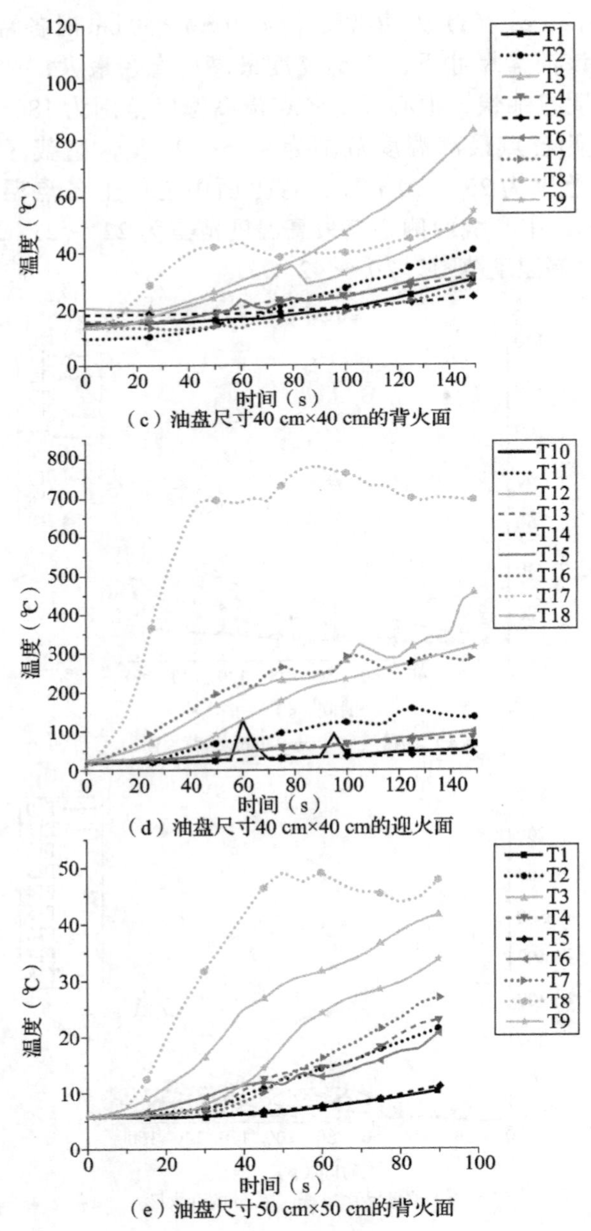

（c）油盘尺寸40 cm×40 cm的背火面

（d）油盘尺寸40 cm×40 cm的迎火面

（e）油盘尺寸50 cm×50 cm的背火面

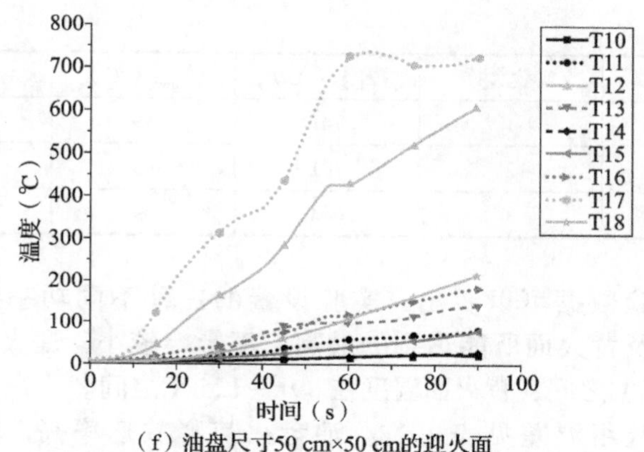

（f）油盘尺寸50 cm×50 cm的迎火面

图 4-12　不同火源功率下框支承单层钢化幕墙玻璃温度分布

迎火面温度曲线中，油盘尺寸为 30 cm × 30 cm 和 40 cm × 40 cm 时，曲线可分为三组：T17 测点曲线为第一组，受油盘火直接作用最早，温度明显高于同一时刻其他特征点的温度。中心线上的 T12、T16 测点曲线为第二组，随火焰增高，温度升高。第三组为中心线外其余特征点曲线。油盘尺寸为 50 cm × 50 cm 时，火源功率大，破裂时间短，除 T12 和 T17 温度升高明显外，其他特征温度变化均不明显。

2. 玻璃表面最高温度、温差及破裂时间

表 4-11 为不同火源功率下框支承单层钢化幕墙玻璃表面最高温度及破裂时间。破裂时间用 t 表示。

表 4-11　不同火源功率下框支承单层钢化幕墙玻璃表面最高温度及破裂时间

实验编号	实验次数	T_{1max}（℃）	T_{2max}（℃）	t（s）
Y10	1	736	125	140
	2	704	112	144
	3	728	108	143
Y13	1	748	99	156
	2	750	93	162
	3	691	89	159

续表

实验编号	实验次数	T_{1max}（℃）	T_{2max}（℃）	t（s）
Y16	1	741	49	127
	2	701	43	122
	3	684	39	131

由实验数据可以看出，实验设置的三种不同功率对幕墙玻璃迎火面及背火面所能达到的最高温度影响较小，迎火面温度在651 ~ 750 ℃之间，背火面温度在39 ~ 125 ℃之间。

各实验组温差见表4-12。油盘火热释放速率高，幕墙玻璃迎火面在短时间内达到很高的温度，定义的三种温差中迎火面温差 $\overline{\Delta T_1}$ 最大，为690 ~ 704 ℃。热量由迎火面向背火面传递时需要时间，且较短时间内玻璃周围空气被加热后升温较小，$\overline{\Delta T_2}$ 最低，为38 ~ 107 ℃。以上三因素共同作用，$\overline{\Delta T_3}$ 较大，为257 ~ 279 ℃。

表4-12　不同火源功率下框支承单层钢化幕墙玻璃温差

实验编号	实验次数	ΔT_1（℃）	$\overline{\Delta T_1}$（℃）	ΔT_2（℃）	$\overline{\Delta T_2}$（℃）	ΔT_3（℃）	$\overline{\Delta T_3}$（℃）
Y10	1	701	690	109	107	265	257
	2	688		105		249	
	3	681		107		258	
Y13	1	705	691	47	49	281	279
	2	651		52		267	
	3	717		49		290	
Y16	1	716	704	39	38	271	274
	2	685		34		267	
	3	712		42		283	

（三）对中空玻璃破裂行为的影响

1. 玻璃表面温度随时间变化情况

图 4–13 为不同火源功率下框支承中空幕墙玻璃的温度变化情况。图 4–13（a）、（b）为油盘尺寸为 30 cm × 30 cm 时各特征点的温度曲线。此油盘尺寸下，火焰高度低、直径小，位于上层及中心线两侧的特征点温度曲线升温趋势变化较小。迎火面中心线上各点最高温度范围为 175 ～ 528 ℃，中心线两侧各点最高温度范围为 62 ～ 145 ℃，遮蔽区域内各点最高温度范围为 14 ～ 186 ℃；由于中空玻璃隔热性能好［传热系数为 3.1 W/(m^2 · K)］，背火面升温速率慢，中心线上各点最高温度范围为 13 ～ 41 ℃，中心线两侧各点最高温度范围为 15 ～ 20 ℃，遮蔽区域内各点最高温度范围为 13 ～ 22 ℃。

图 4–13（c）、（d）为油盘尺寸为 40 cm × 40 cm 时各特征点的温度曲线。此油盘尺寸下，火焰高度变高、直径变大，迎火面中心线上的各特征点温度曲线斜率增大，升温速率变快，最高温度变大。迎火面中心线上各点最高温度范围为 126 ～ 627 ℃，中心线两侧各点最高温度范围为 137 ～ 138 ℃，遮蔽区域内各点最高温度范围为 34 ～ 288 ℃；背火面温度曲线变化趋势与迎火面一致，中心线上各点最高温度范围为 19 ～ 41 ℃，中心线两侧各点最高温度范围为 20 ～ 21 ℃，遮蔽区域内各点最高温度范围为 11 ～ 26 ℃。

图 4–13（e）、（f）为油盘尺寸为 50 cm × 50 cm 时各特征点的温度曲线。此油盘尺寸下，火焰基本可覆盖整个迎火面，各特征点升温速率均变快。迎火面中心线上各点最高温度范围为 668 ～ 755 ℃，中心线两侧各点最高温度范围为 65 ～ 372 ℃，遮蔽区域内各点最高温度范围为 75 ～ 444 ℃；背火面温度曲线变化趋势与迎火面一致，中心线上各点最高温度范围为 34 ～ 92 ℃，中心线两侧各点最高温度范围为 32 ～ 46 ℃，遮蔽区域内各点最高温度范围为 27 ～ 69 ℃。

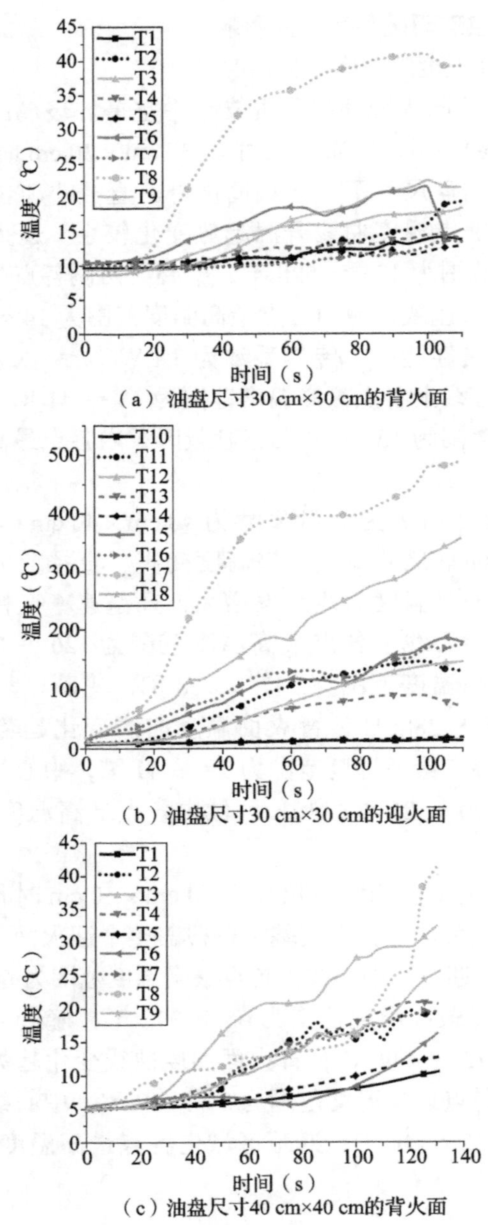

（a）油盘尺寸30 cm×30 cm的背火面

（b）油盘尺寸30 cm×30 cm的迎火面

（c）油盘尺寸40 cm×40 cm的背火面

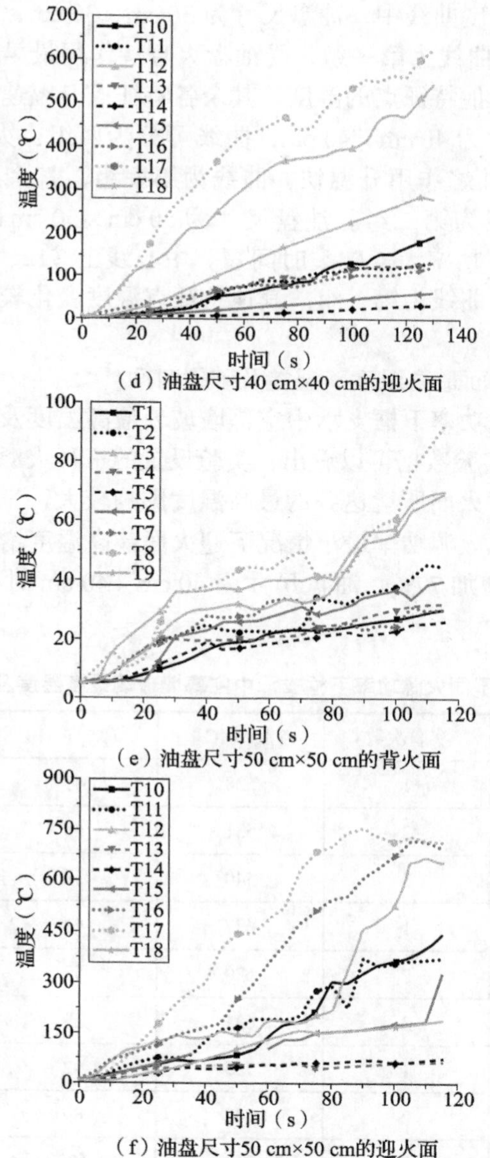

（d）油盘尺寸40 cm×40 cm的迎火面

（e）油盘尺寸50 cm×50 cm的背火面

（f）油盘尺寸50 cm×50 cm的迎火面

图 4-13　不同火源下功率框支承中空幕墙玻璃温度分布

迎火面温度曲线中，油盘尺寸为 30 cm×30 cm，曲线可分为两组：T17 测点曲线为第一组，受油盘火直接作用最早，温度明显高于同一时刻其他特征点的温度。其余各特征点升温速率慢，为第二组。油盘尺寸为 40 cm×40 cm，曲线可分为两组：火焰高度增大，T12、T17 受外焰作用升温快，曲线为第一组，其余各特征点升温速率慢，曲线为第二组。油盘尺寸为 50 cm×50 cm 时，曲线可分为两组：火源功率大，破裂时间短。中心线上 T12、T16 和 T17 温度升高明显，曲线为第一组。其他特征点温度变化较慢，曲线为第二组。

2. 玻璃表面最高温度、温差及破裂时间

不同火源功率下框支承中空幕墙玻璃最高温度及破裂时间，见表 4–13。由实验数据可以看出，实验设置的三种火源功率对幕墙玻璃迎火面及背火面所能达到的最高温度影响较大，三种工况中，火源功率最大比火源功率最小情况下迎火面最高温度增加 39%，背火面最高温度增加 77%。油盘尺寸为 40 cm×40 cm 时破裂所需时间最长。

表 4–13　不同火源功率下框支承中空幕墙玻璃最高温度及破裂时间

实验编号	实验次数	T_{1max}（℃）	T_{2max}（℃）	t（s）
Y28	1	528	41	107
	2	531	48	100
	3	540	53	98
Y31	1	627	41	129
	2	630	50	121
	3	631	49	132
Y34	1	755	92	103
	2	742	89	118
	3	764	105	105

各实验组温差见表 4-14。油盘火热释放速率快，中空幕墙玻璃中空气层导热性能差，热量在迎火面累积，框的遮蔽作用使得遮蔽处不受火焰直接作用，因此遮蔽处温度低，使得 $\overline{\Delta T_1}$ 最大，为 508 ～ 690 ℃。$\overline{\Delta T_3}$ 次之，为 357 ～ 592 ℃。$\overline{\Delta T_2}$ 最小，为 26 ～ 67 ℃。

表 4-14　　不同火源功率下框支承中空幕墙玻璃温差

实验编号	实验次数	ΔT_1（℃）	$\overline{\Delta T_1}$（℃）	ΔT_2（℃）	$\overline{\Delta T_2}$（℃）	ΔT_3（℃）	$\overline{\Delta T_3}$（℃）
Y28	1	514	508	28	26	369	357
	2	499		26		345	
	3	511		23		358	
Y31	1	593	604	30	28	521	517
	2	602		29		513	
	3	617		25		518	
Y34	1	690	690	65	67	587	592
	2	688		70		599	
	3	691		66		589	

三、火源与玻璃表面距离对框支承幕墙玻璃破裂行为的影响

（一）对钢化玻璃破裂行为的影响

1. 玻璃表面温度随时间变化情况

图 4-14 为火源与玻璃表面不同距离时框支承单层钢化幕墙玻璃的温度变化情况。图 4-14（a)、（b）为距火源 0 cm 时各特征点的温度曲线。由图可知，迎火面受火焰直接作用，中心线上特征点升温速率快，中心线上各点最高温度范围为 186 ～ 741 ℃，中心线两侧各点最高温度范围为 81 ～ 142 ℃，遮蔽区域内各点最高温度范围为 25 ～ 216 ℃；背火面温度变化趋势与迎火面相同，温度低

于迎火面，中心线上各点最高温度范围为 27 ～ 49 ℃，中心线两侧各点最高温度范围为 22 ～ 23 ℃，遮蔽区域内各点最高温度范围为 10 ～ 42 ℃。

图 4-14（c）、（d）为距火源 10 cm 时各特征点的温度曲线。由图可知，火源先加热与幕墙玻璃之间的空气层，热量由空气层向玻璃传递，由于空气是热的不良导体，迎火面各特征点温度曲线趋势一致且升温速率较慢，中心线上各点最高温度范围为 259 ～ 346 ℃，中心线两侧各点最高温度范围为 141 ～ 160 ℃，遮蔽区域内各点最高温度范围为 125 ～ 311 ℃；背火面中心线上各点最高温度范围为 66 ～ 155 ℃，中心线两侧各点最高温度范围为 71 ～ 106 ℃，遮蔽区域内各点最高温度范围为 74 ～ 115 ℃。

图 4-14（e）、（f）为距火源 20 cm 时各特征点的温度曲线。由图可知，空气层增厚，热量在传递的过程中散失增多，用于迎火面升温的热量减少，各特征点升温速率慢，中心线上各点最高温度范围为 240 ～ 268 ℃，中心线两侧各点最高温度范围为 128 ～ 167 ℃，遮蔽区域内各点最高温度范围为 130 ～ 242 ℃。背火面中心线上各点最高温度范围为 62 ～ 120 ℃，中心线两侧各点最高温度范围为 80 ～ 109 ℃，遮蔽区域内各点最高温度范围为 54 ～ 89 ℃。

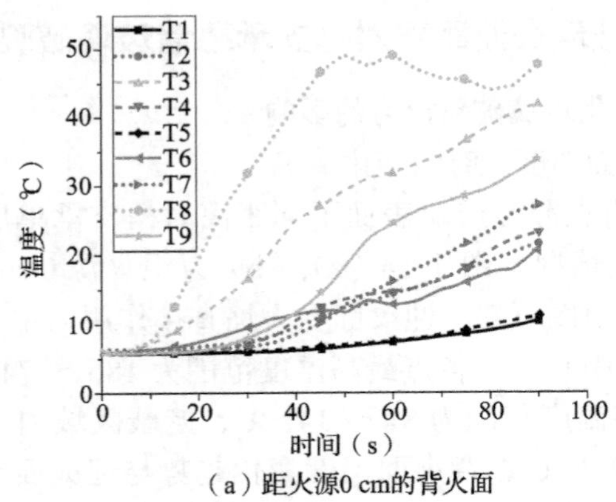

（a）距火源0 cm的背火面

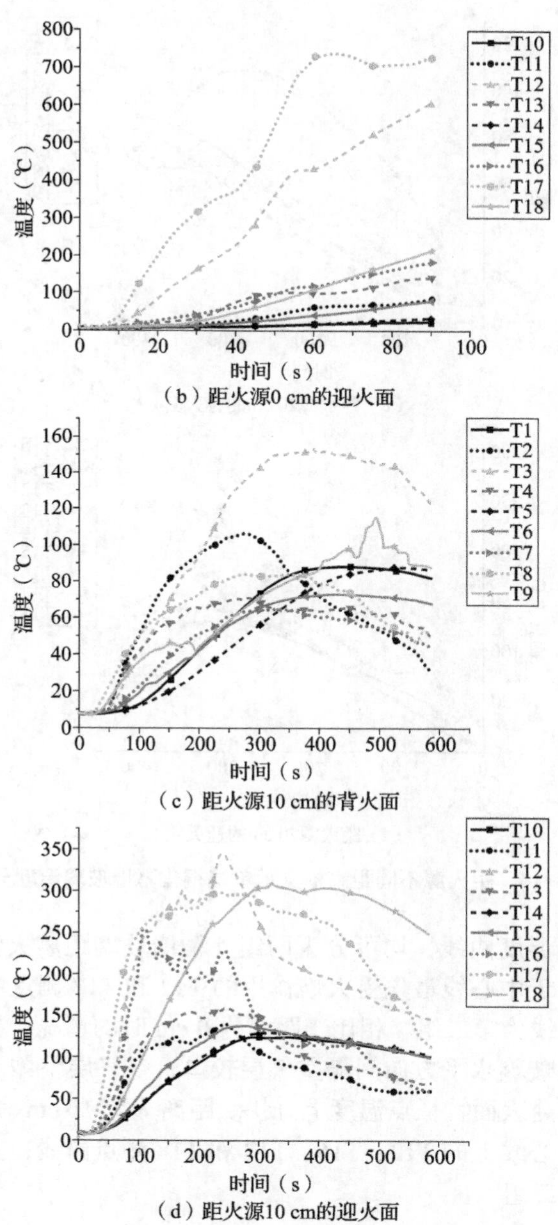

（b）距火源0 cm的迎火面

（c）距火源10 cm的背火面

（d）距火源10 cm的迎火面

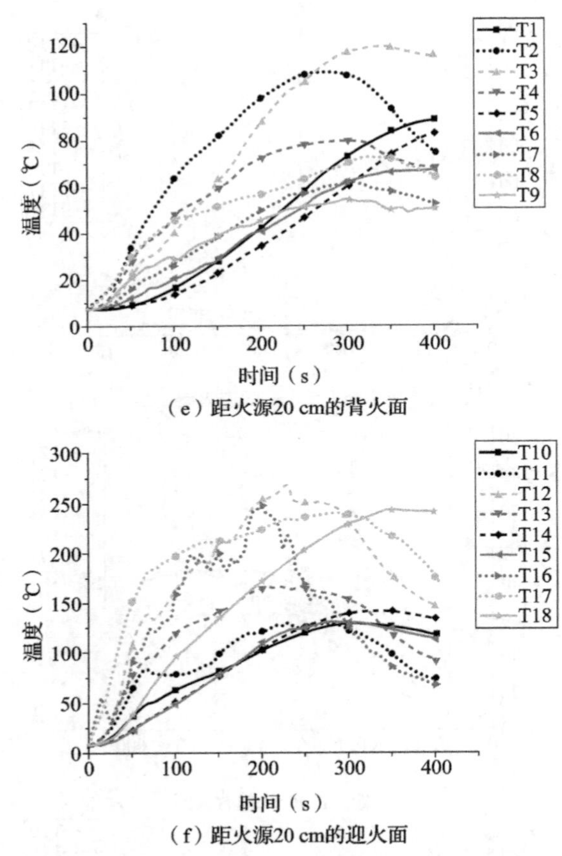

图 4–14　距火源不同距离框支承单层钢化幕墙玻璃温度分布

迎火面温度曲线，均可分为两组。幕墙玻璃距离火源 0 cm 时，第一组为位于中心线最先受火焰作用的 T12 和 T17 测点曲线，其余各特征点曲线为第二组。相比于距离为 0 cm 时的情况，另两个工况下，火焰与玻璃水平方向间隔空气层较厚，空气层整体加热导致中心线上各暴露表面特征点温度上升快。距离火源 10 cm 和 20 cm 时，第一组为中心线上的 T12、T16、T17 和 T18 测点曲线，其余各特征点曲线为第二组。

2. 玻璃表面最高温度、温差及破裂时间

在本部分所设计的三种工况下，钢化幕墙玻璃只在距离火源为 0 cm 时发生破裂。

由表 4-15 中的实验数据可以看出，幕墙玻璃与火源的距离的改变对幕墙玻璃迎火面及背火面所能达到的最高温度影响较大。距离火源越远，同一时刻玻璃的温度越低。

表 4-15　距火源不同距离框支承单层钢化幕墙玻璃表面最高温度及破裂时间

实验编号	实验次数	T_{1max}（℃）	T_{2max}（℃）	t（s）
Y16	1	741	49	127
	2	733	44	122
	3	710	50	131
Y17	1	346	155	—
	2	330	151	—
	3	341	158	—
Y18	1	268	120	—
	2	269	125	—
	3	282	121	—

各实验组温差见表 4-16。距火源距离对温差大小影响较大。当火源与幕墙玻璃存在一定距离时，中间存在的空气层会起减缓热量传递、增加热量散失的作用，使得 $\overline{\Delta T_1}$ 最大，为 160 ～ 704 ℃。$\overline{\Delta T_3}$ 温差次之，为 177 ～ 563 ℃。$\overline{\Delta T_3}$ 最低为 38 ～ 91 ℃。

表 4-16　距火源不同距离框支承单层钢化幕墙玻璃温差

实验编号	实验次数	ΔT_1（℃）	$\overline{\Delta T_1}$（℃）	ΔT_2（℃）	$\overline{\Delta T_2}$（℃）	ΔT_3（℃）	$\overline{\Delta T_3}$（℃）
Y16	1	716	704	39	38	560	563
	2	685		34		556	
	3	712		42		572	

续表

实验编号	实验次数	ΔT_1（℃）	$\overline{\Delta T_1}$（℃）	ΔT_2（℃）	$\overline{\Delta T_2}$（℃）	ΔT_3（℃）	$\overline{\Delta T_3}$（℃）
Y17	1	221	188	89	91	227	220
	2	175		92		212	
	3	169		91		220	
Y18	1	140	160	66	70	167	177
	2	167		68		191	
	3	171		77		173	

（二）对中空玻璃破裂行为的影响

1. 玻璃表面温度随时间变化情况

图 4–15 为距火源不同距离下框支承中空幕墙玻璃的温度变化情况。图 4–15（a）、（b）为距火源 0 cm 时各特征点的温度曲线。由图可知，幕墙玻璃迎火面受火源直接作用，升温迅速，中心线上各点最高温度范围为 668 ～ 755 ℃，中心线两侧各点最高温度范围为 65 ～ 372 ℃，遮蔽区域内各点最高温度范围为 75 ～ 444 ℃；背火面中心线上各点最高温度范围为 34 ～ 92 ℃，中心线两侧各点最高温度范围为 32 ～ 46 ℃，遮蔽区域内各点最高温度范围为 27 ～ 69 ℃。

图 4–15（c）、（d）为距火源 10 cm 时各特征点的温度曲线。由图可知，迎火面中心线上各点最高温度范围为 203 ～ 500 ℃，中心线两侧各点最高温度范围为 331 ～ 350 ℃，遮蔽区域内各点最高温度范围为 101 ～ 240 ℃；背火面中心线上各点最高温度范围为 56 ～ 111 ℃，中心线两侧各点最高温度范围为 72 ～ 109 ℃，遮蔽区域内各点最高温度范围为 39 ～ 97 ℃。

图 4–15（e）、（f）为距火源 20 cm 时各特征点的温度曲线。由图可知，迎火面中心线上各点最高温度范围为 240 ～ 352 ℃，中心线两侧各点最高温度范围为 170 ～ 219 ℃，遮蔽区域内各点最高温度范围为 47 ～ 144 ℃；背火面中心线上各点最高温度范围为 48 ～ 77 ℃，中心线两侧各点最高温度范围为 62 ～ 67 ℃，遮蔽区域内各点最高温度范围为 48 ～ 56 ℃。

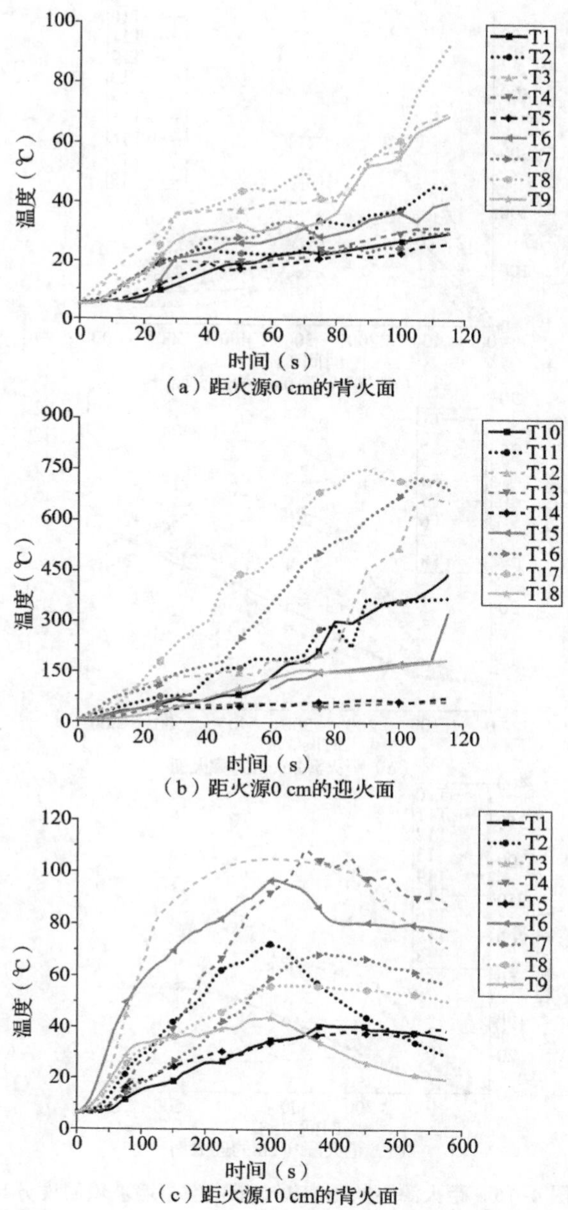

（a）距火源0 cm的背火面

（b）距火源0 cm的迎火面

（c）距火源10 cm的背火面

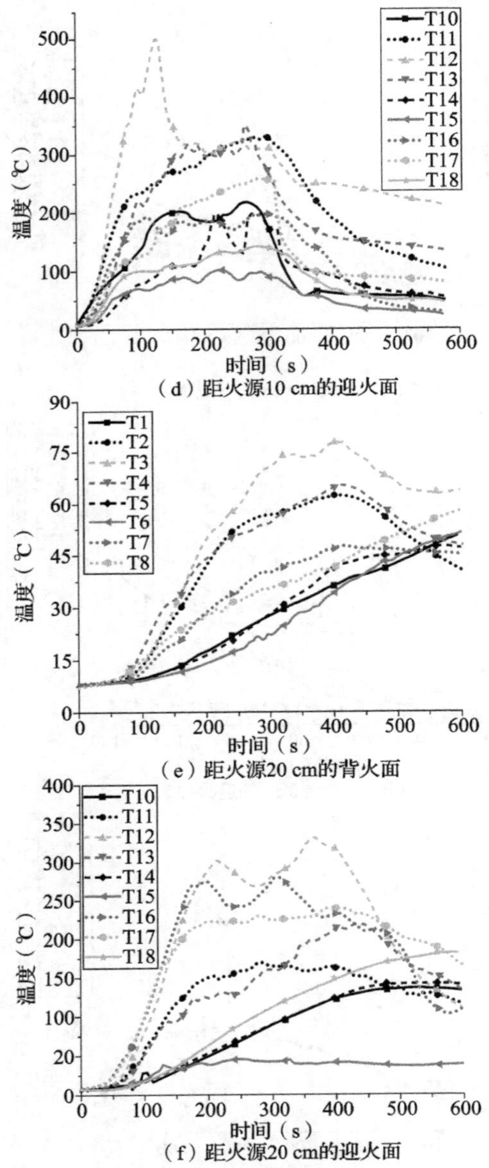

（d）距火源10 cm的迎火面

（e）距火源20 cm的背火面

（f）距火源20 cm的迎火面

图 4–15　距火源不同距离框支承中空幕墙玻璃温度分布

对比分析不同距离工况下迎火面温度曲线。幕墙玻璃距离火源 0 cm 时，第一组为位于中心线最先受火焰作用的 T12 和 T17 测点曲线，其余各特征点曲线为第二组。其余两种工况，幕墙玻璃在实验过程中均未破裂，受火源作用时间长，各特征点所达到的峰值温度均较高，温度曲线分层不明显。中心线暴露点 T12、T16 和 T17 测点曲线可分为一组，其余各点曲线为第二组。空气夹层传热，背火面各特征点温度曲线相差不大，无明显分层。

2. 玻璃表面最高温度、温差及破裂时间

本部分所设计的三种工况中，中空幕墙玻璃只在距离火源距离为 0 cm 时发生破裂。

由表 4-17 中的实验数据可以看出，幕墙玻璃与火源距离的改变对幕墙玻璃迎火面及背火面所能达到的最高温度影响较大。距离火源越远，同一时刻玻璃的温度越低。

表 4-17　距火源不同距离框支承中空幕墙玻璃最高温度及破裂时间

实验编号	实验次数	T_{1max}（℃）	T_{2max}（℃）	t（s）
Y34	1	755	92	103
	2	742	89	118
	3	764	105	105
Y35	1	500	111	—
	2	489	112	—
	3	512	127	—
Y36	1	352	77	—
	2	344	89	—
	3	368	95	—

各实验组温差见表 4-18。距火源距离对温差大小影响较大。除前文提及的火源与幕墙玻璃间空气层及框的遮蔽作用对温差的影响外，中空玻璃自身的隔热性也是温差不同的影响因素。三种温差中 $\overline{\Delta T_2}$

最低，为 27 ～ 70 ℃，$\overline{\Delta T_1}$ 和 $\overline{\Delta T_3}$ 均较大，分别为 298 ～ 690 ℃和 278 ～ 592 ℃。

表 4-18　距火源不同距离框支承中空幕墙玻璃温差

实验编号	实验次数	ΔT_1（℃）	$\overline{\Delta T_1}$（℃）	ΔT_2（℃）	$\overline{\Delta T_2}$（℃）	ΔT_3（℃）	$\overline{\Delta T_3}$（℃）
Y34	1	690	690	65	67	587	592
	2	688		70		599	
	3	691		66		589	
Y35	1	399	396	72	70	395	387
	2	394		70		377	
	3	396		67		388	
Y36	1	305	298	29	27	269	278
	2	293		25		291	
	3	295		27		275	

四、玻璃尺寸对框支承幕墙玻璃破裂行为的影响

（一）对钢化玻璃破裂行为的影响

1. 玻璃表面温度随时间变化情况

图 4-16 为框支承单层钢化幕墙玻璃迎火面及背火面特征点的温度变化。图 4-16（a)、(b）为玻璃尺寸为 60 cm × 40 cm 时各特征点的温度曲线。由图可知，迎火面处于暴露区域的特征点升温曲线趋势一致，火焰直接作用于整个玻璃，中心线上各点最高温度范围为 396 ～ 756 ℃，中心线两侧各点最高温度范围为 442 ～ 632 ℃，遮蔽区域内各点最高温度范围为 152 ～ 454 ℃；背火面中心线上各点最高温度范围为 81 ～ 140 ℃，中心线两侧各点最高温度范围为 49 ～ 76 ℃，遮蔽区域内各点最高温度范围为 78 ～ 106 ℃。

图 4-16（c）、（d）为玻璃尺寸为 120 cm × 80 cm 时各特征点的温度曲线。由图可知，火焰面积比玻璃面积小，中心线上特征点温度曲线升温速率快，中心线上各点最高温度范围为 289 ～ 748 ℃，中心线两侧各点最高温度范围为 69 ～ 140 ℃，遮蔽区域内各点最高温度范围为 43 ～ 346 ℃；背火面中心线上各点最高温度范围为 37 ～ 84 ℃，中心线两侧各点最高温度范围为 29 ～ 38 ℃，遮蔽区域内各点最高温度范围为 22 ～ 52 ℃。

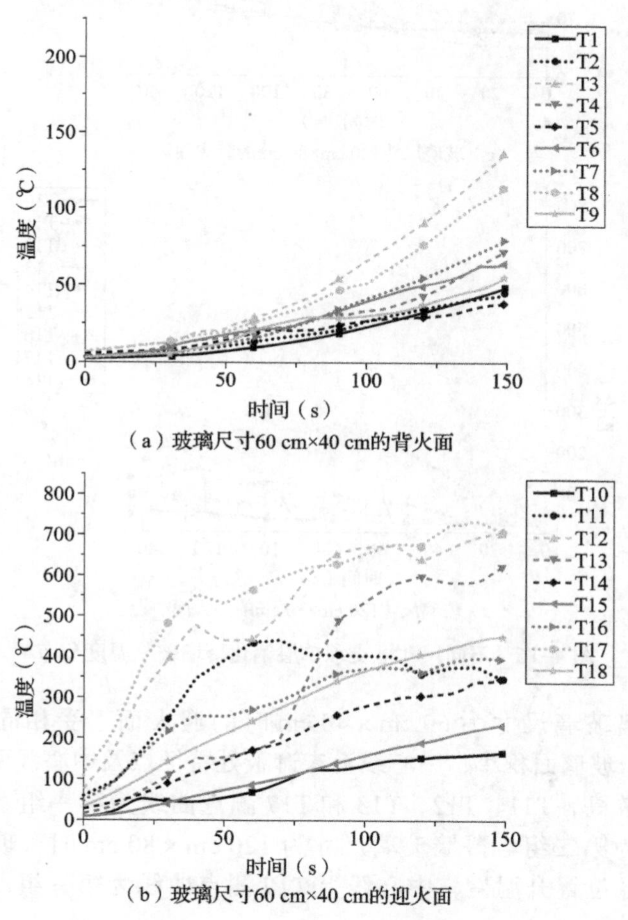

（a）玻璃尺寸60 cm×40 cm的背火面

（b）玻璃尺寸60 cm×40 cm的迎火面

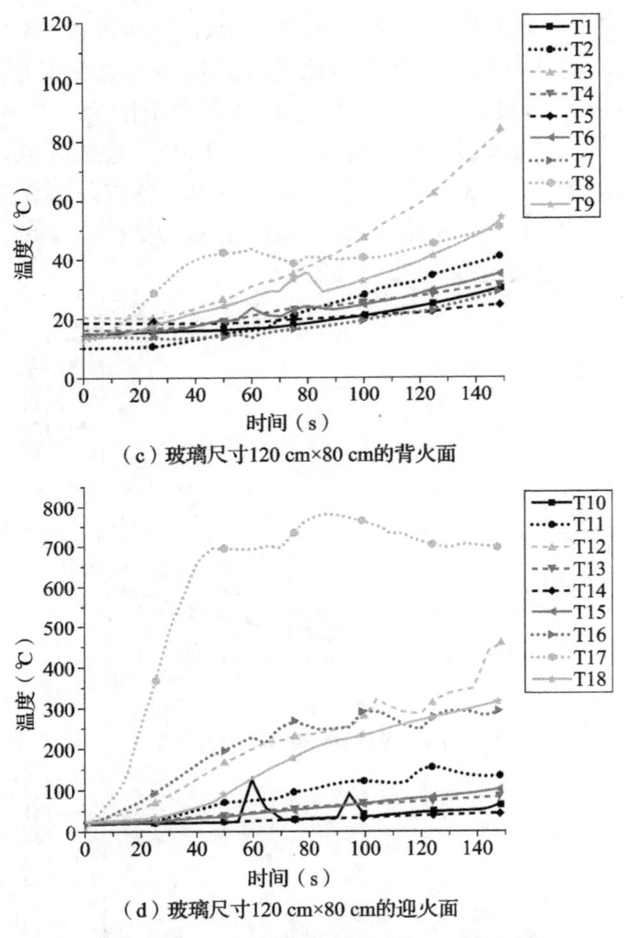

（c）玻璃尺寸120 cm×80 cm的背火面

（d）玻璃尺寸120 cm×80 cm的迎火面

图 4-16　不同尺寸框支承单层钢化幕墙玻璃温度分布

幕墙玻璃尺寸为 60 cm × 40 cm 时的迎火面，受相同火源作用，由于玻璃面积小，中心线上未遮蔽处特征点及中心线两侧特征点温度较高，T11、T12、T13 和 T17 测点曲线为第一组。其余各点曲线为第二组。幕墙玻璃尺寸为 120 cm × 80 cm 时，玻璃面积大，边缘位置升温慢，中心线上 T17 测点曲线为第一组，其余测点曲线为第二组。

2. 玻璃表面最高温度、温差及破裂时间

两种尺寸的幕墙玻璃其表面的最高温度及破裂时间，见表 4–19。

表 4–19　不同尺寸框支承单层钢化幕墙玻璃最高温度及破裂时间

实验编号	实验次数	T_{1max}（℃）	T_{2max}（℃）	t（s）
Y04	1	756	140	150
	2	725	135	155
	3	713	132	152
Y13	1	748	84	156
	2	750	86	162
	3	691	68	159

由实验数据可以看出，实验设置的两种幕墙玻璃尺寸对幕墙玻璃迎火面最高温度影响较小，尺寸变大幕墙玻璃破裂所需时间变短。

各实验组温差见表 4–20。幕墙玻璃为较小尺寸时，迎火面的面积方向受到的热荷载较为平均，玻璃迎火面温差小，产生的热应力小，不容易破裂。定义的三种温差中 $\overline{\Delta T_2}$ 最低为 64 ～ 103 ℃。$\overline{\Delta T_1}$ 为 601 ～ 691 ℃，$\overline{\Delta T_3}$ 为 279 ～ 591 ℃。

表 4–20　　不同尺寸框支承单层钢化幕墙玻璃温差

实验编号	实验次数	ΔT_1（℃）	$\overline{\Delta T_1}$（℃）	ΔT_2（℃）	$\overline{\Delta T_2}$（℃）	ΔT_3（℃）	$\overline{\Delta T_3}$（℃）
Y04	1	604	601	105	103	604	591
	2	588		102		589	
	3	610		103		580	
Y13	1	705	691	62	64	281	279
	2	651		67		267	
	3	717		64		290	

（二）对中空玻璃破裂行为的影响

1. 玻璃表面温度随时间变化情况

图 4–17 为不同尺寸框支承中空幕墙玻璃的温度变化情况。迎火面温度曲线与相同尺寸单层钢化幕墙玻璃温度曲线相似。中空玻璃存在空气层，迎火面热量需先加热夹层空气，再向背火面传递，这一过程热量损失比单层钢化玻璃大且传热速度慢，导致背火面温度曲线升温速率缓慢。

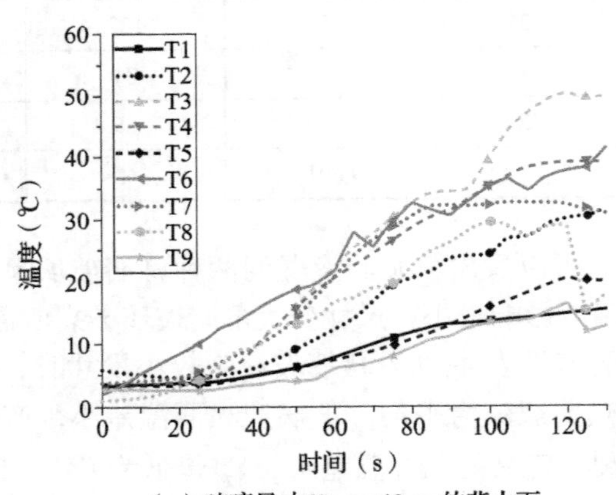

（a）玻璃尺寸60 cm×40 cm的背火面

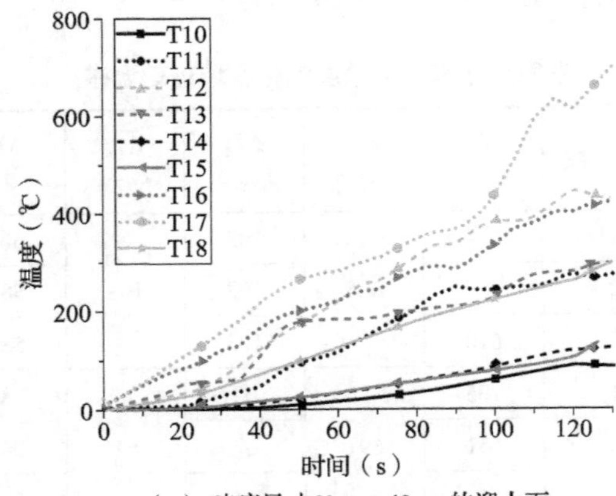

（b）玻璃尺寸60 cm×40 cm的迎火面

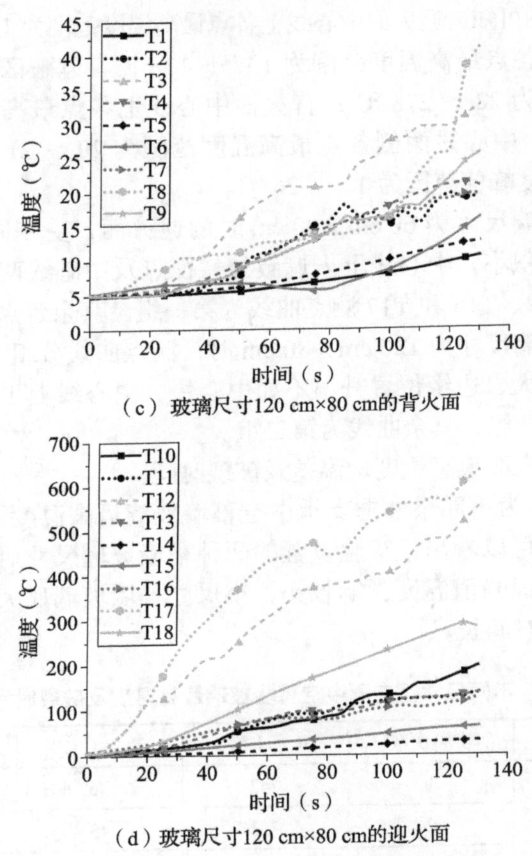

（c）玻璃尺寸120 cm×80 cm的背火面

（d）玻璃尺寸120 cm×80 cm的迎火面

图 4-17　不同尺寸框支承中空幕墙玻璃温度分布

图 4-17（a)、(b）为玻璃尺寸为 60 cm × 40 cm 时各特征点的温度曲线。由图可知，迎火面中心线上各点最高温度范围为 418 ～ 742 ℃，中心线两侧各点最高温度范围为 276 ～ 297 ℃，遮蔽区域内各点最高温度范围为 96 ～ 296 ℃；背火面中心线上各点最高温度范围为 28 ～ 49 ℃，中心线两侧各点最高温度范围为 32 ～ 38 ℃，遮蔽区域内各点最高温度范围为 14 ～ 41 ℃。

图 4-17（c)、(d）为玻璃尺寸为 60 cm × 40 cm 时各特征点的温

度曲线。由图可知，迎火面中心线上各点最高温度范围为 126 ～ 637 ℃，中心线两侧各点最高温度范围为 137 ～ 138 ℃，遮蔽区域内各点最高温度范围为 22 ～ 278 ℃；背火面中心线上各点最高温度范围为 19 ～ 41 ℃，中心线两侧各点最高温度范围为 20 ～ 21 ℃，遮蔽区域内各点温度峰值范围为 11 ～ 26 ℃。

幕墙玻璃尺寸为 60 cm × 40 cm 时的迎火面，受相同火源作用，由于玻璃面积小，中心线上未遮蔽处特征点及中心线两侧特征点温度较高，T12、T16 和 T17 测点曲线为第一组。其余各点曲线为第二组。幕墙玻璃尺寸为 120 cm × 80 cm 时，测点曲线分组与前面相似，但玻璃面积大，边缘位置升温不如中心快，中心线上 T12 和 T17 测点曲线为第一组，其余曲线为第二组。

2. 玻璃表面最高温度、温差及破裂时间

表 4–21 为不同尺寸框支承中空幕墙玻璃最高温度及破裂时间。由实验数据可以看出，实验设置的两种幕墙玻璃尺寸对幕墙玻璃迎火面及背火面峰值温度影响较小，小尺寸幕墙玻璃比大尺寸幕墙玻璃破裂所需时间长。

表 4–21　不同尺寸框支承中空幕墙玻璃最高温度及破裂时间

实验编号	实验次数	T_{1max}（℃）	T_{2max}（℃）	t（s）
Y22	1	742	36	129
	2	751	43	134
	3	738	33	132
Y31	1	637	41	129
	2	630	50	121
	3	631	49	132

各实验组温差见表 4–22。在火源功率相同的情况下，中空幕墙玻璃尺寸越大，意味着空气夹层面积越大，热量在迎火面累积，向背火面传递慢。定义的三种温差中 $\overline{\Delta T_1}$ 最大，为 612 ～ 657 ℃。$\overline{\Delta T_3}$ 温差次之，为 517 ～ 581 ℃。$\overline{\Delta T_2}$ 最低为 32 ～ 39 ℃。对于框

支承中空玻璃，尺寸越小，温差越小，产生的热应力越小，破裂所需时间越长，更为安全。

表 4-22　　不同尺寸框支承中空幕墙玻璃温差

实验编号	实验次数	ΔT_1（℃）	$\overline{\Delta T_1}$（℃）	ΔT_2（℃）	$\overline{\Delta T_2}$（℃）	ΔT_3（℃）	$\overline{\Delta T_3}$（℃）
Y22	1	646	657	35	39	573	581
	2	657		39		589	
	3	669		43		580	
Y31	1	615	612	30	32	521	517
	2	602		35		513	
	3	617		30		518	

第三节　点支承幕墙玻璃破裂行为

一、升温速率对点支承幕墙玻璃破裂行为的影响

1. 玻璃表面温度随时间变化情况

实验中各特征点 T1 ～ T18 的布设位置如图 4-3（b）所示。

图 4-18 为不同升温速率下点支承单层钢化幕墙玻璃的温度变化情况。迎火面各特征点温度曲线变化趋势一致，表明热辐射源对幕墙玻璃施加的热荷载基本相同。背火面通过迎火面热传导升温，温度曲线变化趋势与迎火面一致，峰值温度低于迎火面。不同工况下，影响温度曲线的增长速率及变化点的主要因素是升温速率。

图 4-18（a）、（b）为升温速率为 5 ℃/min 时各特征点的温度曲线。由图可知，迎火面中心线上各点最高温度范围为 212 ～ 324 ℃，中心线两侧各点最高温度范围为 254 ～ 257 ℃，临近固定孔各点最高温度范围为 196 ～ 334 ℃；背火面中心线上各点最高温度范围为 175 ～ 258 ℃，中心线两侧各点最高温度范围为 213 ～ 216 ℃，临近固定孔各点最高温度范围为 174 ～ 253 ℃。

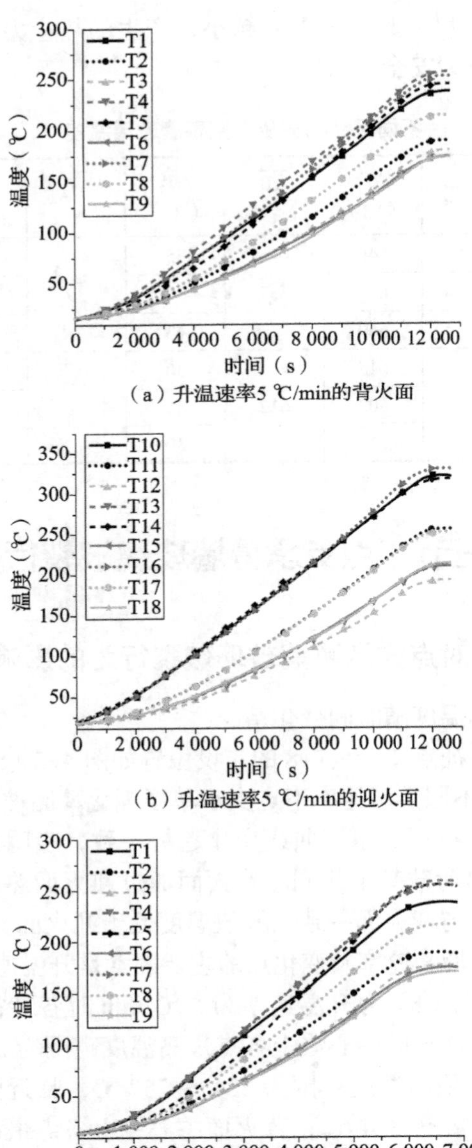

（a）升温速率5 ℃/min的背火面

（b）升温速率5 ℃/min的迎火面

（c）升温速率10 ℃/min的背火面

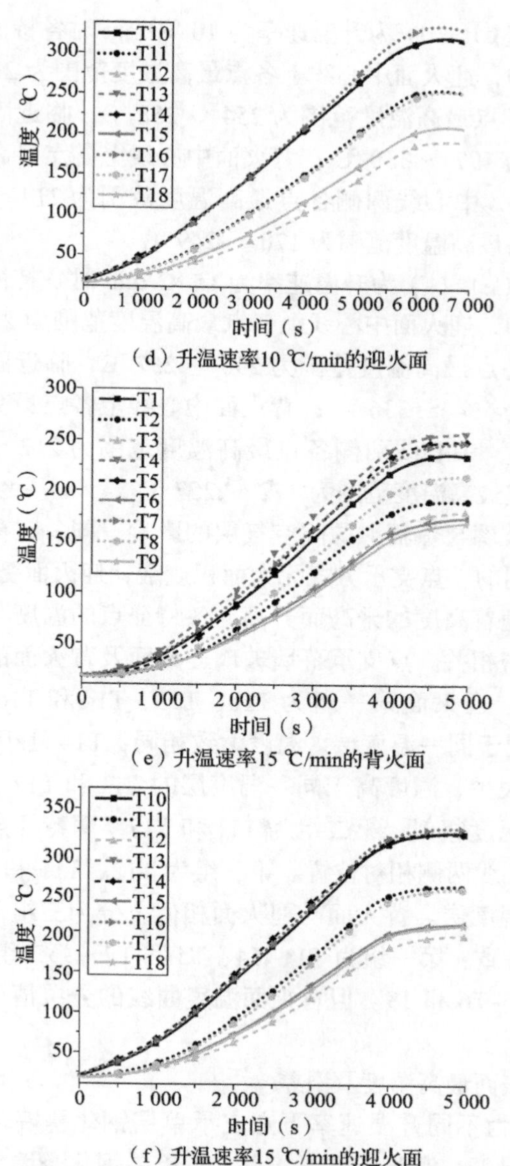

（d）升温速率10 ℃/min的迎火面

（e）升温速率15 ℃/min的背火面

（f）升温速率15 ℃/min的迎火面

图 4-18　不同升温速率下点支承单层钢化幕墙玻璃温度分布

图 4–18（c）、（d）为升温速率为 10 ℃/min 时各特征点的温度曲线。由图可知，迎火面中心线上各点最高温度范围为 213 ～ 327 ℃，中心线两侧各点最高温度范围为 254 ～ 258 ℃，临近固定孔各点最高温度范围为 197 ～ 330 ℃；背火面中心线上各点最高温度范围为 175 ～ 259 ℃，中心线两侧各点最高温度范围为 214 ～ 216 ℃，临近固定孔各点最高温度范围为 170 ～ 249 ℃。

图 4–18（e）、（f）为升温速率为 15 ℃/min 时各特征点的温度曲线。由图可知，迎火面中心线上各点最高温度范围为 212 ～ 323 ℃，中心线两侧各点最高温度范围为 256 ～ 257 ℃，临近固定孔各点最高温度范围为 194 ～ 336 ℃；背火面中心线上各点最高温度范围为 177 ～ 260 ℃，中心线两侧各点最高温度范围为 212 ～ 217 ℃，临近固定孔各点最高温度范围为 172 ～ 257 ℃。

受幕墙玻璃与热辐射源间空气层的影响，同一时刻，幕墙玻璃的温度是不同的。点支承方式无大面积遮蔽，迎火面受热辐射均匀，空气层温度随着高度的升高而升高，各特征点的温度与其所在高度的温度层紧密相关。点支承幕墙玻璃迎火面及背火面的温度曲线也可分为三组。迎火面第一组为 T10、T13、T14 和 T16，其中 T10、T13 和 T16 属于同一温度层，温度大致相同，T14 处于玻璃中心点，热量向外散失少，温度高于同一温度层的 T11 和 T17，而与上一温度层中各点温度相似。第二组为 T11 和 T17，两特征点属于同一温度层且在中心线两侧相对位置。第三组为 T12、T15 和 T18，两特征点处于最低温度层。背火面与迎火面相似，分为三组，分组与所处温度层基本一致：第一组为 T1、T4、T5 和 T7，第二组为 T2 和 T8，第三组为 T3、T6 和 T9。但背火面温度曲线的分层情况不如迎火面明显。

2. 玻璃表面最高温度及温差

表 4–23 为不同升温速率下点支承单层钢化幕墙玻璃迎火面及背火面最高温度。实验条件下，点支承单层钢化幕墙玻璃均未发生破裂。

表 4-23　不同升温速率下点支承单层钢化幕墙玻璃最高温度

实验编号	实验次数	T_{1max}（℃）	T_{2max}（℃）
R04	1	334	258
	2	331	256
	3	335	258
R05	1	330	259
	2	332	257
	3	299	255
R06	1	336	260
	2	335	255
	3	335	256

由实验数据可以看出，升温速率的改变对幕墙玻璃迎火面及背火面所能达到的最高温度基本无影响。图 4-19 为不同升温速率时，点支承单层钢化幕墙玻璃迎火面及背火面最高温度随时间的变化曲线。在达到最高温度前，升温速率越大，同一时刻玻璃的温度越高。在达到最高温度后，玻璃的温度会呈现平台期。同一升温速率的最高温度曲线，背火面比迎火面达到最高温度延迟约 40 s。

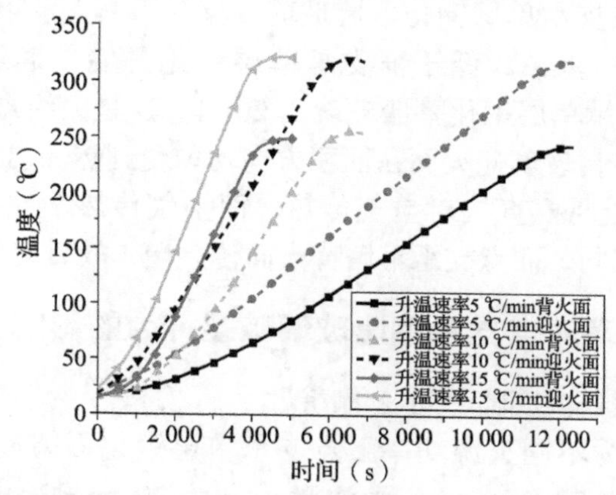

图 4-19　不同升温速率下点支承单层钢化幕墙玻璃迎火面及背火面最高温度曲线

各实验组温差见表 4–24。升温速率对温差大小基本无影响。实验条件下定义的三种温差中 $\overline{\Delta T_1}$ 较大，为 120 ～ 123 ℃。$\overline{\Delta T_2}$ 和 $\overline{\Delta T_3}$ 稍小，为 83 ～ 84 ℃。

表 4–24　不同升温速率下点支承单层钢化幕墙玻璃温差

实验编号	实验次数	ΔT_1（℃）	$\overline{\Delta T_1}$（℃）	ΔT_2（℃）	$\overline{\Delta T_2}$（℃）	ΔT_3（℃）	$\overline{\Delta T_3}$（℃）
R01	1	122	122	79	84	85	84
	2	124		86		82	
	3	120		86		84	
R02	1	117	120	79	83	85	83
	2	120		84		80	
	3	124		87		83	
R03	1	124	123	86	84	82	84
	2	119		82		85	
	3	125		83		84	

将钢化玻璃点支承和框支承两种安装方式的三种温差进行比较，可以发现：点支承单层钢化幕墙玻璃 ΔT_1 低于框支承单层钢化幕墙玻璃约 30 ℃，其 ΔT_2 低于框支承单层钢化幕墙玻璃约 73 ℃，其 ΔT_3 高于框支承单层钢化幕墙玻璃约 20 ℃。这是因为点支承的幕墙玻璃无框遮蔽，玻璃迎火面在面积方向均匀受到热辐射，故 ΔT_1 小。背火面没有金属框直接对空气传热，而空气传热性差，故 ΔT_2 小。迎火面温度相同，而点支承幕墙背火面传热慢，故 ΔT_3 大。

二、火源功率对点支承幕墙玻璃破裂行为的影响

1. 玻璃表面温度随时间变化情况

图 4–20 为不同火源功率下点支承单层钢化幕墙玻璃的温度变化情况。图 4–20（a）、（b）为油盘尺寸为 30 cm × 30 cm 时各特征

点的温度曲线。由图可知，火源功率小，火焰高度小，中心线上的特征点温度曲线前 50 s 升温较快，而后趋于稳定。其余各点曲线变化趋势相同，升温较慢。迎火面中心线上各点最高温度范围为 152 ～ 590 ℃，中心线两侧各点最高温度范围为 147 ～ 171 ℃，支承点最高温度范围为 52 ～ 180 ℃；背火面各点温度曲线变化趋势一致，中心线上的特征点升温较快，背火面中心线上各点最高温度范围为 39 ～ 116 ℃，中心线两侧各点最高温度范围为 20 ～ 25 ℃，支承点最高温度范围为 14 ～ 33 ℃。

图 4–20（c）、（d）为油盘尺寸为 40 cm × 40 cm 时各特征点的温度曲线。由图可知，火源功率变大，火焰直径变大，迎火面均受到火焰的直接作用，各特征点温度曲线变化趋势一致，迎火面在中心线上各点最高温度范围为 291 ～ 456 ℃，中心线两侧各点最高温度范围为 205 ～ 274 ℃，支承点最高温度范围为 57 ～ 171 ℃；背火面中心线上各点最高温度范围为 31 ～ 114 ℃，中心线两侧各点最高温度范围为 23 ～ 51 ℃，支承点最高温度范围为 23 ～ 37 ℃。

图 4–20（e）、（f）为油盘尺寸为 50 cm × 50 cm 时各特征点的温度曲线。由图可知，火源功率最大，迎火面各特征点曲线变化趋势一致：温度快速增长，无平台区。迎火面中心线上各点最高温度范围为 288 ～ 585 ℃，中心线两侧各点最高温度范围为 114 ～ 298 ℃，支承点最高温度范围为 70 ～ 183 ℃；背火面中心线上各点最高温度范围为 47 ～ 121 ℃，中心线两侧各点最高温度范围为 28 ～ 57 ℃，支承点最高温度范围为 28 ～ 39 ℃。

油盘尺寸为 30 cm × 30 cm 时迎火面温度曲线可分为两组：第一组为 T14 和 T15 测点曲线，这两个测点受油盘火直接作用最早，温度明显高于同一时刻其他特征点的温度。由于火源功率小，其他特征点升温较慢，为第二组。其他两种工况下迎火面温度曲线可分为三组：第一组仍为 T14 和 T15 测点曲线。火源功率变大，中心线两侧的特征点随火焰增高，温度升高，T11 和 T17 测点曲线为第二组。其余特征点温度变化差异不大，为第三组。

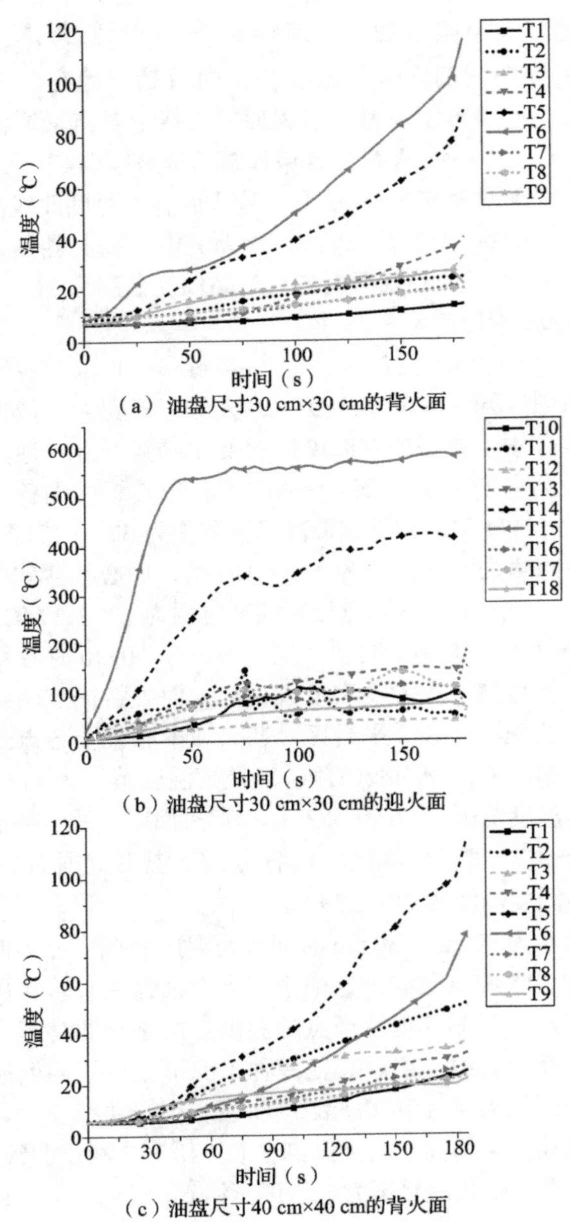

（a）油盘尺寸30 cm×30 cm的背火面

（b）油盘尺寸30 cm×30 cm的迎火面

（c）油盘尺寸40 cm×40 cm的背火面

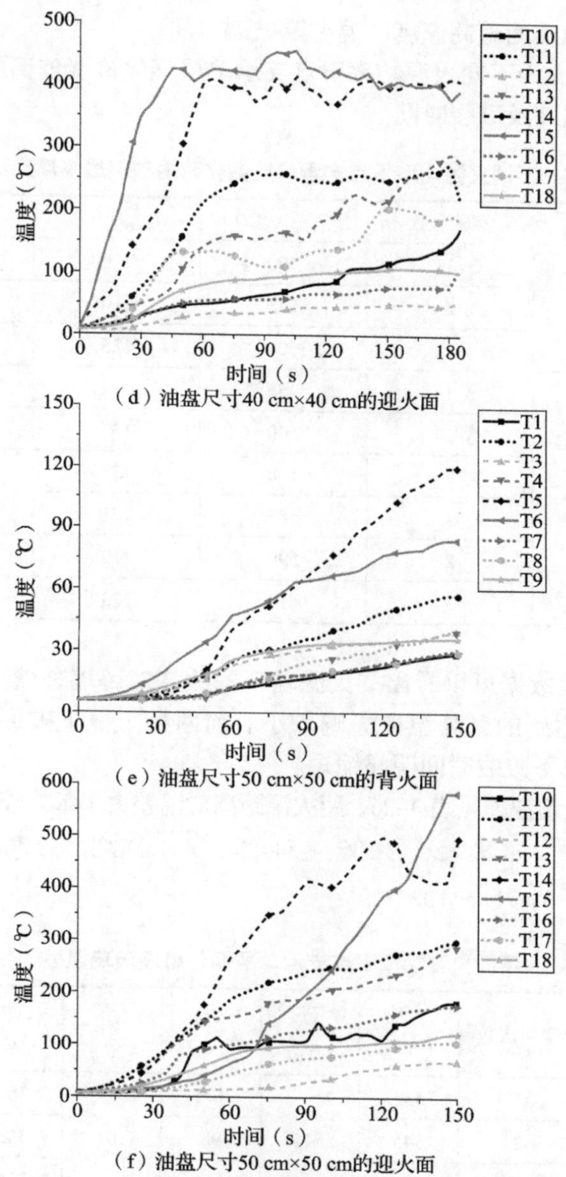

（d）油盘尺寸40 cm×40 cm的迎火面

（e）油盘尺寸50 cm×50 cm的背火面

（f）油盘尺寸50 cm×50 cm的迎火面

图 4-20　不同火源功率下点支承单层钢化幕墙玻璃温度分布

2. 玻璃表面最高温度、温差及破裂时间

表 4-25 为不同火源功率下点支承单层钢化幕墙玻璃迎火面、背火面最高温度及破裂时间。

表 4-25　不同火源功率下点支承单层钢化幕墙玻璃最高温度及破裂时间

实验编号	实验次数	T_{1max}（℃）	T_{2max}（℃）	t（s）
Y46	1	590	116	172
	2	573	110	160
	3	601	125	178
Y49	1	456	114	186
	2	500	137	180
	3	500	137	186
Y52	1	585	121	149
	2	599	119	140
	3	610	123	146

由实验数据可以看出，火源功率的改变对幕墙玻璃迎火面及背火面所能达到的最高温度影响较小。前两种工况下破裂时间相近，第三种工况下破裂时间明显缩短。

各实验组温差见表 4-26。距火源距离对温差大小影响较大。定义的三种温差中 $\overline{\Delta T_1}$ 最大，为 506 ～ 544 ℃。$\overline{\Delta T_3}$ 次之，为 360 ～ 402 ℃，$\overline{\Delta T_3}$ 最小，为 91 ～ 102 ℃。

表 4-26　不同火源功率下点支承单层钢化幕墙玻璃温差

实验编号	实验次数	ΔT_1（℃）	$\overline{\Delta T_1}$（℃）	ΔT_2（℃）	$\overline{\Delta T_2}$（℃）	ΔT_3（℃）	$\overline{\Delta T_3}$（℃）
Y46	1	538	544	102	101	367	360
	2	545		98		353	
	3	550		102		361	

续表

实验编号	实验次数	ΔT_1（℃）	$\overline{\Delta T_1}$（℃）	ΔT_2（℃）	$\overline{\Delta T_2}$（℃）	ΔT_3（℃）	$\overline{\Delta T_3}$（℃）
Y49	1	399	506	91	89	372	383
	2	372		85		382	
	3	398		92		394	
Y52	1	515	514	93	93	391	402
	2	503		99		403	
	3	524		88		412	

三、火源与玻璃表面距离对点支承幕墙玻璃破裂行为的影响

1. 玻璃表面温度随时间变化情况

图 4-21 为距火源不同距离下点支承单层钢化幕墙玻璃的温度变化情况。图 4-21（a)、（b）为与油盘相距 0 cm 时各特征点的温度曲线。由图可知，迎火面温度曲线变化趋势一致，温度随时间呈线性增长，无平台区，中心线上各点最高温度范围为 288 ～ 585 ℃，中心线两侧各点最高温度范围为 97 ～ 298 ℃，支承点最高温度范围为 70 ～ 183 ℃；背火面与迎火面温度曲线变化趋势一致，峰值温度低于迎火面，中心线上各点最高温度范围为 39 ～ 120 ℃，中心线两侧各点最高温度范围为 30 ～ 57 ℃，支承点最高温度范围为 28 ～ 39 ℃。

图 4-21（c)、（d）为与油盘相距 10 cm 时各特征点的温度曲线。火源先加热空气层，再由空气层向幕墙玻璃传导热量。由图可知，温度曲线缓慢上升到最大值后缓慢下降，迎火面中心线上各点最高温度范围为 101 ～ 500 ℃，中心线两侧各点最高温度范围为 175 ～ 331 ℃，支承点最高温度范围为 33 ～ 214 ℃；背火面中心线上各点最高温度范围为 97 ～ 248 ℃，中心线两侧各点最高温度范围为 39 ～ 72 ℃，支承点最高温度范围为 41 ～ 69 ℃。

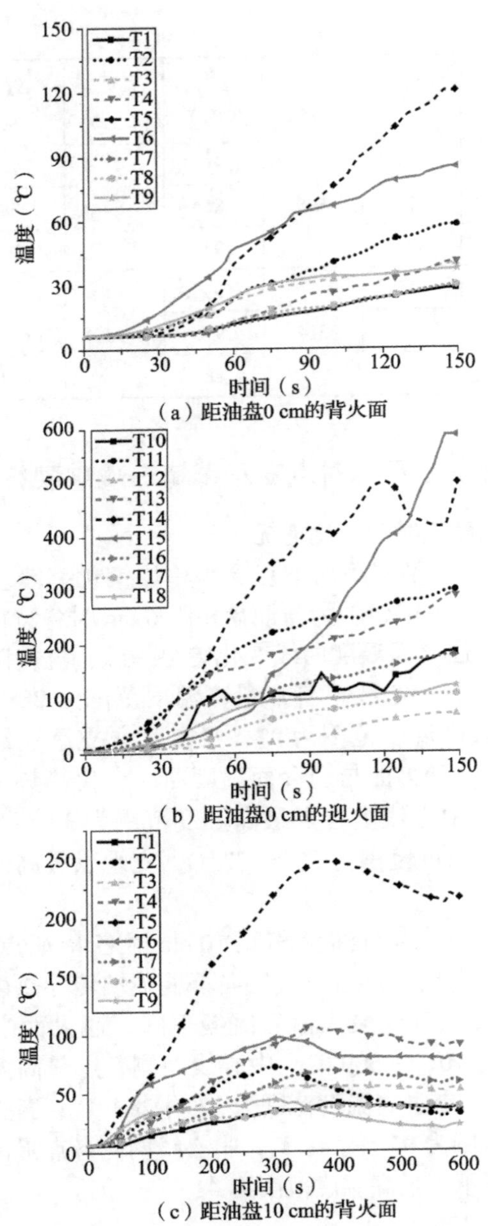

（a）距油盘0 cm的背火面

（b）距油盘0 cm的迎火面

（c）距油盘10 cm的背火面

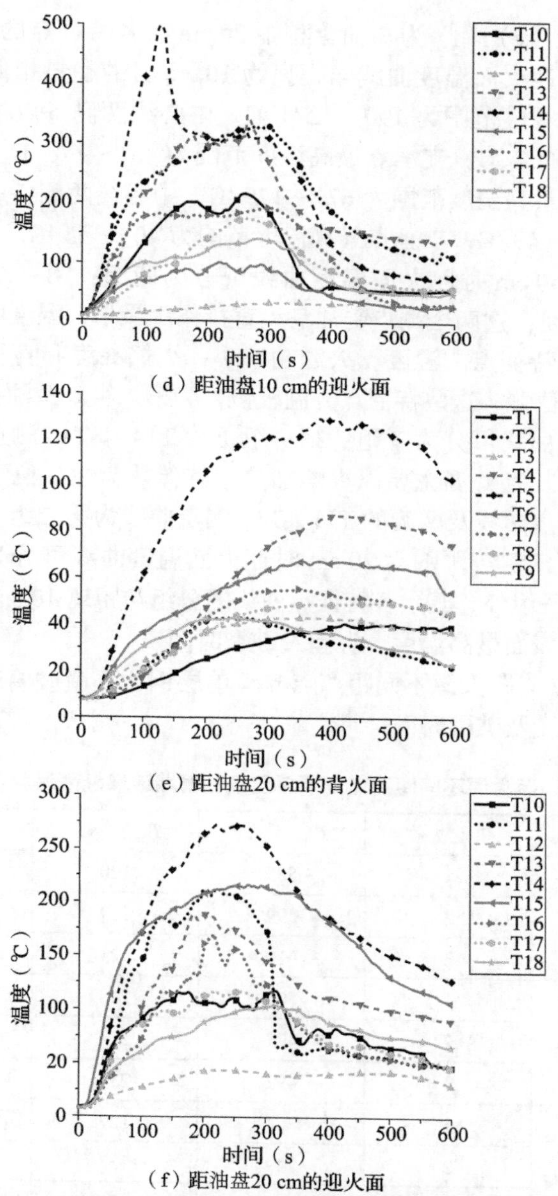

（d）距油盘10 cm的迎火面

（e）距油盘20 cm的背火面

（f）距油盘20 cm的迎火面

图 4-21　距火源不同距离下点支承单层钢化幕墙玻璃温度分布

图 4–21（e)、(f）为与油盘相距 20 cm 时各特征点的温度曲线。由图可知，迎火面温度曲线与距离为 10 cm 时的趋势相似，中心线上各点最高温度范围为 190 ～ 274 ℃，中心线两侧各点最高温度范围为 118 ～ 212 ℃，支承点最高温度范围为 43 ～ 170 ℃。背火面中心线上各点最高温度范围为 67 ～ 129 ℃，中心线两侧各点最高温度范围为 43 ～ 49 ℃，支承点最高温度范围为 40 ～ 55 ℃。

距油盘 0 cm 时迎火面温度曲线可分为两组：第一组为 T14 和 T15 测点曲线，这两个测点受油盘火直接作用最早，温度明显高于同一时刻其他特征点的温度。火源功率小，火焰高度和直径小，无法作用到较远位置，这些特征点升温较慢，为第二组。距油盘 10 cm 时迎火面温度曲线可分为三组：第一组仍为 T14 和 T15 测点曲线。玻璃受热时间长且升温主要以火焰加热空气传热为主，位于中心线上部的 T13 测点曲线及两侧的 T11、T17 测点曲线为第二组。其余特征点曲线为第三组。距油盘 20 cm 时迎火面温度曲线可分为三组，除 T15 变为第三组外，其余各特征点曲线的分组与距离 10 cm 时一致。

2. 玻璃表面最高温度、温差及破裂时间

表 4–27 为距火源不同距离点支承单层钢化幕墙玻璃迎火面、背火面最高温度及破裂时间。

表 4–27　距火源不同距离点支承单层钢化幕墙玻璃最高温度及破裂时间

实验编号	实验次数	T_{1max}（℃）	T_{2max}（℃）	t（s）
Y52	1	585	120	149
	2	599	119	140
	3	610	123	146
Y53	1	500	248	–
	2	477	214	–
	3	492	237	–
Y54	1	274	129	–
	2	249	133	–
	3	224	118	–

由实验数据可以看出，火源功率的改变对幕墙玻璃迎火面及背火面所能达到的最高温度影响较大。只有距离为 0 cm 时幕墙玻璃发生了破裂。

各实验组温差见表 4-28。距火源距离对温差大小影响较大。定义的三种温差中 $\overline{\Delta T_1}$ 最大，为 231 ～ 514 ℃。$\overline{\Delta T_3}$ 次之，为 166 ～ 402 ℃，$\overline{\Delta T_2}$ 最小，为 92 ～ 212 ℃。

表 4-28　距火源不同距离点支承单层钢化幕墙玻璃温差

实验编号	实验次数	ΔT_1（℃）	$\overline{\Delta T_1}$（℃）	ΔT_2（℃）	$\overline{\Delta T_2}$（℃）	ΔT_3（℃）	$\overline{\Delta T_3}$（℃）
Y52	1	515	514	92	93	391	402
	2	503		99		403	
	3	524		88		412	
Y53	1	467	467	209	212	252	252
	2	461		210		240	
	3	473		217		263	
Y54	1	231	231	89	92	171	166
	2	240		99		163	
	3	223		88		164	

四、玻璃尺寸对点支承幕墙玻璃破裂行为的影响

1. 玻璃表面温度随时间变化情况

图 4-22 为不同玻璃尺寸点支承单层钢化幕墙玻璃的温度变化情况。图 4-22（a）、（b）为幕墙玻璃尺寸为 60 cm × 40 cm 时各特征点的温度曲线。玻璃尺寸小，火焰作用于整个玻璃，迎火面上特征点曲线变化趋势相同，均为快速升温后保持稳定，而后再次升温。其余各特征点温度曲线变化趋势一致，均为温度增长，无平台区。迎火面中心线上各点最高温度范围为 254 ～ 746 ℃，中心线两侧各点最高温度范围为 226 ～ 308 ℃，支承点最高温度范围为 32 ～ 792 ℃；背火面中心线上各点最高温度范围为 102 ～ 166 ℃，中心线两侧各点最高温度范围为 47 ～ 79 ℃，支承点最高温度范围为 70 ～ 125 ℃。

图 4-22（c)、(d）为幕墙玻璃尺寸为 120 cm × 80 cm 时各特征点的温度曲线。迎火面中心线温度快速上升后保持稳定，其余各特征点温度曲线变化趋势一致。迎火面中心线上各点最高温度范围为 291 ～ 456 ℃，中心线两侧各点最高温度范围为 205 ～ 274 ℃，支承点最高温度范围为 57 ～ 171 ℃；背火面峰值温度低于迎火面中心线上各点最高温度，范围为 31 ～ 114 ℃，中心线两侧各点最高温度范围为 23 ～ 51 ℃，支承点最高温度范围为 23 ～ 37 ℃。

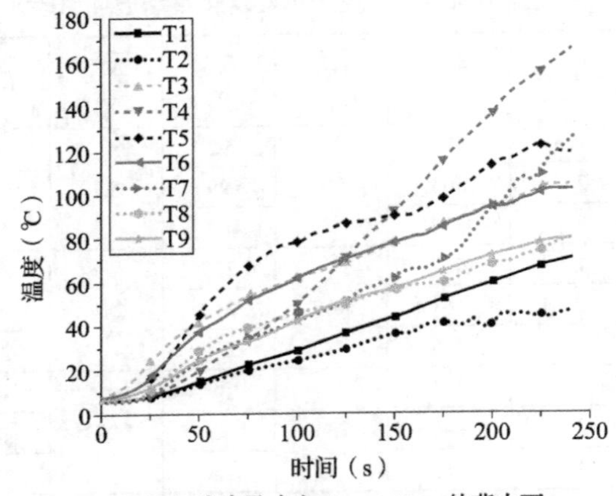

（a）玻璃尺寸为60 cm×40 cm的背火面

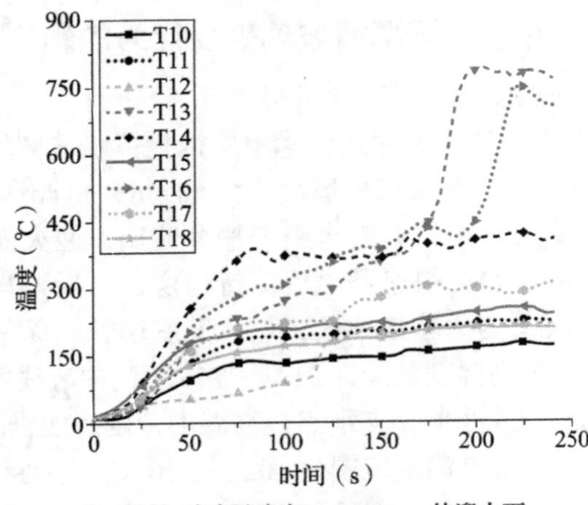

（b）玻璃尺寸为60 cm×40 cm的迎火面

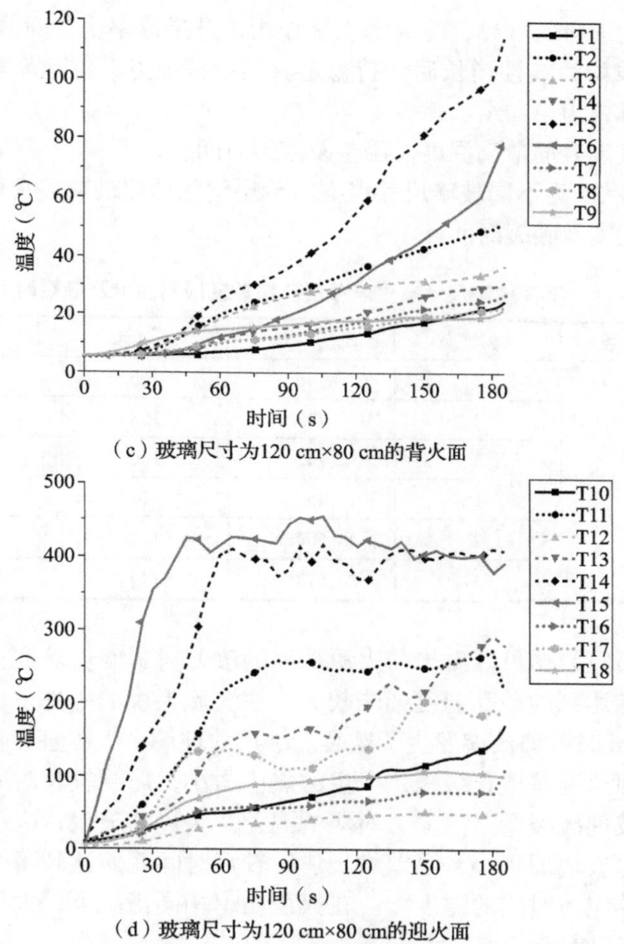

（c）玻璃尺寸为120 cm×80 cm的背火面

（d）玻璃尺寸为120 cm×80 cm的迎火面

图 4-22　不同玻璃尺寸点支承单层钢化幕墙玻璃温度分布

幕墙玻璃尺寸为 60 cm × 40 cm 时迎火面测点温度曲线可分为两组：玻璃尺寸较小，火焰高度高于玻璃，中心线上 T13、T14 和 T15 受油盘火直接作用，升温速率快，升温曲线趋势一致，其曲线为第一组。其余各特征点升温速率较慢，峰值温度低，其曲线为第二组。幕墙玻璃尺寸为 120 cm × 80 cm 时迎火面测点温度曲线可分为两组：

第一组为 T14 和 T15，受火源直接作用，升温速率快，峰值温度高，温度曲线均为线性增长后保持稳定。其余特征点升温速率较慢，峰值温度低，为第二组。

2. 玻璃表面最高温度、温差及破裂时间

表 4–29 为不同玻璃尺寸点支承单层钢化幕墙玻璃迎火面、背火面最高温度及破裂时间。

表 4–29　不同玻璃尺寸点支承单层幕墙玻璃最高温度及破裂时间

实验编号	实验次数	T_{1max}（℃）	T_{2max}（℃）	t（s）
Y40	1	746	166	247
	2	733	158	255
	3	742	160	249
Y49	1	456	114	180
	2	500	137	186
	3	523	149	183

由实验数据可以看出，火源功率的改变对幕墙玻璃迎火面及背火面所能达到的最高温度影响较大。在实验提供的条件下，只有距离为 0 cm 时幕墙玻璃发生了破裂。小尺寸玻璃，火源直接作用在整个迎火面，温差增长缓慢，产生的热应力小，需要较长时间才能达到幕墙玻璃破裂所需热应力对应的温差。大尺寸玻璃，火源直接作用面积比玻璃面积小，温差增长快，较短时间就能达到幕墙玻璃破裂所需热应力对应的温度差。在火源功率相同情况下，大尺寸幕墙玻璃最高温度低于小尺寸。

各实验组温差见表 4–30。幕墙玻璃尺寸对迎火面温差大小影响较大。尺寸变大时，幕墙玻璃火焰直接作用部分升温快，未直接作用部分通过空气传递热量，速率慢且散失大。幕墙玻璃面积相差 4 倍时，大尺寸相较于小尺寸 $\overline{\Delta T_1}$ 减小了 46%。定义的三种温差中 $\overline{\Delta T_1}$ 最大，为 390 ～ 727 ℃。$\overline{\Delta T_3}$ 次之，为 316 ～ 383 ℃，$\overline{\Delta T_2}$ 最小，为 89 ～ 119 ℃。

表 4-30　不同玻璃尺寸点支承单层钢化幕墙玻璃温差

实验编号	实验次数	ΔT_1（℃）	$\overline{\Delta T_1}$（℃）	ΔT_2（℃）	$\overline{\Delta T_2}$（℃）	ΔT_3（℃）	$\overline{\Delta T_3}$（℃）
Y40	1	714	727	119	119	320	316
	2	745		124		307	
	3	721		115		322	
Y49	1	399	390	91	89	372	383
	2	373		85		382	
	3	398		92		394	

第四节　幕墙玻璃破裂痕迹特征

一、热炸裂条件下幕墙玻璃破裂痕迹特征分析

1. 框支承幕墙玻璃

实验中框支承幕墙玻璃分为钢化幕墙玻璃和中空幕墙玻璃两类。本部分实验使用的幕墙玻璃是尺寸为 120 cm × 80 cm，厚度为 10 mm 的单层钢化幕墙玻璃及尺寸为 120 cm × 80 cm，厚度为 6 mm + 9*A* + 6 mm 的中空幕墙玻璃。

图 4-23 为框支承单层钢化幕墙玻璃在油盘火作用下的破裂痕迹：实验中钢化玻璃破裂后在框上残留较少，玻璃碎片密集脱落范

图 4-23　框支承单层钢化幕墙玻璃油盘火作用下的破裂痕迹

围约为 1.1 m × 1.0 m，框的水平两侧玻璃较少，主要集中在框的垂直面，其中背火面距离为 0.6 m，迎火面由于有油盘的阻碍，距离略小，为 0.5 m。

图 4–24 的玻璃碎片分为小碎片、块状碎片、条状碎片和尖状碎片四种。小碎片为黄豆大小，有弧形边。块状碎片为手掌大小，裂纹呈鱼鳞状排列，在外力的作用下易分离为小碎片。条状碎片数量少，一侧光滑笔直，另一侧有大小相似的凹痕。尖状碎片较长，底部为矩形，向上汇于顶端，四条棱弧度较小。

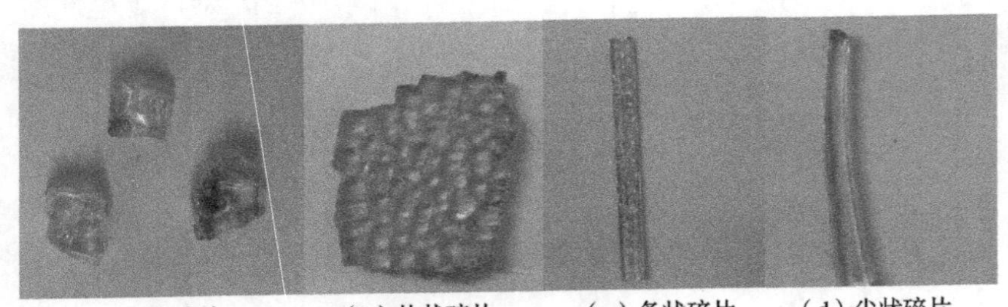

（a）小碎片　（b）块状碎片　（c）条状碎片　（d）尖状碎片

图 4–24　框支承单层钢化幕墙玻璃油盘火作用下破裂碎片

图 4–25 为框支承中空幕墙玻璃在油盘火作用下的破裂痕迹。油盘火实验中中空玻璃迎火面破裂但不脱落，仍在框内，一段时间后密封胶开裂失效，直至实验结束，背火面玻璃均未发生破裂。迎火面向外凸起，正下方最为明显，背火面玻璃形变不明显。

图 4–25　框支承中空幕墙玻璃油盘火作用下的破裂痕迹

图 4–26 所示裂纹形态有三种，分别为射线形裂纹、C 形裂纹和鱼鳞形裂纹。射线形裂纹由中心线底端沿线面积方向向四周辐射，在中心线附近最为密集。中心线下部两侧为 C 形裂纹，裂纹的 C 形开口向上偏中心线方向，左右两侧的裂纹对称性较好。鱼鳞形裂纹分布广，在整个玻璃上均有，在火焰直接接触的位置密集，火焰未直接接触的位置稀疏。

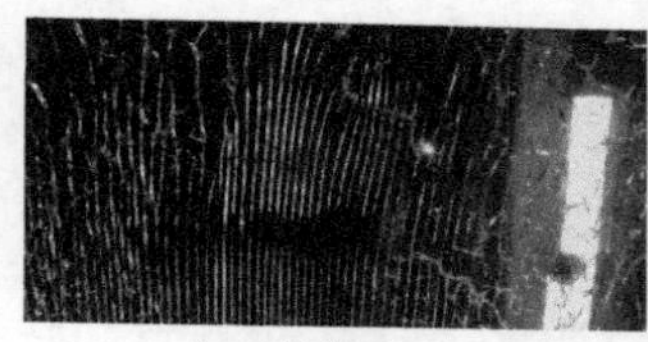
（a）射线形裂纹

（b）C 形裂纹

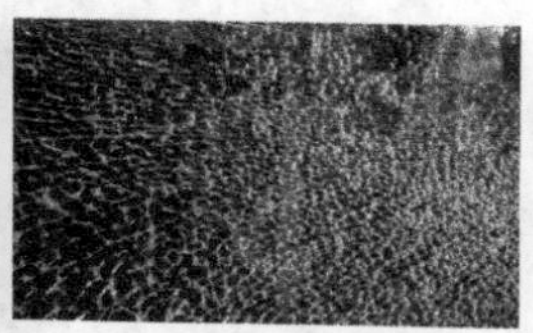
（c）鱼鳞形裂纹

图 4–26　框支承中空幕墙玻璃油盘火作用下三种裂纹痕迹

2. 点支承幕墙玻璃

图 4–27 为点支承单层钢化幕墙玻璃在油盘火作用下的破裂痕迹。实验中钢化幕墙玻璃破裂后在点支承位置没有残留，由于玻璃没有边框的限制，玻璃碎片分布密集度与框支承幕墙玻璃相比较小，脱落范围较大约为 1.3 m × 1.2 m，背火面距离为 0.7 m，迎火面为 0.6 m。玻璃碎片类型与框支承单层钢化幕墙玻璃一致，分为小碎片、块状碎片、条状碎片和尖状碎片。碎片形貌特征与框支承单层钢化幕墙玻璃相同。

图 4–27　点支承单层钢化幕墙玻璃油盘火作用下破裂痕迹

二、高温遇水条件下幕墙玻璃破裂痕迹特征分析

由于实验设备限制，在实验的热辐射工况下两种支承方式的幕墙玻璃高温遇水均未发生破裂，故本部分仅对在油盘火工况下高温遇水发生破裂的幕墙玻璃进行研究。

1. 框支承幕墙玻璃

图 4–28 为框支承单层钢化幕墙玻璃高温遇水时的破裂痕迹。实验中钢化幕墙玻璃破裂后在框上残留较少，玻璃碎片密集脱落范围约为 1.1 m × 1.0 m，框的水平两侧玻璃较少，主要集中在框的垂直面，其中背火面距离为 0.6 m，迎火面由于有油盘的阻碍，距离略小为 0.5 m。

图 4–28　框支承单层钢化幕墙玻璃高温遇水作用下破裂痕迹

碎片类型与热辐射条件下碎片类型相同，如图 4–29 所示。高温遇水碎片中小碎片尺寸更小，块状碎片上的裂纹更加密集。

（a）小碎片　（b）块状碎片　（c）条状碎片　（d）尖状碎片

图 4–29　框支承单层钢化幕墙玻璃高温遇水作用下的破裂碎片

图 4-30 为框支承中空幕墙玻璃高温遇水时的破裂痕迹。实验中中空幕墙玻璃迎火面遇水破裂，中心处有部分碎片脱落，背火面始终完好。幕墙玻璃破裂痕迹类型与热辐射条件下相同，高温遇水破裂痕迹中鱼鳞形裂纹更加细密，射线形裂纹减少。

图 4-30 框支承中空幕墙玻璃高温遇水作用下破裂痕迹

2. 点支承幕墙玻璃

图 4-31 为点支承单层钢化幕墙玻璃高温遇水作用下的破裂痕迹。实验中钢化幕墙玻璃破裂后在点支承位置没有残留，由于玻璃没有边框的限制，玻璃碎片分布密集度与框支承幕墙玻璃相比较小，脱落范围较大约为 1.5 m × 1.2 m，背火面距离为 0.8 m，迎火面为 0.7 m。

图 4-31 点支承单层钢化幕墙玻璃高温遇水作用下破裂痕迹

玻璃碎片类型与框支承单层钢化幕墙玻璃一致，如图 4–32 所示，分为小碎片、块状碎片、条状碎片和尖状碎片四种。条状碎片数量较同工况下点支承单层钢化幕墙玻璃少，小碎片尺寸较单纯热辐射点支承单层钢化幕墙玻璃小，块状碎片裂纹密集。

（a）小碎片　（b）块状碎片　（c）条状碎片　（d）尖状碎片

图 4–32　点支承单层钢化幕墙玻璃高温遇水作用下破裂碎片

第五节　实体火灾中玻璃幕墙破裂行为及痕迹特征

一、框支承单层钢化玻璃幕墙破裂行为分析

1. 玻璃表面温度及升温速率

实验中玻璃编号及各特征点 T1 ～ T12 的布置位置，见图 4–4 及图 4–5。

图 4–33 为框支承单层钢化玻璃幕墙（S01）迎火面及背火面各特征点的温度变化情况。起火点位于东侧床中央，火焰向西偏移，火灾初期增长阶段幕墙中间的 5 号玻璃最先受到火焰作用，充分发展阶段随着火势发展蔓延，4 号玻璃和 6 号玻璃受到火焰作用，开始升温。接着热烟气在房间上层聚集，上层玻璃温度全部升高。在衰减阶段，东西两侧可燃物燃尽时间接近。

结合火灾发展过程分析幕墙各特征点温度随时间的变化情况。

实验时西通风口敞开，床上起火点一经点燃其火焰即向西倾斜，火焰先直接接触 5 号玻璃，所以 T11 最先快速升温。随着可燃物燃烧，床上火焰引燃桌椅，6 号玻璃 T12，4 号玻璃 T10 开始迅速升温。随后热烟气在屋顶聚集，热辐射作用于上层幕墙玻璃，T7 和 T9 也开始快速升温，与此同时，床上火焰向四周蔓延，明火作用于 2 号玻璃，T8 快速升温。按时间顺序，各特征点到达其峰值温度的次序为：T11、T12、T9、T7、T10、T8。

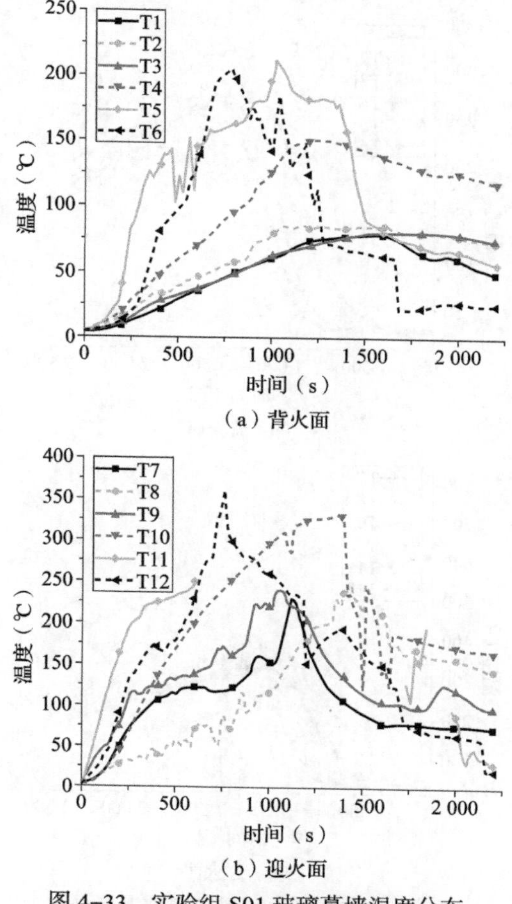

（a）背火面

（b）迎火面

图 4-33　实验组 S01 玻璃幕墙温度分布

图 4–34 为框支承单层钢化玻璃幕墙（S02）迎火面及背火面各特征点的温度变化情况。起火点位于东侧床中央，火焰一开始便向西偏斜，幕墙上层中间的 2 号玻璃最先受到火焰作用，随着火势发展，火焰变高截面积增大，幕墙下层 5 号、6 号及上层东侧 3 号玻璃受到火焰作用开始升温，随着可燃物燃烧，上层 1 ～ 3 号玻璃温度全部升高。火势沿桌椅向西蔓延，桌子西侧 4 号玻璃受到火焰作用，升温速率变快。在衰减阶段，东西两侧可燃物燃尽时间接近，各点曲线趋势相同。

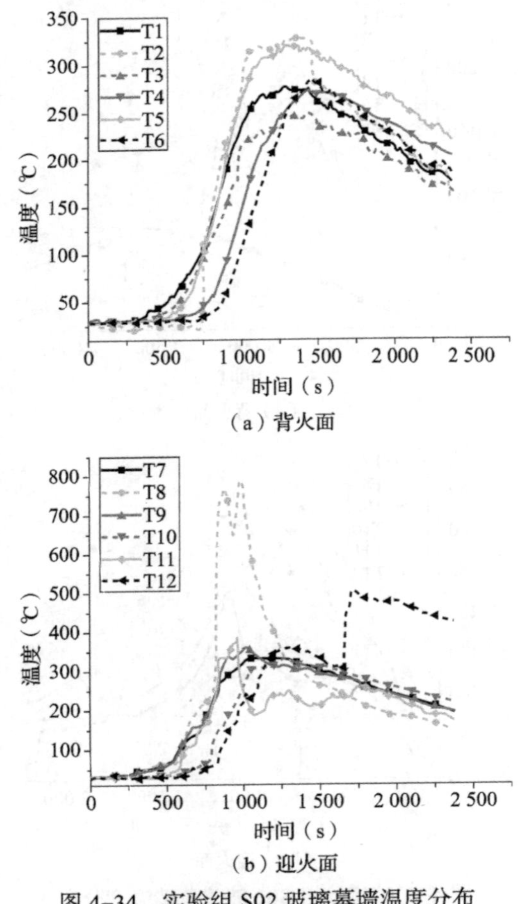

（a）背火面

（b）迎火面

图 4–34　实验组 S02 玻璃幕墙温度分布

结合火灾发展过程分析幕墙各特征点温度随时间的变化情况。迎火面，实验时风速高加之通风口在西侧，床上起火点一经点燃其火焰即向西侧大角度倾斜，火焰先直接接触 2 号玻璃，所以 T8 最先快速升温（T8 点热电偶在实验中脱落）。火焰同时向东西两个方向蔓延，向东导致床靠东侧部分开始燃烧，明火作用于 6 号玻璃，T12 快速升温。火焰向西蔓延，5 号玻璃 T11，4 号玻璃 T10 开始迅速升温。可燃物持续燃烧，火焰变高，3 号玻璃受到直接作用温度迅速升高。燃烧消耗大量氧气，火焰开始向新鲜空气的涌入口偏离，2 号玻璃快速升温。同时，房屋顶部形成热烟气层并随火势进程不断积累下移，热烟气层热辐射与热传导作用使得处于幕墙上层 1 号、2 号和 3 号玻璃也开始较快地升温。按时间顺序，各特征点到达其峰值温度的次序为：T8、T11、T9、T7、T10、T12。

火灾分为三个阶段：初期增长阶段、充分发展阶段和衰减阶段。玻璃幕墙的破裂大多数发生在升温速率快的充分发展阶段，实验定义升温速率为从初始温度到充分发展阶段峰值温度的温差与其对应时间段的比值。实验组 S01，迎火面升温速率为 0.33 ～ 0.51 ℃/s，背火面升温速率为 0.16 ～ 0.26 ℃/s。实验组 S02 升温速率相比于前一组小，迎火面升温速率为 0.15 ～ 0.50 ℃/s，背火面升温速率为 0.15 ～ 0.25 ℃/s。

2. 幕墙表面破裂时间及温差

框支承单层钢化玻璃幕墙实验组 S02 实体火灾实验未发生炸裂，表 4–31 为实验组 S01 实体火灾破裂幕墙特征点破裂温差及所对应时间。

表 4–31　　框支承单层钢化玻璃幕墙破裂行为参数

实验编号	破裂玻璃编号	迎火面温度（℃）	背火面温度（℃）	破裂温差（℃）	破裂时间（s）
S01	1	119	61	58	840
	2	110	73	37	900
	4	297	138	159	1 050
	5	211	170	41	842
	6	56	24	32	2 210

实验组 S01 玻璃幕墙中破裂的 1 号、2 号、4 号、5 号和 6 号玻璃，破裂时间均处于火灾充分发展阶段，破裂温差为 32 ～ 159 ℃。

二、框支承中空玻璃幕墙破裂行为分析

1. 玻璃表面温度及升温速率

图 4–35 为框支承中空玻璃幕墙（S03）迎火面及背火面各特征点的温度变化曲线。起火点位于东侧床中央，幕墙东侧下方的 6 号玻璃最先受到火焰作用，随着火势发展，火焰变高截面积增大，幕

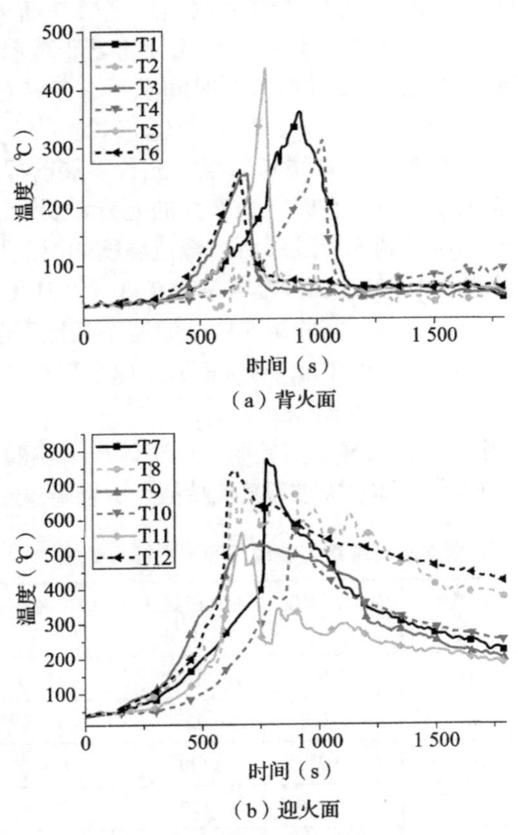

（a）背火面

（b）迎火面

图 4–35　实验组 S03 玻璃幕墙温度分布

墙东侧上方3号玻璃受到火焰作用开始升温，火焰燃烧一段时间后，开始向西偏斜，幕墙中间上层2号玻璃也受到火焰的直接作用。随着可燃物燃烧，上层1～3号玻璃温度全部升高。火焰向西蔓延引燃桌子，距离桌子最近的5号玻璃受到火焰作用，升温速率变快。随后，房屋内发生轰燃，火焰继续向西偏移，1号玻璃受到火焰直接作用开始快速升温。在衰减阶段，东侧床先被烧光，东侧火焰变小和熄灭时间早于西侧。

结合火灾发展过程分析幕墙各特征点温度随时间的变化情况。迎火面，6号玻璃最靠近起火点，是火焰最先接触到的地方，所以T12最先快速升温，可燃物持续燃烧，火焰变高，3号玻璃受到直接作用温度迅速升高。通风口在西侧，燃烧消耗大量氧气，火焰开始向新鲜空气的涌入口偏离，2号玻璃快速升温。可燃物上方形成向上流动的烟气火羽流，烟气受到屋顶的阻挡延屋顶水平扩散，形成水平流动的烟气射流，房屋顶部开始形成热烟气层并随火势的进程不断积累下移，热烟气层的热辐射与热传导作用使得处于幕墙上层的1号、2号和3号玻璃也开始较快地升温。2号玻璃受到火焰的直接作用，加之处于热烟气层中，两种因素共同作用使得2号玻璃T8的峰值温度成为迎火面的最高温度。按时间顺序，各特征点到达其峰值温度的次序为：T12、T9、T8、T11、T7、T10。背火面因依靠玻璃导热具有一定热损失加之外部环境温度低，背火面各特征点温度相比于迎火面温度低，但变化趋势与迎火面基本一致，各特征点到达峰值温度的时间略微延迟。按时间顺序，各特征点到达其峰值温度的次序为：T6、T3、T2、T5、T1、T4。

图4–36为框支承中空玻璃幕墙（S04）迎火面及背火面各特征点的温度变化。起火点位于东北角床上，床上可燃物燃烧形成热烟气层，上层1号、2号、3号玻璃开始升温，明火首先接触6号玻璃，而后少部分火焰直接接触3号玻璃，在上方氧气大量消耗后，火焰向通风孔所在的西侧偏移，点燃靠近5号玻璃的桌子，而后继续向西蔓延。衰减阶段，东侧床先被烧光，东侧火焰变小和熄灭早于西侧。

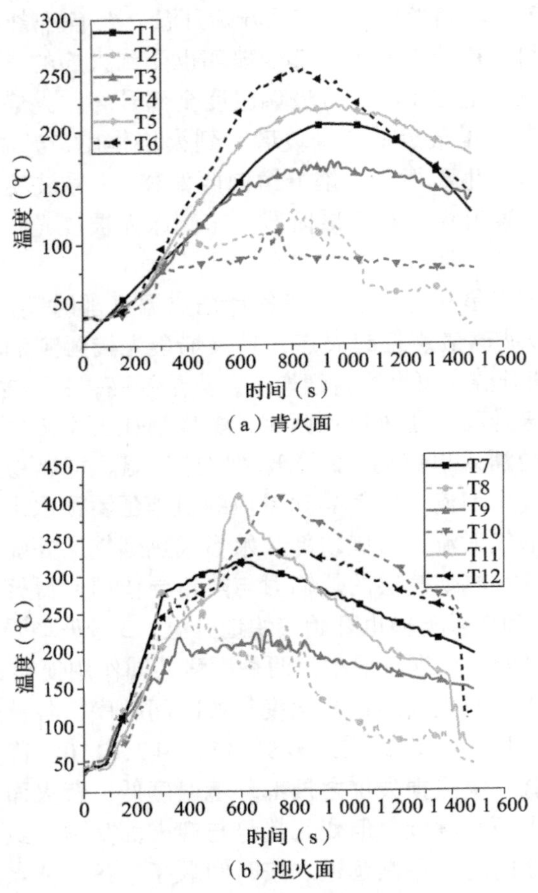

（a）背火面

（b）迎火面

图 4-36 实验组 S04 玻璃幕墙温度分布

实验时，实验组 S04 的环境温度比 S03 低，风速比 S03 大，幕墙散热量大。火焰倾斜时与地面夹角小。上层 1 号、2 号和 3 号玻璃的升温主要依靠烟气层的热辐射作用，受火焰直接作用少。上层玻璃迎火面各特征点的峰值温度均低于下层。背火面各特征点相比于迎火面温度低，但变化趋势与迎火面基本一致。

实验组 S03 的迎火面升温速率为 0.60 ～ 1.21 ℃/s，背火面升温速率为 0.33 ～ 0.86 ℃/s。实验组 S04 升温速率相比于前一组小，迎火面升温速率为 0.43 ～ 0.92 ℃/s，背火面升温速率为 0.25 ～ 0.32 ℃/s。

2. 幕墙表面破裂时间及温差

中空幕墙玻璃第一次、第二次实体火灾中，表面各特征点破裂时间及温差见表 4-32。

表 4-32　　框支承中空玻璃幕墙破裂行为参数

实验编号	破裂玻璃编号	迎火面温度（℃）	背火面温度（℃）	破裂温差（℃）	破裂时间（s）
S03	2	395	94	301	640
	4	459	164	295	820
	6	499	183	316	600
S04	4	398	87	311	610
	5	490	180	310	720

实验组 S03 玻璃幕墙中破裂的 2 号、4 号和 6 号玻璃破裂时间均处于火灾充分发展阶段，破裂温差值为 295 ～ 316 ℃。实验组 S04 玻璃幕墙中破裂的 4 号和 5 号玻璃破裂时间均处于火灾充分发展阶段，破裂温差值为 310 ～ 311 ℃。五块破裂的幕墙玻璃迎火面温度及背火面温度相差较大，但破裂时的温差值相近。说明单一的迎火面温度或者背火面温度不是导致框支承中空幕墙玻璃破裂的主要因素，温差产生的热应力才是主要因素。

三、框支承玻璃幕墙破裂痕迹特征分析

1. 宏观形貌

图 4-37（a）为框支承单层钢化玻璃幕墙破裂宏观形貌整体图。幕墙在火灾中破裂后，玻璃在支承框中部分残留，其余脱落。在框上的部分玻璃钝角较多，锐角较少。相较于单片实验的工况，实体火中玻璃残留在支承框上的面积比例更大。

图 4–37（b）为框支承中空玻璃幕墙宏观破裂形貌整体图。幕墙在火灾中，只有迎火一层破裂并脱落，支承框上残留少。相较于单片实验的工况，实体火中上层破裂的玻璃射线形裂纹较少。

（a）框支承单层钢化玻璃幕墙破裂宏观形貌整体图

（b）框支承中空玻璃幕墙破裂宏观形貌整体图

图 4–37　框支承玻璃幕墙破裂宏观形貌整体图

2. 微观形貌

不同材料断口按表面变形可分为三类：脆性断口、韧性断口和韧—脆混合断口。脆性断口的断裂应变和断裂功通常较小，断口周围无明显宏观塑性形变；韧性断口的断裂应变和断裂功通常较大，断口周围宏观塑性形变明显；韧—脆混合断口介于两者之间。

本节采用扫描电子显微镜对破裂碎片断口进行微观形貌研究。两种幕墙玻璃的断口较为整齐且无明显宏观塑性变形，断口较为光亮部分断口表面有放射形台阶。扫描电子显微镜下微观形貌如图 4–38 所示。断口呈河流花样，其特征是线条与河流的水系相似。河流花样有三个特点：一是一系列台阶沿裂纹的扩展方向排列；二是所有的台阶形态一致；三是花样上距离较近的小台阶会逐层合并成更大的台阶。台阶的形成需要能量，台阶的合并方向即为能量减少的方向，沿河流“逆流”而上，支干的方向为断裂的起始区。

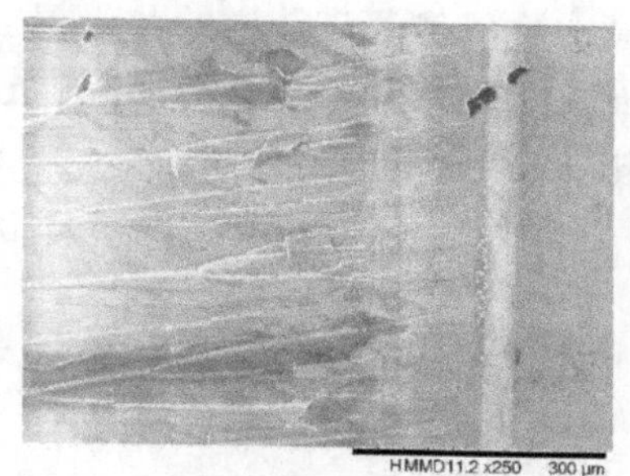

（a）靠近迎火面一侧

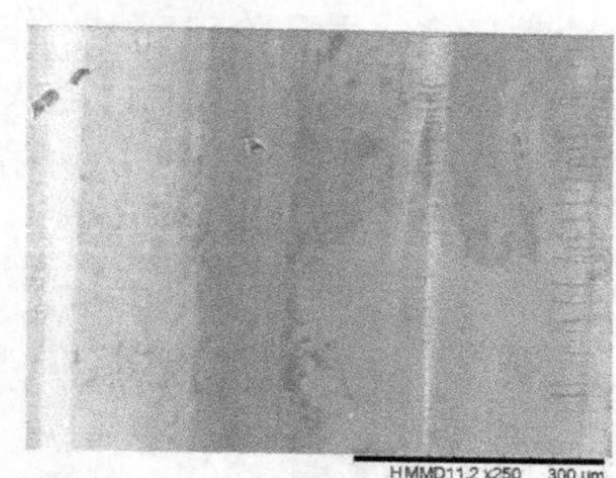

（b）中部

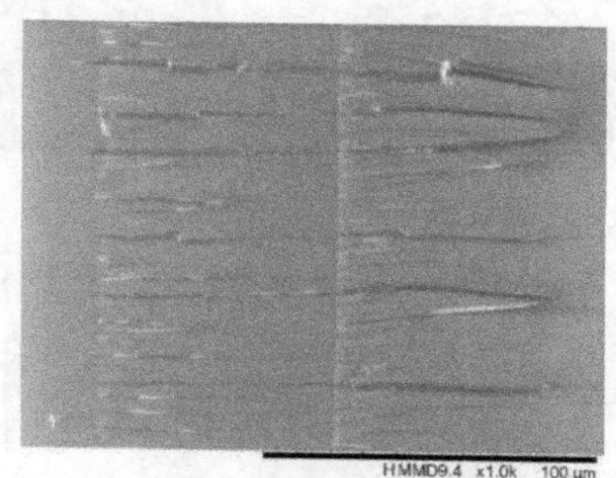

（c）靠近背火面一侧

图 4–38　框支承单层钢化玻璃幕墙破裂微观痕迹

图 4–38 为框支承单层钢化玻璃幕墙破裂微观痕迹，图 4–38（a）为靠近迎火面一侧，图 4–38（b）为中部，图 4–38（c）为靠近背火面一侧。在两侧均出现河流花样，根据台阶的形成规律可以推定断裂的起始区存在于玻璃内部。靠近迎火面一侧河流花样的台阶数目

多，主台阶高度大，靠近背火面一侧河流花样的台阶数目少，主台阶高度小。断口除迎火面及背火面两侧外，其他部位也分布有河流花样，说明玻璃破裂的起始区不是唯一的。

图 4–39 为框支承中空钢化玻璃幕墙破裂微观痕迹，由于在实验工况下背火面玻璃未破裂，所以只对迎火面碎片进行研究分析。图 4–39（a）为靠近迎火面一侧，图 4–39（b）为中部，图 4–39（c）为靠近背火面一侧。在两侧均出现河流花样，根据台阶的形成规律可推定断裂的起始区存在于玻璃内部。靠近迎火面一侧河流花样的台阶数目多，主台阶高度大，靠近背火面一侧河流花样的台阶数目少，主台阶高度小。断口除迎火面及背火面两侧外，其他部位也分布有河流花样，说明玻璃破裂的起始区不是唯一的。

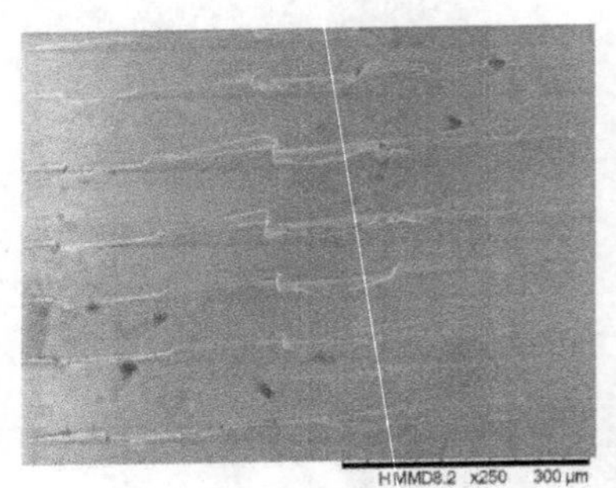

（a）靠近迎火面一侧

（b）中部

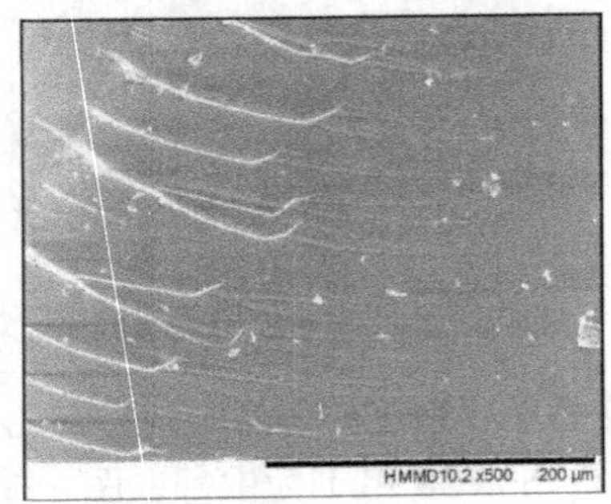

（c）靠近背火面一侧

图 4–39　框支承中空玻璃幕墙破裂微观痕迹

四、点支承玻璃幕墙破裂行为分析

1. 玻璃表面温度及升温速率

图 4-40 为点支承单层钢化玻璃幕墙（S05）迎火面及背火面各特征位置的温度变化。实验时风向为西风，起火点位于床南侧，火焰向东侧偏斜，幕墙中的 3 号玻璃最先受到火焰作用，随着火势发展，火焰变高，截面积增大，幕墙下层 6 号、5 号及上层中间 2 号

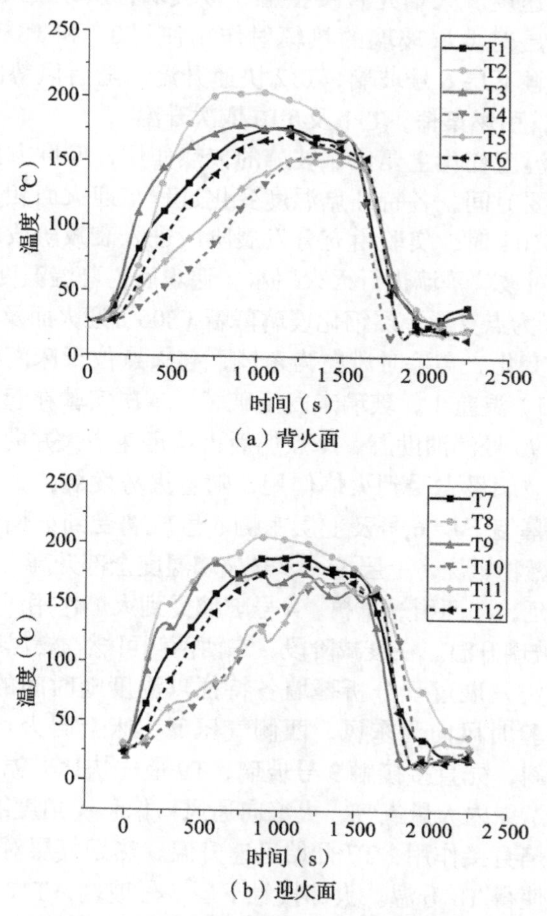

图 4-40 实验组 S05 玻璃幕墙温度分布

玻璃受到火焰作用开始升温，随着可燃物燃烧，上层 1 ～ 3 号玻璃温度全部升高。火沿桌椅向西蔓延，4 号玻璃受到火焰作用，升温速率变快。在衰减阶段，东西两侧可燃物燃尽时间接近。

结合火灾发展过程分析幕墙各特征点温度随时间的变化情况。迎火面，实验时风向与前四次实验相反，风通过西侧通风口涌入室内，床上起火点被点燃后，火焰向东倾斜，在一定程度上延缓了火向西蔓延的速度。火焰先直接接触 3 号玻璃，所以 T9 最先快速升温。热烟气层对上层玻璃的热辐射作用使得 T7 和 T8 升温速率增大。火焰接触下层 6 号玻璃，T12 快速升温。随后风势减小，火焰向西侧偏移，引燃桌椅，T11 及 T10 依次升温。

背火面温度变化主要依靠玻璃的传热作用，厚度方向上热量传到背火面需要时间，各特征点温度变化过程与迎火面相似，时间有所延迟。1 650 s 时，实验由充分发展阶段进入衰减阶段，从外侧使用开花水枪对玻璃幕墙进行灭火射水，遇水后，幕墙温度急速下降。

图 4–41 为点支承单层钢化玻璃幕墙（S06）迎火面及背火面各特征点的温度变化。实验时风向为东风，起火点位于床南侧，由于上组实验（S05）温差小，玻璃未发生破裂，本次实验在起火点处泼洒了 50 mL 的 90 号汽油助燃。床点燃后火焰迅速增大并向西偏移，幕墙中的 2 号玻璃最先受到火焰作用，随着火势发展，火焰变高，截面积增大，幕墙下层 6 号及上层东侧 3 号玻璃受到火焰作用开始升温，随着可燃物燃烧，上层 1 ～ 3 号玻璃温度全部升高。火焰向西东两个方向蔓延，向西引燃桌椅，4 号玻璃受到火焰作用。向东引燃床东侧，6 号玻璃升温。在衰减阶段，东西两侧可燃物燃尽时间接近。

结合火灾发展过程分析幕墙各特征点温度随时间的变化情况。迎火面，实验时风向为东风，西侧气压低，床上起火点被点燃后，火焰向西倾斜，先直接接触 3 号玻璃，T9 最先快速升温。随着可燃物燃烧消耗了屋内大量氧气，火焰向通风口偏移，角度继续增大，1 号玻璃受火焰直接作用，T7 开始迅速升温。热烟气层对上层玻璃的热辐射作用使得 T8 升温。火焰接触下层 6 号玻璃，T12 升温。火焰向西蔓延，桌椅燃烧，T11 及 T10 依次升温。

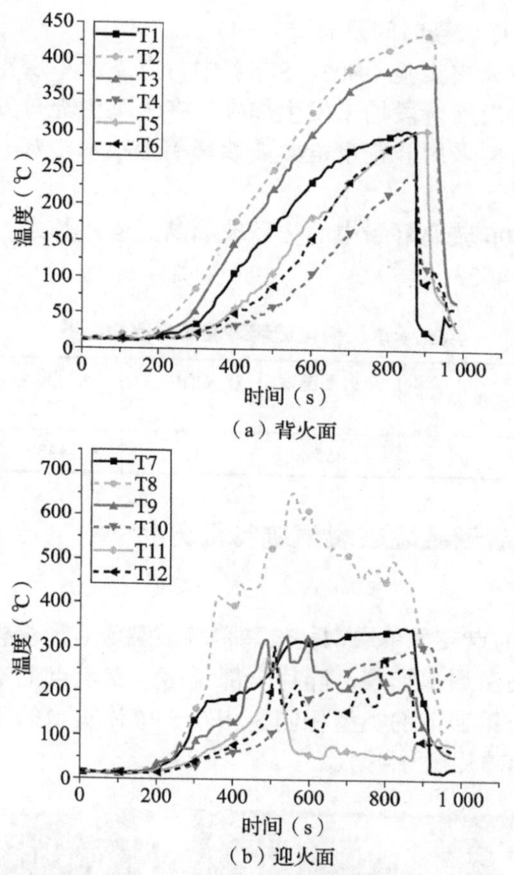

（a）背火面

（b）迎火面

图 4–41　实验组 S06 玻璃幕墙温度分布

背火面温度变化主要依靠玻璃的传热作用，厚度方向上热量传到背火面需要时间，各特征点温度变化过程与迎火面相似，时间有所延迟。890 s 时，实验由充分发展阶段进入衰减阶段，从外侧使用开花水枪对玻璃幕墙进行灭火射水，遇水后，幕墙温度急速下降。

实验组 S05，迎火面升温速率为 0.16 ～ 0.37 ℃/s，背火面升温速率为 0.13 ～ 0.29 ℃/s。实验组 S06 升温速率相比于前一组大，迎火面升温速率为 0.34 ～ 1.1 ℃/s，背火面升温速率为 0.22 ～ 0.51 ℃/s。

2. 幕墙表面破裂时间及温差

两次实体火灾实验（S05、S06）中，点支承单层钢化幕墙玻璃在火灾的充分发展阶段均未发生炸裂。在火灾由充分发展阶段向衰减阶段过渡时，采用开花水枪向玻璃幕墙上喷水冷却，幕墙玻璃遇水炸裂。

实验组 S06 玻璃幕墙中的 2 号玻璃高温遇水炸裂，破裂温差为 443 ℃。见表 4–33。

表 4–33　　点支承单层钢化玻璃幕墙破裂行为参数

实验编号	玻璃编号	迎火面温度（℃）	背火面温度（℃）	破裂温差（℃）	破裂时间（s）
S06	2	455	12	443	890

五、点支承玻璃幕墙破裂痕迹特征分析

1. 宏观形貌

图 4–42 为点支承单层钢化玻璃幕墙破裂宏观形貌整体图。幕墙在火灾中，高温遇水炸裂，碎片全部脱落，支承点上没有残留。碎片类型与本章第四节的类型相同，相较于单片实验的工况，实体火中破裂的玻璃碎片尺寸更小。

图 4–42　点支承单层钢化玻璃幕墙破裂宏观形貌整体图

2. 微观形貌

点支承幕墙玻璃的断口较为整齐且无明显宏观塑性变形，断口较为光亮部分断口表面有放射形台阶。扫描电子显微镜下微观形貌如图4–43所示。断口呈直线花样，其特征是相邻两直线平行且间距相等。

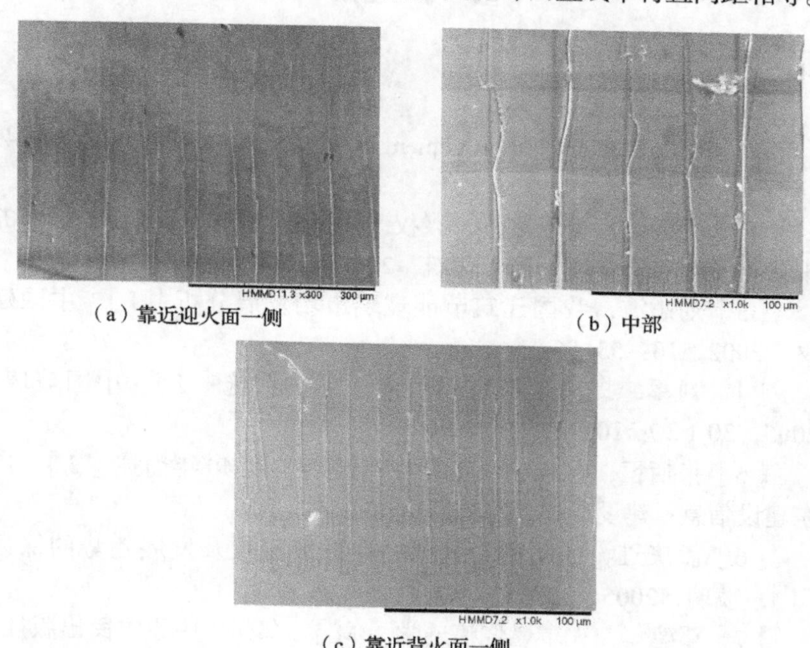

（a）靠近迎火面一侧

（b）中部

（c）靠近背火面一侧

图 4–43 点支承单层钢化玻璃幕墙破裂微观痕迹

图4–43为点支承单层钢化玻璃幕墙破裂微观痕迹，图4–43（a）为靠近迎火面一侧，图4–43（b）为中部，图4–43（c）为靠近背火面一侧。在两侧均出现直线花样，根据花样的形成规律可以推定断裂的起始区存在于玻璃内部。靠近迎火面一侧直线花样的间距大，纹痕深度大，靠近背火面一侧直线花样的间距小，纹痕深度小。断口除迎火面及背火面两侧外，其他部位也分布有直线花样，说明玻璃破裂的起始区不是唯一的，且破裂时迎火面所受热应力大于背火面所受热应力。

参考文献

[1] T. D. Stetson. Improvement in windows glass [P]. US：49 167，1865.

[2] 翟延波，马英杰，付兴权. 浅述建筑用玻璃深加工技术的现状与发展方向 [J]. 浙江建筑，2005，21：91-97.

[3] 刘志海. 我国建筑节能玻璃市场发展分析 [J]. 中国建材，2002，10：53-56.

[4] 刘军. 提高中空玻璃节能效果的措施 [J]. 中国玻璃，2005，30（2）：10-15.

[5] 张佰恒，徐桂芝. 中国中空玻璃发展40年简述 [J]. 广东建设信息：建设专刊，2005，1：43-44.

[6] 孟庆红，刘晓勇. 我国中空玻璃现状及发展趋势的探讨 [J]. 玻璃，2005，32（5）：49-51.

[7] 邓建华. 火事燃烧痕迹学 [M]. 郑州：中原农民出版社，2007.

[8] 王俊杰. 高温窗玻璃遇水炸裂痕迹研究 [J]. 科技创新导报，2011，20：2-3.

[9] Emmons HW. The needed fire science [A]. Fire Safety Science-Proceedings of the First International Symposium [C]. Hemisphere Publishing Corp. Washington，DC，1986：33-53.

[10] Pagni PJ. Fire physics-promises，problems，and progress [A]. Fire Safety Science -Proceedings of the Second International Symposium [C]. Hemisphere Publishing Corp. Washington，DC，1988：49-66.

[11] Keski-Rahkonen O. Breaking of window glass close to fire [J]. Fire and Materials，1988，12：61-69.

[12] Joshi AA，Pagni PJ. Fire-Induced Thermal Fields In Window GlassI-Theory [J]. Fire Safety，1994，22 (1)：25-43.

[13] Pagni PJ，Joshi AA. Glass breaking in fires [A]. Fire Safety Science -Proceedings of the Third International Symposium [C]. Hemisphere Publishing Corp. Washington，DC，1991：791-802.

[14] 苏燕飞. 中空玻璃在火灾环境下破裂行为规律的研究 [D]. 合肥：中国科学技术大学，2015.

[15] Ni Zhaopeng，Lu Shichang，Peng Lei. Experimental study on fire performance of double-skin glass facades [J]. Journal of Fire Sciences，2012，30：457-72.

[16] 田丽. 火灾中双层玻璃破裂机理的研究 [J]. 火灾科学，2001，10 (2)：67-71.

[17] 李建华，等. 特种玻璃火灾痕迹研究 [J]. 消防科学与技术，1998，5 (2)：42-44.

[18] 金静，张金专，等. 普通玻璃和钢化玻璃破坏痕迹的微观形貌分析 [J]. 消防科学与技术，2014，33 (10)：1215-1217.

[19] 梅秀娟，张泽江. 喷水保护单片钢化玻璃作为防火分隔的有效性实验研究 [J]. 消防科学与技术，2007，26 (5)：500-502.

[20] 李杰，梅秀娟，张泽江. 窗型玻璃喷头对钢化玻璃保护效果的实验研究 [J]. 消防科学与技术，2007，26 (3)：299-301.

[21] 杨晓菡，何学超. 边墙型喷头保护钢化玻璃试验研究 [J]. 消防科学与技术，2013，32 (2)：162-164.

[22] 张庆文. 受限空间火灾环境下玻璃破裂行为研究 [D]. 合肥：中国科学技术大学，2006.

[23] 张和平，万玉田，等. 10 mm 钢化玻璃全尺寸火灾实验 [J]. 燃烧科学与技术，2008，14 (1)：6-10.

[24] 倪照鹏，路世昌，等. 自动喷水冷却系统保护下钢化玻璃作为防火分隔物可行性试验研究 [J]. 火灾科学，2011，20 (3)：

125–132.

[25] 李明轩，卢国建，等. 全尺寸钢化玻璃耐火性能试验研究[J]. 消防科学与技术，2013，32（5）：491–498.

[26] 方正，陈静. 自动喷水保护下钢化玻璃作为防火分隔的模拟研究[J]. 消防科学与技术，2014，33（4）：407–410.

[27] Guangzheng Shao，Qingsong Wang，Han Zhao，et al. Thermal Breakage of Tempered Glass Facade with Down–Flowing Water Film Under Different Heating Rates [J]. Fire Technology，2015.

[28] 白音，杨璐，等. 点支式钢化玻璃火灾下受力性能试验研究[J]. 建筑结构学报，2016，37（1）：150–155.

[29] 陈晓艳，刘军. 钢化玻璃的自爆[J]. 科技风，2008，1：26–27.

[30] 许莉，等. 汽车钢化玻璃边部应力分析与控制[J]. 玻璃，2009，216（9）：35–38.

[31] 刘志海. 夹层玻璃的发展现状及趋势[J]. 中国建材，2003，9：64–66.

[32] 冷国新，任立军. 夹层玻璃的特性与应用[J]. 玻璃，2002，161（2）：56–57.

[33] 臧孟炎，陈超，辛崇飞. 夹层玻璃的冲击破坏仿真分析研究[J]. 中国制造业信息化，2008，37（21）：45–48，53.

[34] 臧孟炎，雷周，尾田十八. 汽车玻璃的静力学特性和冲击破坏现象[J]. 机械工程学报，2009，45（2）：268–272.

[35] 庞世红，等. 夹层玻璃抗弯性能与温度的关系[J]. 武汉理工大学学报，2010，32（22）：9–11，16.

[36] 田永. 汽车前风挡玻璃性能试验方法探究[J]. 上海汽车，2010，1：53–56.

[37] 田永. 汽车玻璃的发展趋势[J]. 汽车工艺与材料，2012，1：55–61.

[38] 刘博涵. 汽车风挡玻璃夹层材料的力学特性与吸能机理研究[D]. 北京：清华大学，2014.

［39］葛杰，李国强．建筑夹层玻璃在冲击荷载下的破坏研究概述［J］．结构工程师，2010，26（4）：137–143．

［40］高轩能，王书鹏．静力及冲击荷载下夹层玻璃的变形性能［J］．华侨大学学报（自然科学版），2008，29（3）：432–436．

［41］Cohen JD，Wilson P．Current results from structure ignition assessment model（SIAM）research［A］．Fire management in the wildland/urban interface：sharing solutions［C］，Alberta，Canada．

［42］Cuzzillo BR，Pagni PJ．Thermal breakage of double–pane glazing by fire［J］．Fire Protect Engineering，1998，9：1–11．

［43］Klassen M，Sutula J，Holton M，Roby R，Izbicki T．Transmission through and breakage of multi–pane glazing due to radiant exposure［J］．Fire Techology，2006，42（2）：79–107．

［44］Ronald A．Mcmaster．Fundamentals of Tempered Glass［J］．The American Ceramic Society，1989，10：3–4．

［45］Mowrer F W．Window Breakage Induced by Exterior Fires［M］．United States：1998，48．

［46］Shields T J，Silcoc G W H，Flood M．Performance of a single glazing assembly exposed to a fire in the centre of an enclosure［J］．Fire and Materials，2002，26（2）：51–75．

［47］Samuel L M，Richard G G，Scott R K，et al．An experimental determination of a real fire performance of an on–load bearing glass wall assembly［J］．Fire Technology，2007，43（1）：77–89．

［48］Xie，Q. Y.，et al．Full–scale experimental study on crack and fallout of toughened glass with different thicknesses［J］．Fire and Materials，2008，32（5）：293–306．

［49］Xihong Zhang，Hong Hao，Zhongqi Wang．Experimental investigation of monolithic tempered glass fragment characteristics subjected to blast loads［J］．Engineering Structures，2014，75：259–275．

［50］Mehmet，Zülfü，Aşık，Selim Tezcan．A mathematical

model for the behavior of laminated glass beams［J］. Computers and Structures, 2005, 83: 1742–1753.

［51］Mehmet, Zülfü, Aşık, Selim Tezcan. Laminated glass beams: Strength factor and temperature effect［J］. Computers and Structures, 2006, 84: 364–373.

［52］J. Wei, L. R. Dharani. Fracture mechanics of laminated glass subjected to blast loading［J］. Theoretical and Applied Fracture Mechanics, 2005, 44: 157–167.

［53］M. Timmel, S. Kolling, P. Osterrieder, P. A. Du Bois. A finite element model for impact simulation with laminated glass［J］. International Journal of Impact Engineering, 2007, 34: 1465–1478.

［54］C. Amadio, C. Bedon. Buckling of laminated glass elements in out-of-plane bending［J］. Engineering Structures, 2010, 32: 3780–3788.

［55］Laura Galuppi, Giampiero Manara, Gianni Royer Carfagni. Practical expressions for the design of laminated glass［J］. Composites: Part B, 2013, 45: 1677–1688.

［56］张毅，王青松，等. 火灾场景中玻璃破裂行为研究综述［J］. 灾害学，2010，25（10）：140–145.

［57］Yu Wang, Yue Wu, et al. Numerical study on fire response of glass facades in different installation forms［J］. Construction and Building Materials, 2014, 61: 172–180.

［58］Qingsong Wang, Yu Wang, Yi Zhang, et al. A stochastic analysis of glass crack initiation under thermal loading［J］. Applied Thermal Engineering, 2014, 67: 447–457.

［59］Qingsong Wang, Haodong Chen, Yu Wang, et al. Development of a dynamic model for crack propagation in glazing system under thermal loading［J］. Fire Safety Journal, 2014, 63: 113–124.

［60］Yu Wang, Qingsong Wang, Guangzheng Shao, Haodong Chen, Yanfei Su, Jinhua Sun, Linghui He, K. M. Liew. Fracture behavior of a four-point fixed glass curtain wall under fire conditions [J]. Fire Safety Journal，2014，67：24-34.

[61] W. K. Chow，Y. Gao. Thermal stresses on window glasses upon heating [J]. Construction and Building Materials，2008，22 : 2157-2164.

[62] 刘义祥，等. 火灾现场中高温窗玻璃遇水炸裂痕迹研究 [J]. 消防科学与技术，2009，28（12）：896-899.

[63] 刘义祥，等. 火灾中窗玻璃热炸裂痕迹形成机理的研究 [J]. 消防科学与技术，2005，24（4）：430-432.

[64] 程旭东，等. 非均匀辐射条件下浮法玻璃破裂行为实验研究 [J]. 工程热物理学报，2010，31（7）：1255-1259.